中国农业标准经典收藏系列

中国农业行业标准汇编

（2019）

畜牧兽医分册

农业标准出版分社　编

中国农业出版社

北　京

主　　编：刘　伟

副 主 编：冀　刚

编写人员（按姓氏笔画排序）：

　　　　刘　伟　杨桂华　杨晓改

　　　　廖　宁　冀　刚

出 版 说 明

　　自 2010 年以来，农业标准出版分社陆续推出了《中国农业标准经典收藏系列》，将 2004—2016 年由我社出版的 3 900 多项标准汇编成册，得到了广大读者的一致好评。无论从阅读方式还是从参考使用上，都给读者带来了很大方便。为了加大农业标准的宣贯力度，扩大标准汇编本的影响，满足和方便读者的需要，我们在总结以往出版经验的基础上策划了《中国农业行业标准汇编（2019）》。

　　本次汇编对 2017 年出版的 211 项农业标准进行了专业细分与组合，根据专业不同分为种植业、畜牧兽医、植保、农机、综合和水产 6 个分册。

　　本书收录了饲料中物质的测定、疫病诊断技术、畜牧兽医职业技能鉴定等方面的国家标准和农业行业标准 33 项。并在书后附有 2017 年发布的 5 个标准公告供参考。

　　特别声明：

　　1. 汇编本着尊重原著的原则，除明显差错外，对标准中所涉及的有关量、符号、单位和编写体例均未做统一改动。

　　2. 从印制工艺的角度考虑，原标准中的彩色部分在此只给出黑白图片。

　　3. 本辑所收录的个别标准，由于专业交叉特性，故同时归于不同分册当中。

　　本书可供农业生产人员、标准管理干部和科研人员使用，也可供有关农业院校师生参考。

农业标准出版分社

2018 年 11 月

目　　录

附录

第一部分
畜 牧 类 标 准

ICS 67.120.65
B 45

中华人民共和国农业行业标准

NY/T 1513—2017
代替 NY/T 1513—2007

绿色食品　畜禽可食用副产品

Green food—Edible by-products of livestock and poultry

2017-06-12 发布

2017-10-01 实施

中华人民共和国农业部 发布

前　言

本标准按照 GB/T 1.1—2009 给出的规则起草。

本标准代替 NY/T 1513—2007《绿色食品　畜禽可食用副产品》。与 NY/T 1513—2007 相比,除编辑性修改外主要技术变化如下:

——修改了范围;

——修改了术语和定义;

——增加了产品分类;

——增加了理化指标;

——卫生指标中删除了无机砷、敌百虫、己烯雌酚、盐酸克伦特罗、二氯二甲基吡啶酚、二甲硝咪唑、环丙沙星的限量要求;增加了总砷、克伦特罗、铬、N-二甲基亚硝胺、强力霉素、氟苯尼考、甲砜霉素、喹乙醇代谢物的限量要求;修改了铅、镉、亚硝酸盐、土霉素、金霉素、四环素、恩诺沙星的限量要求;

——微生物限量中增加了单核细胞增生李斯特氏菌、大肠埃希氏菌 O157:H7 的限量要求。

本标准由农业部农产品质量安全监管局提出。

本标准由中国绿色食品发展中心归口。

本标准起草单位:四川省农业科学院质量标准与检测技术研究所、农业部食品质量监督检验测试中心(成都)、中国绿色食品发展中心。

本标准主要起草人:杨晓凤、滕锦程、郭灵安、唐伟、陶李、李曦、邓强。

本标准所代替标准的历次版本发布情况为:

——NY/T 1513—2007。

绿色食品　畜禽可食用副产品

1　范围

本标准规定了绿色食品畜禽可食用副产品的术语和定义、产品分类、要求、检验规则、标签、包装、运输和储存。

本标准适用于绿色食品畜禽可食用副产品。不适用于骨及血类等畜禽可食用副产品。

2　规范性引用文件

下列文件对于本文件的应用是必不可少的。凡是注日期的引用文件，仅注日期的版本适用于本文件。凡是不注日期的引用文件，其最新版本(包括所有的修改单)适用于本文件。

GB/T 191　包装储运图示标志

GB 4789.2　食品安全国家标准　食品微生物学检验　菌落总数测定

GB 4789.3　食品安全国家标准　食品微生物学检验　大肠菌群计数

GB 4789.4　食品安全国家标准　食品微生物学检验　沙门氏菌检验

GB 4789.6　食品安全国家标准　食品微生物学检验　致泻大肠埃希氏菌检验

GB 4789.10　食品安全国家标准　食品微生物学检验　金黄色葡萄球菌检验

GB 4789.30　食品安全国家标准　食品微生物学检验　单核细胞增生李斯特氏菌检验

GB 4789.36　食品安全国家标准　食品微生物学检验　大肠埃希氏菌 O157:H7/NM 检验

GB 5009.11　食品安全国家标准　食品中总砷及无机砷的测定

GB 5009.12　食品安全国家标准　食品中铅的测定

GB 5009.15　食品安全国家标准　食品中镉的测定

GB 5009.17　食品安全国家标准　食品中总汞及有机汞的测定

GB 5009.26　食品安全国家标准　食品中 N-亚硝胺类化合物的测定

GB 5009.27　食品安全国家标准　食品中苯并(a)芘的测定

GB 5009.28　食品安全国家标准　食品中苯甲酸、山梨酸和糖精钠的测定

GB 5009.33　食品安全国家标准　食品中亚硝酸盐与硝酸盐的测定

GB 5009.123　食品安全国家标准　食品中铬的测定

GB 5009.228　食品安全国家标准　食品中挥发性盐基氮的测定

GB 5749　生活饮用水卫生标准

GB 7718　食品安全国家标准　预包装食品标签通则

GB 12694　肉类加工厂卫生规范

GB 19303　熟肉制品企业生产卫生规范

GB/T 20366　动物源产品中喹诺酮类残留量的测定　液相色谱—串联质谱法

GB/T 20746　牛、猪的肝脏和肌肉中卡巴氧和喹乙醇及代谢物残留量的测定　液相色谱—串联质谱法

GB/T 20756　可食动物肌肉、肝脏和水产品中氯霉素、甲砜霉素和氟苯尼考残留量的测定　液相色谱—串联质谱法

GB/T 20759　畜禽肉中十六种磺胺类药物残留量的测定　液相色谱—串联质谱法

GB/T 21311　动物源性食品中硝基呋喃类药物代谢物残留量检测方法　高效液相色谱/串联质谱法

GB/T 21317 动物源性食品中四环素类兽药残留量检测方法 液相色谱—质谱/质谱法与高效液相色谱法

农业部 1025 号公告—18—2008 动物源性食品中 β-受体激动剂残留检测 液相色谱—串联质谱法

JJF 1070 定量包装商品净含量计量检验规则

NY/T 392 绿色食品 食品添加剂使用准则

NY/T 658 绿色食品 包装通用准则

NY/T 1055 绿色食品 产品检验规则

NY/T 1056 绿色食品 贮藏运输准则

国家质量监督检验检疫总局令 2005 年第 75 号 定量包装商品计量监督管理办法

3 术语和定义

下列术语和定义适用于本文件。

3.1

畜禽可食用副产品 edible by-products of livestock and poultry

畜(猪、牛、羊、兔)禽(鸡、鸭、鹅、鸽)的头(舌、耳)、尾、翅膀、蹄爪、内脏(肝、肾、肠、心、肺、胃)、皮等可食用的产品。

4 产品分类

按照加工形式分类:

a) 生鲜产品。

b) 熟制品:以生鲜畜禽可食用副产品为原料,添加或不添加辅料,经腌、腊、卤、酱、蒸、煮、熏、烧、烤等一种或多种加工方式制成的可直接食用的制品。

5 要求

5.1 原料和辅料

5.1.1 原料应来自绿色食品畜禽,并有产地检疫合格标志。

5.1.2 食品添加剂应符合 NY/T 392 的要求。

5.1.3 其他辅料应符合相关国家标准或行业标准的要求。

5.1.4 加工用水应符合 GB 5749 的要求。

5.2 加工

加工条件应符合 GB 12694 和 GB 19303 的要求。

5.3 感官

应符合表 1 的要求。

5.4 理化指标

应符合表 2 的要求。

5.5 污染物限量、兽药残留限量和食品添加剂限量

应符合食品安全国家标准及相关规定,同时应符合表 3 的要求。

表1 感官要求

项目	要求		检验方法
	生鲜产品	熟制品	
形态	具有该产品固有的形态、无霉变		取100 g或1只(个)~2只(个)样品置于洁净、干燥的白瓷盘中，在自然光亮处目测形态、色泽和杂质；直接及切开后嗅其气味；熟制品品尝其滋味
色泽	具有该产品固有的色泽，表面和肌肉切面有光泽	具有该产品固有的色泽	
气味	表面和切面具有该产品固有的气味，无异味	具有该产品固有的气味，无异味	
滋味	—	具有该产品固有的滋味	
杂质	外表和内部均无肉眼可见外来杂质		

表2 理化指标

项 目	指 标		检验方法
	生鲜产品	熟制品	
挥发性盐基氮，mg/kg	≤15	—	GB 5009.228

表3 污染物、兽药残留和食品添加剂限量

项 目	指 标		检验方法
	生鲜产品	熟制品	
铅(以Pb计)，mg/kg	内脏≤0.2 其他产品≤0.1		GB 5009.12
亚硝酸盐(以NaNO₂计)，mg/kg	—	不得检出(<1)	GB 5009.33
恩诺沙星(enrofloxacin)[以恩诺沙星(enrofloxacin)+环丙沙星(ciprofloxacin)计]，μg/kg	肝≤300 肾≤200 其他产品≤100		GB/T 20366
喹乙醇代谢物(MQCA)，μg/kg	不得检出(<0.5)		GB/T 20746
氯霉素(chloramphenicol)，μg/kg	不得检出(<0.1)		
氟苯尼考(florfenicol)，μg/kg	肝≤2000 肾≤300 其他产品≤100		GB/T 20756
甲砜霉素(thiamphenicol)，μg/kg	≤50		
磺胺类(sulfonamides)(以总量计)，μg/kg	不得检出(<40)		GB/T 20759
土霉素(oxytetracycline)/金霉素(chlortetracycline)/四环素(tetracycline)(单个或复合物)，μg/kg	肝≤300 肾≤600 其他产品≤100		GB/T 21317
强力霉素(doxycycline)，μg/kg	≤100		
硝基呋喃类代谢物[以呋喃唑酮代谢物(AOZ)、呋喃它酮代谢物(AMOZ)、呋喃妥因代谢物(AHD)和呋喃西林代谢物(SEM)计]，μg/kg	不得检出(<0.25)		GB/T 21311

表 3（续）

项 目	指 标		检验方法
	生鲜产品	熟制品	
克伦特罗ᵃ(clenbuterol),μg/kg	不得检出(<0.25)		农业部 1025 号公告—18—2008
莱克多巴胺ᵃ(ractopamine),μg/kg	不得检出(<0.25)		
沙丁胺醇ᵃ(salbutamol),μg/kg	不得检出(<0.25)		
西马特罗ᵃ(cimaterol),μg/kg	不得检出(<0.25)		
苯甲酸及其钠盐(以苯甲酸计),g/kg	—	不得检出(<0.005)	GB 5009.28
ᵃ 仅限于畜类可食用副产品。			

5.6 微生物限量

应符合表 4 的要求。

表 4 微生物限量

项 目	指 标		检验方法
	生鲜产品	熟制品	
菌落总数,CFU/g	≤500 000	≤80 000	GB 4789.2
大肠菌群,MPN/g	≤1 000	≤9	GB 4789.3
沙门氏菌	不得检出	—	GB 4789.4
致泻大肠埃希氏菌	不得检出	—	GB 4789.6

5.7 净含量

应符合国家质量监督检验检疫总局令 2005 年第 75 号的要求。检验方法应符合 JJF 1070 的要求。

6 检验规则

申报绿色食品的畜禽可食用副产品应按照本标准 5.3～5.7 以及附录 A 所确定的项目进行检验。每批产品交收(出厂)前,都应进行交收(出厂)检验,交收(出厂)检验内容包括包装、标签、净含量、感官、菌落总数和大肠菌群。其他要求应按照 NY/T 1055 的规定执行。

7 标签

应符合 GB 7718 的要求。

8 包装、运输和储存

8.1 包装

应符合 GB/T 191 和 NY/T 658 的要求。

8.2 运输和储存

8.2.1 应符合 NY/T 1056 的要求。

8.2.2 生鲜制品应使用卫生并具有防雨、防晒、防尘设施的专用冷藏车船运输。

8.2.3 生鲜制品在运输和储存过程中应严格控制温度,冷藏温度应控制在 0℃～4℃,冷冻温度应控制在－18℃以下。

附　录　A
（规范性附录）
绿色食品畜禽可食用副产品申报检验项目

表 A.1 和表 A.2 规定了除 5.3～5.7 所列项目外，依据食品安全国家标准和绿色食品畜禽可食用副产品生产实际情况，绿色食品畜禽可食用副产品申报检验时还应检验的项目。

表 A.1　污染物、食品添加剂项目

序号	检验项目	指　标		检验方法
		生鲜产品	熟制品	
1	总砷（以 As 计），mg/kg	≤0.5		GB 5009.11
2	镉（以 Cd 计），mg/kg	肝脏≤0.5 肾脏≤1.0 其他产品≤0.1		GB 5009.15
3	总汞（以 Hg 计），mg/kg	≤0.05		GB 5009.17
4	铬（以 Cr 计），mg/kg	≤1.0		GB 5009.123
5	N-二甲基亚硝胺，μg/kg	≤3.0		GB 5009.26
6	苯并(a)芘[a]，μg/kg	—	≤5.0	GB 5009.27
7	山梨酸及其钾盐（以山梨酸计），g/kg	—	≤0.075	GB 5009.28
[a]　仅限于经熏、烧、烤加工方式制成的熟制品。				

表 A.2　熟制品微生物项目

项目	采样方案及限量				检验方法
	n	c	m	M	
沙门氏菌	5	0	0/25 g	—	GB 4789.4
单核细胞增生李斯特氏菌	5	0	0/25 g	—	GB 4789.30
金黄色葡萄球菌	5	1	100 CFU/g	1 000 CFU/g	GB 4789.10
大肠埃希氏菌 O157:H7	5	0	0/25 g	—	GB 4789.36
注：n 为同一批次产品应采集的样品件数；c 为最大可允许超出 m 值的样品数；m 为微生物指标可接受水平的限量值；M 为微生物指标的最高安全限量值。					

ICS 67.100.10
X 16

中华人民共和国农业行业标准

NY/T 3130—2017

生乳中L-羟脯氨酸的测定

Determination of L-hydroxyproline in raw milk

2017-12-22 发布

2018-06-01 实施

中华人民共和国农业部 发布

前　言

本标准按照 GB/T 1.1—2009 给出的规则起草。

本标准由农业部畜牧业司提出。

本标准由全国畜牧业标准化技术委员会(SAC/TC 274)归口。

本标准起草单位:中国农业科学院北京畜牧兽医研究所、农业部奶产品质量安全风险评估实验室(北京)、安徽农业大学、青岛农业大学、安徽省农业科学院畜牧兽医研究所。

本标准主要起草人:郑楠、叶巧燕、文芳、李松励、许晓敏、刘萍、甄云鹏、屈雪寅、杨永新、韩荣伟、程建波、张养东、王加启。

生乳中 L-羟脯氨酸的测定

1 范围

本标准规定了生乳中 L-羟脯氨酸的测定方法。

本标准适用于生乳中 L-羟脯氨酸的测定。

本标准检出限为 30 mg/L。

2 规范性引用文件

下列文件对于本文件的应用是必不可少的。凡是注日期的引用文件，仅注日期的版本适用于本文件。凡是不注日期的引用文件，其最新版本（包括所有的修改单）适用于本文件。

GB/T 6682 分析实验室用水规格和试验方法

第一法 分光光度计法

3 原理

样品经酸水解，游离出的 L-羟脯氨酸用氯胺 T 氧化，生成含有吡咯环的氧化物。生成物与对二甲胺基苯甲醛反应生成红色化合物，在波长 560 nm 处测定吸光度，与标准系列比较定量。

4 试剂和材料

除非另有说明，在分析中仅使用确认为分析纯的试剂，水为 GB/T 6682 中规定的二级水。

4.1 盐酸（HCl，$\rho=1.19$ g/mL）：优级纯。

4.2 盐酸溶液（0.02 mol/L）：量取盐酸（4.1）1.7 mL 用水定容至 1 L，摇匀。

4.3 缓冲溶液：将 50.0 g 柠檬酸（$C_6H_8O_7 \cdot H_2O$）、26.3 g 氢氧化钠（NaOH）和 146.1 g 乙酸钠（$NaO_2C_2H_3$）溶于水，定容至 1 L，再依次加入 200 mL 水和 300 mL 正丙醇（C_3H_7OH），混匀。

4.4 氯胺 T 溶液：将 1.41 g 氯胺 T（$C_7H_{13}ClNNaO_5S$），溶于 10 mL 水中，依次加入 10 mL 正丙醇和 80 mL 缓冲溶液（4.3）混匀，现用现配。

4.5 显色剂：称取 10.0 g 对二甲胺基苯甲醛（$C_9H_{11}NO$），用 35 mL 高氯酸（$HClO_4$）溶解，缓慢加入 65 mL 异丙醇（$C_5H_{12}O$）混匀，现用现配。

4.6 氢氧化钠溶液（10 mol/L）：准确称量 40.0 g 氢氧化钠，用水溶解冷却后定容至 100 mL。

4.7 氢氧化钠溶液（1 mol/L）：准确称量 4.0 g 氢氧化钠，用水溶解后定容至 100 mL。

4.8 L-羟脯氨酸标准储备液（500 mg/L）：准确称取 50.0 mg L-羟脯氨酸标准品（$C_5H_9NO_3$，CAS：51-35-4，纯度≥99.0%），用 0.02 mol/L 盐酸溶液（4.2）溶解，定容至 100 mL。于 4℃冰箱内储存，有效期 6 个月。

4.9 L-羟脯氨酸标准工作液（5.00 mg/L）：准确吸取标准储备液（4.8）1.00 mL 于 100 mL 容量瓶中，用 0.02 mol/L 盐酸溶液（4.2）定容至刻度，现用现配。

5 仪器

5.1 分析天平：感量 0.1 mg。

5.2 三角瓶：容量 100 mL，长颈，小口。

5.3 电热恒温干燥箱:±1℃。

5.4 定性滤纸:直径 11 cm。

5.5 容量瓶:50 mL、100 mL。

5.6 具塞比色管:10 mL、25 mL。

5.7 酸度计。

5.8 恒温水浴锅:±1℃。

5.9 分光光度计:可调波长 560 nm。

5.10 比色皿:光程为 1 cm。

5.11 玻璃水解管:配有聚四氟乙烯密封盖。

6 分析步骤

6.1 水解样品

准确吸取 5.00 mL 混匀的生乳样品于玻璃水解管(5.11)中,加 5.00 mL 盐酸(4.1)摇匀密封后,置于 110℃电热恒温干燥箱(5.3)中水解 12 h(加热 1 h 后取出,轻轻摇动玻璃水解管),取出冷却。摇匀后,打开玻璃水解管,用滤纸(5.4)过滤至 100 mL 容量瓶中,用水反复冲洗玻璃水解管和漏斗,定容至刻度,摇匀。吸取 5.00 mL～25.00 mL(视水解液中 L-羟脯氨酸的含量)水解液于 100 mL 三角瓶中。用浓度为 10 mol/L 和 1 mol/L 氢氧化钠溶液调节 pH 至 8.0±0.2,转移到 100 mL 容量瓶中,用水定容至刻度,摇匀,作为试液备用。

6.2 测定

6.2.1 标准曲线的绘制

准确吸取 L-羟脯氨酸标准工作液(4.9)0.00 mL、1.00 mL、2.00 mL、4.00 mL、10.00 mL 和 20.00 mL 分别置于 100 mL 容量瓶中,用水定容,摇匀。浓度分别为 0.00 mg/L、0.05 mg/L、0.10 mg/L、0.20 mg/L、0.50 mg/L 和 1.00 mg/L。取上述不同浓度的溶液各 5.00 mL,分别加入至 25 mL 具塞比色管中,加入氯胺 T 溶液(4.4)2.00 mL,摇匀后于室温放置 20 min,加入显色剂(4.5)2.00 mL,摇匀,塞上塞子于 60℃恒温水浴锅中加热 20 min 后取出,迅速置入 20℃左右水中冷却,用分光光度计在 560 nm 波长处测定吸光度值,40 min 内完成测定,以吸光度值为纵坐标、浓度值为横坐标绘制标准曲线。

6.2.2 试液测定

吸取 5.00 mL 试液(6.1)于 25 mL 具塞比色管中,加入氯胺 T 溶液(4.4)2.00 mL,摇匀后于室温放置 20 min,加入显色剂(4.5)2.00 mL,摇匀。塞上塞子,于 60℃恒温水浴锅中加热 20 min 后取出,迅速置入 20℃左右水中冷却。用分光光度计在 560 nm 波长处测定吸光度值,40 min 内完成测定。同时做空白试验。

7 计算

样品中 L-羟脯氨酸的含量以质量浓度 X 计,单位为毫克每升(mg/L),按式(1)计算。

$$X = \frac{c_1 \times V_2 \times V_4}{V_1 \times V_3} \quad \text{……………………………………} (1)$$

式中:

c_1——从标准曲线上查得的试液浓度,单位为毫克每升(mg/L);

V_1——吸取样品的体积,单位为毫升(mL);

V_2——样品水解后的定容体积,单位为毫升(mL);

V_3——吸取水解液的体积,单位为毫升(mL);

V_4——水解液调完 pH 定容的体积,单位为毫升(mL)。

结果保留 3 位有效数字。

8 精密度

在重复性条件下获得的 2 次独立测定结果的绝对差值不得超过算术平均值的 10%。

第二法　高效液相色谱法

9 原理

样品经酸水解、过滤、氮气吹至近干,稀盐酸溶解,溶液经异硫氰酸苯酯(PITC)衍生生成苯氨基硫甲酰-羟脯氨酸(PTC-羟脯氨酸),注入液相色谱仪测定。外标法定量。

10 试剂和材料

除非另有说明,在分析中仅使用确认为分析纯的试剂,水为 GB/T 6682 中规定的一级水。

10.1 盐酸($HCl,\rho=1.19\ g/mL$):优级纯。

10.2 甲醇(CH_3OH):色谱纯。

10.3 正己烷(C_6H_{14}):色谱纯。

10.4 盐酸溶液(0.02 mol/L):量取盐酸(10.1)1.7 mL,用水定容至1 L,摇匀。

10.5 三乙胺乙腈溶液(14%):准确移取 1.4 mL 三乙胺($C_6H_{15}N$),用乙腈(CH_3CN,色谱纯)定容至 10 mL。

10.6 异硫氰酸苯酯乙腈溶液(2.5%):准确移取 0.25 mL 异硫氰酸苯酯(C_7H_5NS),用乙腈定容至 10 mL。

10.7 乙酸铵溶液(20 mmol/L):称取 1.542 g 乙酸铵($C_2H_7NO_2$,色谱纯),加水溶解后定容至 1 L。

10.8 L-羟脯氨酸标准储备液(1 000 mg/L):称取 100.0 mg L-羟脯氨酸标准品($C_5H_9NO_3$,CAS:51-35-4,纯度≥99.0%),用 0.02 mol/L 盐酸溶液(10.4)溶解后定容至 100 mL。于 4℃冰箱内储存,有效期 6 个月。

10.9 L-羟脯氨酸标准工作液(10.0 mg/L):准确吸取 1.00 mL L-羟脯氨酸标准储备液(10.8)于 100 mL 的容量瓶内,用 0.02 mol/L 盐酸溶液(10.4)定容。于 4℃冰箱内储存,有效期 1 周。

11 仪器

11.1 液相色谱仪:配有紫外检测器。

11.2 电热恒温干燥箱:±1℃。

11.3 玻璃水解管:配有聚四氟乙烯密封盖。

11.4 2.5 mL 衍生管。

11.5 分析天平:感量 0.1 mg。

11.6 定性滤纸:直径 11 cm。

11.7 氮吹仪。

11.8 涡旋振荡器。

11.9 恒温培养箱:±1℃。

11.10 高速离心机:可调 15 000 r/min,15℃。

11.11 0.45 μm 水相过滤膜,直径 13 mm。

NY/T 3130—2017

12 分析步骤

12.1 样品处理

12.1.1 准确吸取 5.00 mL 混匀的生乳样品于玻璃水解管(11.3)中,加 5.00 mL 盐酸(10.1)。摇匀密封后,置于 110℃电热恒温干燥箱(11.2)中水解 12 h(加热 1 h 后取出,轻轻摇动玻璃水解管),取出冷却。摇匀后,打开玻璃水解管,经滤纸(11.6)过滤。取 0.25 mL 滤液于氮吹仪(11.7)上吹至近干,残留物用 0.50 mL 0.02 mol/L 盐酸溶液(10.4)溶解,待衍生化。

12.1.2 取上述溶液 0.40 mL 于衍生管(11.4)中(标准工作液与样品同步衍生),分别加入 0.20 mL 14%三乙胺乙腈溶液(10.5)和 0.20 mL 2.5%异硫氰酸苯酯乙腈溶液(10.6),涡旋混匀,于恒温培养箱(11.9)中 30℃衍生 15 min。取出后加入 0.80 mL 正己烷(10.3),涡旋 30 s 后于高速离心机(11.10)15℃,15 000 r/min 离心 5 min,取下层液体经水相过滤膜(11.11)过滤作为试液。

12.2 试液测定

12.2.1 色谱参考条件

色谱柱:XBridge C$_{18}$(4.6 mm×250 mm,5 μm),或其他相当的色谱柱;

柱温:35℃;

流速:1.00 mL/min;

进样体积:10 μL;

检测波长:254 nm;

流动相 A 为 20 mmol/L 乙酸铵溶液(10.7),流动相 B 为甲醇。

注:液相色谱流动相梯度洗脱条件参见附录 A 中表 A.1,也可根据仪器自身条件进行调整。

12.2.2 定量测定

将衍生后的标准工作液和试液,注入液相色谱仪。按照保留时间定性,以标准工作液单点或多点进行校准,并用标准工作液峰面积比较定量。在上述色谱条件下,标准品色谱图参见图 A.1。

13 结果计算

样品中 L-羟脯氨酸的含量以质量浓度 X 计,单位为毫克每升(mg/L),按式(2)计算。

$$X=\frac{A_1 \times c_{s1} \times V_8 \times V_6}{A_{s1} \times V_7 \times V_5} \quad\quad\quad\quad\quad (2)$$

式中:

A_1——试液中 L-羟脯氨酸的峰面积;

c_{s1}——L-羟脯氨酸标准溶液的浓度,单位为毫克每升(mg/L);

V_8——氮吹后加入稀盐酸溶液定容的体积,单位为毫升(mL);

V_6——水解液的总体积,单位为毫升(mL);

A_{s1}——L-羟脯氨酸标准溶液的色谱峰面积;

V_7——氮吹前移取水解样液的取样量,单位为毫升(mL);

V_5——吸取生乳样品的体积,单位为毫升(mL)。

结果保留 3 位有效数字。

14 精密度

在重复性条件下获得的 2 次独立测定结果的绝对差值不得超过算术平均值的 10%。

第三法 氨基酸分析仪法

15 原理

样品经酸水解、过滤、氮气吹至近干,稀盐酸溶解,注入氨基酸分析仪,柱后经茚三酮衍生测定。外标法定量。

16 试剂和材料

除非另有说明,在分析中仅使用确认为分析纯的试剂,水为 GB/T 6682 中规定的一级水。

16.1 盐酸(HCl,$\rho=1.19\ g/mL$):优级纯。

16.2 盐酸溶液(0.02 mol/L):吸取盐酸(16.1)1.7 mL,用水定容至 1 L,混匀。

16.3 茚三酮显色液及反应液:可参照附录 B 中表 B.1 配制,也可根据仪器要求配制。

16.4 L-羟脯氨酸标准储备液(1 000 mg/L):称取 100.0 mg L-羟脯氨酸标准品($C_5H_9NO_3$,CAS:51-35-4,纯度≥99.0%),用 0.02 mol/L 盐酸溶液(16.2)溶解后定容至 100 mL。于 4℃冰箱内储存,有效期 6 个月。

16.5 L-羟脯氨酸标准工作液(10.00 mg/L):准确吸取 L-羟脯氨酸标准储备液(16.4)1.00 mL 于 100 mL 的容量瓶内,用 0.02 mol/L 盐酸溶液(16.2)定容。于 4℃冰箱内储存,有效期 1 周。

17 仪器

17.1 氨基酸自动分析仪:配有自动进样装置、梯度洗脱系统。

17.2 电热恒温干燥箱:±1℃。

17.3 玻璃水解管:配有聚四氟乙烯密封盖。

17.4 分析天平:感量 0.1 mg。

17.5 定性滤纸:直径 11 cm。

17.6 0.45 μm 水相过滤膜:直径 13 mm。

17.7 氮吹仪。

18 分析步骤

18.1 样品处理

准确吸取 5.00 mL 混匀的生乳样品于玻璃水解管(17.3)中,加 5.00 mL 盐酸(16.1)。摇匀密封后,置于 110℃电热恒温干燥箱(17.2)中水解 12 h(加热 1 h 后取出,轻轻摇动玻璃水解管),取出冷却。摇匀后,打开玻璃水解管,经滤纸(17.5)过滤。取 0.20 mL 滤液于氮吹仪(17.7)上吹至近干,残留物用 2.00 mL 0.02 mol/L 盐酸溶液(16.2)溶解,过水相过滤膜(17.6)作为试液供上机。

18.2 试液测定

18.2.1 色谱参考条件

分离柱:60 mm×4.6 mm 不锈钢柱,交换树脂为磺酸型阳离子交换树脂或其他相当的分析柱;

柱温:57℃;

流速:0.400 mL/min;

进样体积:20 μL;

检测波长:440 nm。

注:流动相配制及梯度洗脱条件分别参见表 B.2 和表 B.3,也可根据仪器自身条件进行调整。

18.2.2 定量测定

将标准工作液和试液,分别注入氨基酸分析仪。按照保留时间定性,以标准工作液单点或多点进行校准,并用标准工作液峰面积比较定量。在上述色谱条件下,标准品色谱图参见图 B.1。

19 结果计算

样品中 L-羟脯氨酸的含量以质量浓度 X 计,单位为毫克每升(mg/L),按式(3)计算。

$$X = \frac{A_2 \times c_{s2} \times V_{12} \times V_{10}}{A_{s2} \times V_{11} \times V_9} \quad\cdots\cdots\cdots\cdots\cdots\cdots\cdots\cdots\cdots\cdots\cdots\cdots\cdots\cdots\cdots\cdots \quad(3)$$

式中:

A_2——试液中 L-羟脯氨酸的峰面积;

c_{s2}——L-羟脯氨酸标准溶液的浓度,单位为毫克每升(mg/L);

V_{12}——加入稀盐酸溶液定容的体积,单位为毫升(mL);

V_{10}——水解液的总体积,单位为毫升(mL);

A_{s2}——L-羟脯氨酸标准溶液的色谱峰面积;

V_{11}——水解样液的取样量,单位为毫升(mL);

V_9——吸取生乳样品的体积,单位为毫升(mL)。

结果保留 3 位有效数字。

20 精密度

在重复性条件下获得的 2 次独立测定结果的绝对差值不得超过算术平均值的 10%。

附　录　A

（资料性附录）

L-羟脯氨酸液相色谱仪色谱图和流动相梯度洗脱条件

A.1　高效液相色谱分离L-羟脯氨酸的标准图谱

见图 A.1。

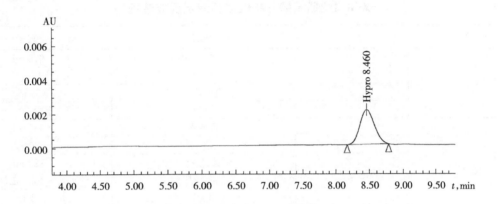

图 A.1　高效液相色谱分离L-羟脯氨酸的标准图谱

A.2　高效液相色谱流动相梯度洗脱条件

见表 A.1。

表 A.1　高效液相色谱流动相梯度洗脱条件

序号	时间,min	流速,mL/min	流动相A,%	流动相B,%
1	0.0	1.0	90	10
2	5.0	1.0	90	10
3	5.1	1.0	5	95
4	15.0	1.0	5	95
5	15.5	1.0	90	10
6	20.0	1.0	90	10

附　录　B

（资料性附录）

L-羟脯氨酸氨基酸分析仪的色谱图、流动相梯度洗脱条件和溶液配制

B.1　氨基酸分析仪显色液及反应液配制

见表 B.1。

表 B.1　氨基酸分析仪显色液及反应液配制

溶液	步骤	试剂	数量
R1	1	乙二醇单甲醚	979 mL
	2	茚三酮	39 g
	3	硼氢化钠	81 mg
	4	鼓泡	至少 30 min
R2	1	超纯水	336 mL
	2	乙酸钠	204 g
	3	冰乙酸	123 mL
	4	乙二醇单甲醚	401 mL
	5	定容	1 L
	6	鼓泡	至少 10 min
R3	1	无水乙醇	50 mL
	2	超纯水	950 mL

B.2　氨基酸分析仪流动相配制

见表 B.2。

表 B.2　氨基酸分析仪流动相配制

溶液	B1	B2	B3	B4	B5	B6
柠檬酸三钠（二水），g	5.88	7.74	13.31	26.67	—	—
氯化钠，g	—	7.07	3.74	54.35	—	—
氢氧化钠，g	—	—	—	—	—	8
柠檬酸（一水），g	22	22	12.8	6.1	—	—
乙醇，mL	130	20	4	—	50	100
苯甲醇，mL	—	—	—	5	—	—
硫二甘醇，mL	5	5	5	—	—	—
聚氧乙烯十二烷基醚，mL	1	1	1	1	1	1
定容至，mL	1 000	1 000	1 000	1 000	1 000	1 000
辛酸，mL	0.1	0.1	0.1	0.1	0.1	0.1
钠离子浓度，mol/L	0.06	0.2	0.2	1.2	0	0.2

B.3　氨基酸分析仪流动相梯度洗脱条件

见表 B.3。

表 B.3 氨基酸分析仪流动相梯度洗脱条件

时间 min	流动相						流速 mL/min	反应液			流速 mL/min
	B1 %	B2 %	B3 %	B4 %	B5 %	B6 %		R1 %	R2 %	R3 %	
0.0	100	0	0	0	0	0		50	50	0	
10.0	100	0	0	0	0	0		50	50	0	
10.1	0	100	0	0	0	0		50	50	0	
10.6	0	0	100	0	0	0		50	50	0	
11.1	0	0	0	100	0	0		50	50	0	
12.0	0	0	0	0	100	0		50	50	0	
18.1	0	0	0	0	0	100	0.4	0	0	100	0.35
22.0	0	0	0	0	100	0		0	0	100	
23.0	0	0	0	100	0	0		0	0	100	
25.0	0	0	100	0	0	0		0	0	100	
27.0	0	100	0	0	0	0		0	0	100	
27.1	100	0	0	0	0	0		50	50	0	
30.0	100	0	0	0	0	0		50	50	0	

B.4 氨基酸分析仪分离 L-羟脯氨酸的标准图谱

见图 B.1。

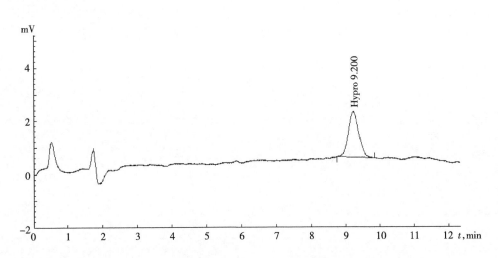

图 B.1 氨基酸分析仪分离 L-羟脯氨酸的标准图谱

ICS 65.020.30
B 43

中华人民共和国农业行业标准

NY/T 3132—2017

绍　兴　鸭

Shaoxing duck

2017-12-22 发布

2018-06-01 实施

中华人民共和国农业部 发布

前　言

本标准按照 GB/T 1.1—2009 给出的规则起草。

本标准由农业部畜牧业司提出。

本标准由全国畜牧业标准化技术委员会(SAC/TC 274)归口。

本标准起草单位:浙江省农业科学院、诸暨市国伟禽业发展有限公司、浙江省畜牧技术推广总站、绍兴市绍鸭原种场。

本标准主要起草人:卢立志、李国勤、陶争荣、徐小钦、麻延峰、陈黎、李柳萌、宋美娥、沈军达、田勇、曾涛、刘雅丽、阮胜钢、黄学涛、冯佩诗、徐坚。

绍 兴 鸭

1 范围

本标准规定了绍兴鸭的原产地和品种特性、体型外貌、成年体重和体尺、生产性能、蛋品质及测定方法。

本标准适用于绍兴鸭。

2 规范性引用文件

下列文件对于本文件的应用是必不可少的。凡是注日期的引用文件，仅注日期的版本适用于本文件。凡是不注日期的引用文件，其最新版本（包括所有的修改单）适用于本文件。

NY/T 823 家禽生产性能名词术语和度量统计方法

3 原产地和品种特性

原产地为浙江省绍兴市。属蛋用型地方品种，具有早熟、产蛋量高、适应性强等特性。

4 体型外貌

体型小、体躯狭长，站立时躯体呈45°角，似"琵琶"状。依据羽色，有"带圈白翼梢"和"红毛绿翼梢"两种主要类型，并有少量白羽个体。两种主要类型的体型外貌如下：

a) 带圈白翼梢。

成年公鸭羽毛多呈深褐色，头、颈上部及尾部呈墨绿色，有光泽，性羽明显。颈中部有白色羽圈，主翼羽末梢和腹部呈白色。虹彩灰蓝色，喙和蹼橘黄色。

成年母鸭以麻羽为主，颈中部有白色羽圈，主翼羽末梢和腹部呈白色。虹彩灰蓝色，喙和蹼橘黄色。雏鸭绒毛黄色。

b) 红毛绿翼梢。

成年公鸭羽毛多呈褐麻色，胸腹部较浅，头部、颈上部和尾部均呈墨绿色、有光泽，性羽明显。喙黄绿色。

成年母鸭羽毛以棕麻色为主，胸腹部褐色，有光泽。喙灰黄色，喙豆黑色，虹彩褐色，胫、蹼橘黄色。

雏鸭绒羽呈深黄色，头顶、尾根有黑斑，背部有黑色条带。

成年鸭体型外貌和绍兴鸭群体参见附录A。

5 成年体重和体尺

43周龄成年绍兴鸭的体重和体尺见表1。

表1 成年(43周龄)体重和体尺

项 目	公 鸭	母 鸭
体重,g	1 329~1 720	1 262~1 603
体斜长,cm	21.2~24.0	20.2~22.8
胫长,cm	5.6~6.8	5.5~6.3
胫围,cm	3.2~4.0	3.2~4.2
半潜水长,cm	52.1~58.5	48.5~53.6
髋骨宽,cm	5.9~7.4	6.0~7.2

6 生产性能

6.1 生长发育性能

生长发育性能见表2。

表2 生长发育性能

周龄,w	体重,g	
	公 鸭	母 鸭
0	38～46	38～46
2	175～235	170～232
4	500～590	485～565
6	780～950	750～890
8	1 125～1 340	1 050～1 300
10	1 210～1 460	1 210～1 445
12	1 270～1 550	1 260～1 540

6.2 繁殖性能

繁殖性能见表3。

表3 繁殖性能

项 目	范 围
50%开产日龄,d	135～155
43周龄产蛋数,个	117～144
43周龄蛋重,g	68～73
72周龄产蛋数,个	293～314
受精率,%	≥89
受精蛋孵化率,%	≥85

7 蛋品质

43周龄蛋品质见表4。

表4 43周龄蛋品质

项 目	范 围
蛋壳颜色	白色为主
蛋壳厚度,mm	0.31～0.37
蛋壳强度,kg/cm²	4.81～5.77
蛋形指数	1.29～1.48
蛋黄比例,%	26～32

8 测定方法

体型外貌为目测,体重体尺、生产性能、蛋品质测定按照 NY/T 823 的规定执行。

附 录 A
（资料性附录）
成年绍兴鸭图片

A.1 成年绍兴鸭带圈白翼梢系(公、母)

见图 A.1。

图 A.1 成年绍兴鸭带圈白翼梢系(左公、右母)

A.2 成年绍兴鸭红毛绿翼梢系(公、母)

见图 A.2。

图 A.2 成年绍兴鸭红毛绿翼梢系(左公、右母)

A. 3 绍兴鸭(群体)

见图 A. 3。

图 A. 3 绍兴鸭(群体)

ICS 65.020.30
B 43

中华人民共和国农业行业标准

NY/T 3134—2017

萨福克羊种羊

Suffolk stud sheep

2017-12-22 发布
2018-06-01 实施

中华人民共和国农业部 发布

前　言

本标准按照 GB/T 1.1—2009 给出的规则起草。

本标准由农业部畜牧业司提出。

本标准由全国畜牧业标准化技术委员会(SAC/T 274)归口。

本标准起草单位：全国畜牧总站、新疆维吾尔自治区畜牧业质量标准研究所。

本标准主要起草人：赵小丽、郑文新、高维明、宫平、邢巍婷、陶卫东、王乐、许艳丽、魏佩玲、吕雪峰、何茜、乌兰、采复拉、胡波、叶尔兰、张敏、师帅、赛迪古丽、帕娜尔、徐方野。

萨福克羊种羊

1 范围

本标准规定了萨福克羊种羊品种来源及分布、外貌特征、生产性能、等级评定及生产性能测定方法等内容。

本标准适用于萨福克羊种羊的鉴定及评定。

2 规范性引用文件

下列文件对于本文件的应用是必不可少的。凡是注日期的引用文件,仅注日期的版本适用于本文件。凡是不注日期的引用文件,其最新版本(包括所有的修改单)适用于本文件。

NY/T 1236 绵、山羊生产性能测定技术规范

3 品种来源及分布

萨福克羊原产于英国英格兰东南部的萨福克、诺福克、剑桥和艾塞克斯等地。以南丘羊为父本、黑脸有角诺福克羊(Norflk Horn)为母本杂交培育,于1859年育成。现分布于北美洲、欧洲、澳大利亚、新西兰、俄罗斯和中国等地。

4 外貌特征

公、母羊均无角,体躯白色。有黑头和白头之分。黑头羊的头和四肢呈黑色,白头羊全身为白色。体质结实,结构匀称,头短而宽,鼻梁隆起,耳大向外平展,颈长粗壮,鬐甲宽平,胸宽深。背腰长而宽平,肋骨开张良好。体躯呈长方形,前躯丰满,后躯肌肉发达,从后面看呈典型的倒"U"形。四肢健壮,蹄质结实。黑头萨福克羊种羊、白头萨福克羊种羊外貌特征参见附录A和附录B。

5 生产性能

5.1 繁殖性能

母羊常年发情,性成熟在5月龄～8月龄,初次配种年龄在12月龄～14月龄。母羊的发情周期一般在14 d～20 d,妊娠期在147 d～150 d,母性和泌乳力较强,产羔率为120%～180%。公羊可常年配种,初配年龄在12月龄～14月龄。

5.2 产肉性能

表1 萨福克羊种羊产肉性能

月 龄	屠宰率,%	胴体重,kg
公、母羊4月龄	50.7	—
周岁公羊	58	48.2
周岁母羊	53	42.8
成年公羊	50	50.0

5.3 体尺和体重

表 2 萨福克羊种羊体尺和体重

月龄	体高,cm	体长,cm	胸围,cm	体重,kg
周岁公羊	80～90	95～105	100～110	75～90
周岁母羊	70～80	80～95	85～95	75～85
成年公羊	85～105	105～115	105～115	100～130
成年母羊	80～85	85～95	85～95	85～95

5.4 毛用性能

细度分布以 58 支～60 支居多,长度主要分布在 5 cm～7 cm。净毛率分布在 32%～52% 之间,成年公羊剪毛量为 4 kg～6 kg,成年母羊剪毛量为 2.5 kg～3.5 kg。

6 等级评定

6.1 特级

符合本品种外貌特征、体重超过表 3 指标 10% 的优秀个体。

表 3 一级羊体尺和体重指标

月　龄	体高,cm	体长,cm	胸围,cm	体重,kg
断奶公羔(4 月龄)	60	60	65	45
断奶母羔(4 月龄)	55	55	60	35
周岁公羊(12 月龄)	80	90	95	80
周岁母羊(12 月龄)	70	80	85	65
成年公羊(30 月龄)	90	100	105	90
成年母羊(30 月龄)	80	90	90	75

6.2 一级

符合本品种外貌特征、体尺和体重达到表 3 指标的个体。

6.3 二级

符合本品种外貌特征、母羊体重低于表 3 指标 10% 的个体。

7 生产性能测定方法

各性能测定方法按照 NY/T 1236 的规定执行。

附 录 A
（资料性附录）
黑头萨福克羊种羊

A.1 黑头萨福克羊种羊公羊

见图 A.1。

a) 侧面　　　　　　　　　　b) 正面　　　　　　　　　c) 后驱

图 A.1 黑头萨福克羊种羊公羊

A.2 黑头萨福克羊种羊母羊

见图 A.2。

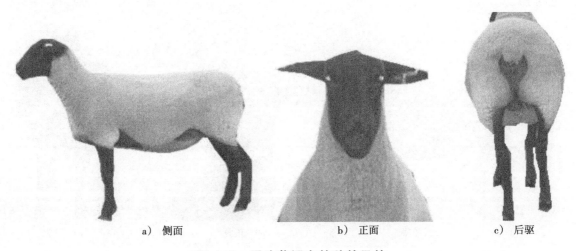

a) 侧面　　　　　　　　　　b) 正面　　　　　　　　　c) 后驱

图 A.2 黑头萨福克羊种羊母羊

附 录 B

（资料性附录）

白头萨福克羊种羊

B.1 白头萨福克羊种羊公羊

见图 B.1。

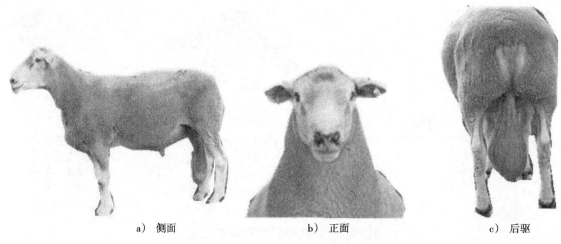

a) 侧面　　　　　　　　　　b) 正面　　　　　　　　　　c) 后驱

图 B.1 白头萨福克羊种羊公羊

B.2 白头萨福克羊种羊母羊

见图 B.2。

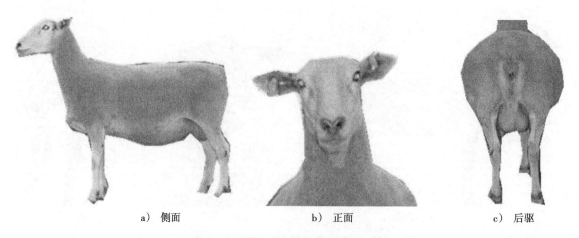

a) 侧面　　　　　　　　　　b) 正面　　　　　　　　　　c) 后驱

图 B.2 白头萨福克羊种羊母羊

第二部分
兽医类标准

ICS 11.220
B 41

中华人民共和国农业行业标准

NY/T 536—2017
代替 NY/T 536—2002

鸡伤寒和鸡白痢诊断技术

Diagnostic techniques for fowl typhoid and pullorum disease

2017-06-12 发布

2017-10-01 实施

中华人民共和国农业部 发布

前　言

本标准按照 GB/T 1.1—2009 给出的规则起草。

本标准代替 NY/T 536—2002《鸡伤寒和鸡白痢诊断技术》。与 NY/T 536—2002 相比，除编辑性修改外，主要技术变化如下：

——增加了鸡伤寒和鸡白痢的临床诊断和病理变化（见第 2 章）；

——增加了鸡沙门菌和雏沙门菌鉴别 PCR（见 3.1.3.4）。

本标准由农业部兽医局提出。

本标准由全国动物卫生标准化技术委员会（SAC/TC 181）归口。

本标准起草单位：中国兽医药品监察所。

本标准主要起草人：康凯、李伟杰、陈小云、赵耘、岂晓鑫、张敏。

本标准所代替标准的历次版本发布情况为：

——NY/T 536—2002。

引　言

　　鸡伤寒和鸡白痢（fowl typhoid and pullorum disease）分别是由鸡沙门菌（*Salmonella gallinarum*）和雏沙门菌（*Salmonella pullorum*）引起的鸡和火鸡等的传染病，是危害我国养鸡业的重要疾病。我国将鸡白痢列为二类动物疫病，世界动物卫生组织［World Organisation for Animal Health（英），Office International des Epizooties（法），OIE］在 *Manual of Diagnostic Tests and Vaccines for Terrestrial Animals*，2016 中规定了鸡伤寒和鸡白痢诊断标准和相应生物制品（多价抗原）的制造、标定和使用的国际标准。

　　本标准主要参考 OIE *Manual of Diagnostic Tests and Vaccines for Terrestrial Animals*，2016 中的 2.3.11 章"FOWL TYPHOID AND PULLORUM DISEASE"以及相关文献，建立了鸡沙门菌和雏沙门菌的鉴别 PCR 方法，并在复核验证的基础上，对《鸡伤寒和鸡白痢诊断技术》（NY/T 536—2002）进行了修订，增加了鸡沙门菌和雏沙门菌鉴别的双重 PCR 方法。同时，参考《兽医传染病学》（第五版，陈溥言主编），增加了鸡伤寒和鸡白痢的临床诊断和病理变化等内容。

鸡伤寒和鸡白痢诊断技术

1 范围

本标准规定了鸡伤寒和鸡白痢诊断的技术要求。

本标准所规定的临床诊断和实验室诊断适用于各种日龄鸡的鸡沙门菌和雏沙门菌感染的诊断。其中,PCR方法可用于鸡沙门菌和雏沙门菌的鉴别,全血平板凝集试验适用于成年鸡的鸡沙门菌和雏沙门菌抗体的检测。本标准也可用于鸡伤寒和鸡白痢的流行病学调查和健康鸡群监测。

2 临床诊断

2.1 临床症状

2.1.1 鸡伤寒临床症状

成年鸡易感,一般呈散发性。潜伏期一般为4 d～5 d。在年龄较大的鸡和成年鸡,急性经过者突然停食,排黄绿色稀粪,体温上升1℃～3℃。病鸡可迅速死亡,通常经5 d～10 d死亡。雏鸡发病时,临诊症状与鸡白痢相似。

2.1.2 鸡白痢临床症状

各品种鸡对本病均易感,以2周龄～3周龄雏鸡的发病率和死亡率为最高,呈流行性。本病在雏鸡和成年鸡中所表现的症状和经过有显著的差异。

a) 雏鸡潜伏期4 d～5 d,出壳后感染的雏鸡,多在孵出后几天才出现明显临诊症状,在第2周～第3周内达到高峰。发病雏鸡呈最急性者,无临诊症状迅速死亡。稍缓者表现精神委顿,绒毛松乱,两翼下垂,缩颈闭眼,昏睡,不愿走动,拥挤在一起。病初食欲减少,后停食,多数出现软嗉临诊症状。腹泻,排稀薄如糨糊状粪便。有的病雏出现眼盲或肢关节肿胀,呈跛行临诊症状。

b) 成年鸡感染后常无临诊症状,母鸡产蛋量与受精率降低。有的因卵黄囊炎引起腹膜炎,腹膜增生而呈"垂腹"现象。

2.2 病理变化

2.2.1 鸡伤寒病理变化

死于鸡伤寒的雏鸡病理变化与鸡白痢相似。成年鸡,最急性者眼观病理变化轻微或不明显,急性者常见肝、脾、肾充血肿大。亚急性和慢性病例,特征病理变化是肝肿大呈青铜色,肝和心肌有灰白色粟粒大坏死灶,卵子及腹腔病理变化与鸡白痢相同。

2.2.2 鸡白痢病理变化

a) 雏鸡急性死亡,病理变化不明显。病期长者,在心肌、肺、肝、盲肠、大肠及肌胃肌肉中有坏死灶或结节,胆囊肿大。输尿管扩张。盲肠中有干酪样物,常有腹膜炎。稍大的病雏有出血性肺炎,肺有灰黄色结节和灰色肝变。育成阶段的鸡肝肿大,呈暗红色至深紫色,有的略带土黄色,表面可见散在或弥散性的小红色或黄白色大小不一的坏死灶,质地极脆,易破裂,常见有内出血变化。

b) 成年母鸡最常见的病理变化为卵子变形、变色,呈囊状。有腹膜炎及腹腔脏器粘连。常有心包炎。成年公鸡睾丸极度萎缩,有小肿胀,输精管管腔增大,充满稠密的均质渗出物。

3 实验室诊断

3.1 病原分离和鉴定

3.1.1 采集病料

可采集被检鸡的肝、脾、肺、卵巢等脏器,无菌取每种组织 5 g～10 g,研碎后进行病原分离培养。

3.1.2 分离培养

3.1.2.1 培养基

增菌培养基:亚硒酸盐煌绿增菌培养基、四硫磺酸钠煌绿增菌培养基。

鉴别培养基:SS 琼脂和麦康凯琼脂。

以上各培养基配制方法见附录 A。

3.1.2.2 操作

将研碎的病料分别接种亚硒酸盐煌绿增菌培养基或四硫磺酸钠煌绿增菌培养基和 SS 琼脂平皿或麦康凯琼脂平皿,37℃培养 24 h～48 h,在 SS 琼脂或麦康凯平皿上若出现细小无色透明或半透明、圆形的光滑菌落,判为可疑菌落。若在鉴别培养基上无可疑菌落出现时,应从增菌培养基中取菌液在鉴别培养基上划线分离,37℃培养 24 h～48 h,若有可疑菌落出现,则进一步做鉴定。

3.1.3 病原鉴定

3.1.3.1 生化试验和运动性检查

3.1.3.1.1 生化反应试剂

三糖铁琼脂和半固体琼脂。

3.1.3.1.2 操作

将可疑菌落穿刺接种三糖铁琼脂斜面,并在斜面上划线,同时接种半固体培养基,37℃培养 24 h 后观察。

3.1.3.1.3 结果判定

若无运动性,并且在三糖铁琼脂上出现阳性反应时,则进一步做血清学鉴定;若有运动性,说明不是鸡沙门菌或雏沙门菌感染。三糖铁琼脂典型阳性反应为斜面产碱、变红,底层产酸、变黄;部分菌株斜面和底层均产酸、变黄。半固体琼脂阳性反应为穿刺线呈毛刷状。

3.1.3.2 血清型鉴定

3.1.3.2.1 沙门菌属诊断血清

沙门菌 A－F 多价 O 血清、O9 因子血清、O12 因子血清、H－a 因子血清、H－d 因子血清、H－g.m 因子血清和 H－g.p 因子血清。

3.1.3.2.2 操作

对初步判为沙门菌的培养物做血清型鉴定。取可疑培养物接种三糖铁琼脂斜面,37℃培养 18 h～24 h,先用 A－F 多价 O 血清与培养物进行平板凝集试验,若呈阳性反应,再分别用 O9、O12、H－a、H－d、H－g.m 和 H－g.p 因子血清做平板凝集试验。

具体操作如下:用接种环取两环因子血清于洁净玻璃板上,然后再用接种环取少量被检菌苔与血清混匀,轻轻摇动玻璃板,于 1 min 内呈明显凝集反应者为阳性,不出现凝集反应者为阴性。试验同时设生理盐水对照,应无凝集反应。

3.1.3.2.3 结果判定

如果培养物与 O9、O12 因子血清均呈阳性反应,而与 H－a、H－d、H－g.m 和 H－g.p 因子血清均呈阴性反应,则鉴定为鸡沙门菌或雏沙门菌。

3.1.3.3 鸡沙门菌和雏沙门菌初步鉴别生化试验

3.1.3.3.1 生化反应试剂

鸟氨酸脱羧酶试验小管、卫茅醇试验小管和葡萄糖(产气)小管。

3.1.3.3.2 操作

对鉴定为鸡沙门菌或雏沙门菌的菌株接种鸟氨酸脱羧酶、卫茅醇和葡萄糖(产气)生化小管,37℃培养 24 h 后观察。

3.1.3.3.3 结果判定

鸟氨酸脱羧酶和葡萄糖(产气)为阴性,卫茅醇为阳性的为鸡沙门菌;鸟氨酸脱羧酶和葡萄糖(产气)为阳性,卫茅醇为阴性的为雏沙门菌。

3.1.3.4 鸡沙门菌和雏沙门菌鉴别 PCR

3.1.3.4.1 PCR 试剂

10×PCR Buffer、dNTP、*Taq* 酶、DL2000 DNA Marker、TAE、琼脂糖、阳性对照(已鉴定的鸡沙门菌和雏沙门菌)和阴性对照。

3.1.3.4.2 引物

见表1。

表 1 鸡沙门菌和雏沙门菌鉴别 PCR 引物

检测目的基因	引物序列(5'-3')	扩增大小(bp)
glgC 基因	*glgC* 上游引物:GATCTGCTGCCAGCTCAA	174
	glgC 下游引物:GCGCCCTTTTCAAAACATA	
speC 基因	*speC* 上游引物:CGGTGTACTGCCCGCTAT	252
	speC 下游引物:CTGGGCATTGACGCAAA	

3.1.3.4.3 DNA 的提取

取纯培养细菌一接种环加入 100 μL 无菌超纯水中,混匀,沸水浴 10 min,冰浴 5 min,12 000 r/min 离心 1 min,上清作为基因扩增的模板。

3.1.3.4.4 PCR 反应体系(50 μL)

见表2。

表 2 鸡沙门菌和雏沙门菌鉴别 PCR 反应体系

组 分	体积,μL
无菌超纯水	34.75
10×PCR Buffer(含 Mg^{2+})	5
dNTP(2.5 mmol/L)	4
glgC 上游引物(10 μmol/L)	1
glgC 下游引物(10 μmol/L)	1
speC 上游引物(10 μmol/L)	1
speC 下游引物(10 μmol/L)	1
Taq 酶(5 U/μL)	0.25
DNA 模板	2

同时设置阳性对照和阴性对照。PCR 反应条件为:95℃预变性 5 min,95℃变性 30 s,56℃退火 30 s,72℃延伸 30 s,30 个循环,72℃延伸 7 min。

3.1.3.4.5 PCR 产物的检测

PCR 产物用 1.5%~2.0%琼脂糖凝胶进行电泳,观察扩增产物条带大小。

3.1.3.4.6 结果判定

阳性对照扩增出约 174 bp 和 252 bp 的片段,阴性对照未扩增出片段,试验成立。若被检样品扩增出约 174 bp 和 252 bp 的片段,判定为鸡沙门菌;若被检样品只扩增出约 252 bp 的片段,判定为雏沙门菌。结果判定电泳图参见附录B。

3.2 全血平板凝集试验

3.2.1 材料

3.2.1.1 鸡伤寒和鸡白痢多价染色平板抗原、强阳性血清（500 IU/mL）、弱阳性血清（10 IU/mL）、阴性血清。

3.2.1.2 玻璃板、吸管、金属丝环（内径7.5 mm～8.0 mm）、反应盒、酒精灯、针头、消毒盘和酒精棉等。

3.2.2 操作

在20℃～25℃环境条件下，用定量滴管或吸管吸取抗原，垂直滴于玻璃板上1滴（约0.05 mL），然后用消毒的针头刺破鸡的翅静脉或冠尖，取血0.05 mL（相当于内径7.5 mm～8.0 mm金属丝环的两满环血液），与抗原混合均匀，并使其散开至直径约为2 cm，计时判定结果。同时，设强阳性血清、弱阳性血清和阴性血清对照。

3.2.3 结果判定

3.2.3.1 凝集试验判定标准如下：

100%凝集（＋＋＋＋）：紫色凝集块大而明显，反应液清亮；

75%凝集（＋＋＋）：紫色凝集块较明显，反应液有轻度浑浊；

50%凝集（＋＋）：出现明显的紫色凝集颗粒，反应液较为浑浊；

25%凝集（＋）：仅出现少量的细小颗粒，反应液浑浊；

0%凝集（－）：无凝集颗粒出现，反应液浑浊。

3.2.3.2 在2 min内，抗原与强阳性血清应呈100%凝集（＋＋＋＋），弱阳性血清应呈50%凝集（＋＋），阴性血清不凝集（－），则判试验有效。

3.2.3.3 在2 min内，被检全血与抗原出现50%（＋＋）以上凝集者为阳性，不发生凝集则为阴性，介于两者之间为可疑反应。将可疑鸡隔离饲养1个月后，再做检测，若仍为可疑反应，按阳性判定。

4 综合判定

4.1 符合2.1.1和2.2.1，可判为疑似鸡伤寒；符合2.1.2和2.2.2，可判为疑似鸡白痢。

4.2 符合2.1.1、2.2.1、3.1.3.1、3.1.3.2、3.1.3.4中扩增出约174 bp和252 bp的片段和/或3.1.3.3中鸟氨酸脱羧酶和葡萄糖（产气）为阴性，卫茅醇为阳性，判为鸡伤寒。符合2.1.2、2.2.2、3.1.3.1、3.1.3.2、3.1.3.4中只扩增出约252 bp的片段和/或3.1.3.3中鸟氨酸脱羧酶和葡萄糖（产气）为阳性，卫茅醇为阴性，判为鸡白痢。

4.3 符合2.1.1、2.2.1和3.2，判为鸡伤寒；符合2.1.2、2.2.2和3.2，判为鸡白痢。

附 录 A
（规范性附录）
培 养 基 的 制 备

A.1 亚硒酸盐煌绿增菌培养基

A.1.1 成分

酵母浸出粉	5.0 g
蛋白胨	10.0 g
甘露醇	5.0 g
牛磺胆酸钠	1.0 g
K_2HPO_4	2.65 g
KH_2PO_4	1.02 g
$NaHSeO_3$	4.0 g
新鲜 0.1%煌绿水溶液	5.0 mL
去离子水	加至 1 000 mL

A.1.2 制法

A.1.2.1 除 $NaHSeO_3$ 和煌绿溶液外，其他成分混合于 800 mL 去离子水中，加热煮沸溶解，冷至 60℃以下，待用。

A.1.2.2 将 $NaHSeO_3$ 加入，再加 200 mL 去离子水，加热煮沸溶解，冷至 60℃以下，待用。

A.1.2.3 将煌绿溶液加入，调整 pH 至 6.9～7.1。

A.1.3 用途

为沙门菌选择性增菌培养基。

A.2 四硫磺酸钠煌绿增菌培养基

A.2.1 成分

胨蛋白胨或多价蛋白胨	5.0 g
胆盐	1.0 g
$CaCO_3$	10.0 g
NaS_2O_3	30.0 g
0.1%煌绿溶液	10.0 mL
碘溶液	20.0 mL
去离子水	加至 1 000 mL

A.2.2 制法

A.2.2.1 除碘溶液和煌绿溶液外，其他成分混合于水中，加热溶解，分装于中号试管或玻璃瓶，试管每支 10 mL，玻璃瓶每瓶 100 mL。分装时振摇，使 $CaCO_3$ 均匀地分装于试管或玻璃瓶。121℃高压灭菌 15 min，备用。

A.2.2.2 临用时，每 10 mL 或 100 mL 上述混合溶液中，加入碘溶液 0.2 mL 或 2.0 mL 和 0.1%煌绿溶液 0.1 mL 或 1.0 mL(碘溶液由碘片 6.0 g、KI 5.0 g，加 20.0 mL 灭菌的蒸馏水配制而成)。

A.2.3 用途

供沙门菌增菌培养用。

A.3 SS 琼脂

A.3.1 成分

牛肉浸粉	5.0 g
胨蛋白胨	5.0 g
胆盐	2.5 g
蛋白胨	10.0 g
乳糖	10.0 g
NaS_2O_3	8.5 g
$Na_3C_6H_5O_7$	8.5 g
$FeC_6H_5O_7$	1.0 g
1%中性红溶液	2.5 mL
0.01%煌绿溶液	3.3 mL
琼脂粉	12.0 g
去离子水	加至 1 000 mL

A.3.2 制法

A.3.2.1 将 A.3.1 中的成分(除中性红和煌绿溶液外)混合,加热溶解。

A.3.2.2 待琼脂完全溶化后,调整 pH 至 7.1~7.2。

A.3.2.3 将中性红和煌绿溶液加入,混合均匀后,分装。

A.3.2.4 116℃灭菌 20 min~30 min。

A.3.3 用途

供鉴定沙门菌用。

A.4 麦康凯琼脂

A.4.1 成分

蛋白胨	20.0 g
乳糖	10.0 g
NaCl	5.0 g
胆盐	5.0 g
1%中性红水溶液	7.5 mL
琼脂粉	12.0 g
去离子水	加至 1 000 mL

A.4.2 制法

A.4.2.1 将 A.4.1 中的成分除中性红水溶液外,其他成分混合,加热溶解。

A.4.2.2 待琼脂完全溶化后,调整 pH 至 7.4。

A.4.2.3 加入中性红水溶液,混合均匀后,分装于容器中。

A.4.2.4 以 116℃灭菌 20 min~30 min。

A.4.3 用途

供分离培养沙门菌和大肠杆菌等肠道菌用。

附　录　B
（资料性附录）
鸡沙门菌和雏沙门菌鉴别 PCR 结果判定

B.1　鸡沙门菌和雏沙门菌鉴别 PCR 电泳图

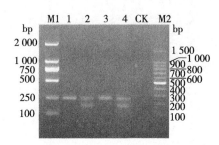

说明：
M1 ——DL 2000 DNA Maker；
1　——雏沙门菌；
2　——鸡沙门菌；
3　——雏沙门菌阳性对照；

4　——鸡沙门菌阳性对照；
CK ——阴性对照；
M2 ——100 bp DNA Ladder。

图 B.1　PCR 电泳图

B.2　PCR 扩增产物序列

B.2.1　*glgC* 序列

GATCTGCTGCCAGCTCAACAGCGTATGAAGGGCGAAAACTGGTATCGCGGCACGGCAGACGCGGT

GACCCAGAACCTGGATATTATTCGTCGCTATAAAGCGGAATATGTCGTCATCCTGGCAGGCGATCAT

ATCTACAAGCAGGACTACTCGCGTATGTTTTGAAAAGGGCGC

B.2.2　*speC* 序列

CGGTGTATCGCCCACTATCGGCATCAATACCTGGCGTGGTCAGTAACAGTTTACAGGGGTCGACAA

AATACTGGTCATCCGCATAGCCCTCAAAGCCATGCCATTTCGCCCCGGGTTCAAAACTGAAGAAAC

GACGATTGCTGGCAATGGTCTCCGTCGGATATGCCTGCCACGGCTTGCCGTCAACCACCAGTGGGA

TAAAGGGCTGAAGCAGTTTGCAACGGGCGAGAATGGCTTTGCGTCAATGCCCAG

ICS 11.220
B 41

中华人民共和国农业行业标准

NY/T 539—2017
代替 NY/T 539—2002

副结核病诊断技术

Diagnostic techniques for paratuberculosis

2017-06-12 发布

2017-10-01 实施

中华人民共和国农业部 发布

前　言

本标准按照 GB/T 1.1—2009 给出的规则起草。

本标准代替 NY/T 539—2002《副结核病诊断技术》。与 NY/T 539—2002 相比,除编辑性修改外,主要技术变化如下:

——修改了范围(见第 1 章);

——增加了术语和定义(见第 2 章);

——增加了临床诊断(见第 3 章);

——修改了细菌学检查(见第 4 章);

——增加了病原分离培养(见第 5 章);

——删除了补体结合试验;

——修改了酶联免疫吸附(ELISA)试验(见第 7 章);

——增加了琼脂扩散试验(见第 8 章);

——增加了副结核病诊断方法的适用性(见附录 A)和培养基配制(见附录 C)。

本标准参考采用世界动物卫生组织(OIE)《陆生动物诊断试验和疫苗手册》(2016 年 OIE 官方网站在线版)中的副结核病章节。

本标准由农业部兽医局提出。

本标准由全国动物卫生标准化技术委员会(SAC/TC 181)归口。

本标准起草单位:中国动物卫生与流行病学中心、吉林农业大学。

本标准主要起草人:张喜悦、姜秀云、高云航、徐凤宇、范伟兴、孙明军、王伟利、巩红霞、田莉莉、王岩、赵宏涛。

本标准所代替标准的历次版本发布情况为:

——NY/T 539—2002。

副结核病诊断技术

1 范围

本标准规定了副结核病的诊断技术。

本标准的病原分离鉴定、组织病理学和粪便显微镜检查适用于临床病例的确诊;ELISA 和琼脂扩散试验适用于感染率的流行病学调查以及免疫后个体或群体免疫状态的监测;变态反应试验适用于免疫状态的监测。

各种诊断方法的适用性见附录 A。

2 术语和定义

下列术语和定义适用于本文件。

2.1

副结核病(约内氏病) paratuberculosis(Johne's disease)

由禽分枝杆菌副结核亚种引起的反刍动物的一种慢性肠炎性疾病。

3 临床诊断

3.1 临床症状

3.1.1 牛的症状表现为进行性消瘦和腹泻,腹泻牛在群中最初是间歇性出现,而后日益增加,直至腹泻牛在群中不断出现。

3.1.2 部分鹿感染后可能突发性腹泻、体重骤降,并在 2 周～3 周内死亡。

3.1.3 其他动物可能在无明显腹泻的情况下,几个月后出现极度消瘦。

3.2 病理变化

3.2.1 临床症状的严重性与病变程度并无密切相关性。

3.2.2 牛的小肠和大肠末端黏膜增厚,尤其是回肠末端,应检查其特征性的增厚和皱褶病变。早期病变可于强光下观察到散在的蚀斑。

3.2.3 鹿的小肠和大肠末端可见黏膜充血、糜烂和瘀斑。

3.2.4 山羊、绵羊的肠系膜淋巴结可见干酪样坏死或钙化。

3.2.5 增生性肠炎病变样品经固定(10%福尔马林)、切片、苏木紫—伊红染色,病变可见黏膜固有层浸润、淋巴集结和肠系膜淋巴结皮质有大的淡染上皮样细胞和多核朗罕氏巨细胞浸润;经蒌—尼氏染色,可见两种细胞中有成丛的或单个的抗酸菌。

3.3 流行特点

3.3.1 该病常见于家养和野生反刍动物。

3.3.2 该病主要经消化道感染,也可垂直传播给胎儿。

3.3.3 初次感染禽分枝杆菌副结核亚种的牛群中,首先是 2 岁～3 岁的牛出现症状。当牛群持续感染 1 年～2 年后,任何年龄段的牛均可出现症状,但 3 岁～5 岁奶牛的病例较多。

3.4 结果判定

反刍动物出现 3.1 的临床症状、具有 3.2 的病理变化并符合 3.3 的流行特点时,可判为临床诊断阳性。

4 病原显微镜检查

4.1 材料准备

4.1.1 器材

水浴锅、离心机、显微镜和载玻片。

4.1.2 试剂

0.5%氢氧化钠溶液(0.5% NaOH)、萋—尼氏染色(Ziehl-Neelsen 染色、ZN 染色)试剂(配制及染色方法见附录 B)。

4.2 操作方法

取待检粪样(尽可能取带有黏液或血丝的粪便)15 g～20 g,加入约 3 倍体积的 0.5% NaOH 溶液,混匀,55℃水浴乳化 30 min,以 4 层纱布过滤,取滤液 1 000 r/min 离心 5 min,去沉渣后,再以 3 000 r/min 离心 30 min,去上清,用沉淀涂片。也可以直肠刮取物、病变肠段黏膜直接涂片。火焰固定,萋—尼氏染色后镜检。

4.3 结果判定

4.3.1 阳性

在细胞内有被染成红色、成丛、成团(≥3 个)的抗酸短杆菌(0.5 μm～1.5 μm)即为显微镜检查阳性。

4.3.2 阴性

未出现 4.3.1 的结果则判为显微镜检查阴性。

5 病原分离培养

5.1 材料准备

5.1.1 器材

磁力搅拌器、离心机、恒温培养箱、显微镜和载玻片。

5.1.2 试剂

胰蛋白酶(2.5%)、4% NaOH、0.75%或 0.95%的氯化十六烷基吡啶(HPC)、Herrold′s 或改良 Dubos′s 培养基(配制方法见附录 C)。

5.2 样品准备

5.2.1 组织样品

为防止污染,用无菌盐水冲洗样本肠道中的粪便。采集的样品应—20℃保存,不得使用防腐剂。

从回盲瓣、肠系膜结节或其他病变区刮取 4 g 黏膜,装入含 50 mL 胰蛋白酶(2.5%)的无菌容器中。用 4% NaOH 调整 pH 至中性,室温下磁力搅拌 30 min,用纱布过滤后 2 000 g～3 000 g 离心 30 min,弃去上清。沉淀用 20 mL 0.75% HPC 重新悬浮,室温静置 18 h。底部的沉淀即为接种物。

5.2.2 粪便样品

粪便样品处理前应—70℃冻存,不得使用防腐剂。

将 1 g 粪便放入装有 20 mL 无菌蒸馏水的 50 mL 试管中,室温振荡 30 min,静置 30 min。取最上层的 5 mL 悬浮液,加至含有 20 mL 0.95% HPC 的试管中,混匀后室温直立静置 18 h。试管底部的沉淀即为接种物。

5.3 接种培养

取 100 μL 接种物,分别接种 3 个含分枝杆菌素和 1 个不含分枝杆菌素的 Herrold′s 培养基,将样品均匀接种于斜面。将试管螺帽拧松后于 37℃斜面放置约 1 周,当水分从斜面上蒸发以后,将试管螺帽拧紧后垂直放置。37℃培养 6 个月,从第 6 周起,每周观察 1 次。

5.4 生长特性

初代培养会在接种后 5 周至 6 个月长出菌落,在含有分枝杆菌素的 Herrold's 培养基上,禽分枝杆菌副结核亚种的初始菌落很小(0.25 mm～1 mm),无色、半透明、半球状、边缘整齐、表面光滑、有光泽,随着时间延长,菌落变大(可达 2 mm),不透明,菌落的形态从光滑变为粗糙,从半球状变为乳头状。

5.5 结果判定

如在含有分枝杆菌素的 Herrold's 培养基或含有分枝杆菌素的改良 Dubos's 培养基上有符合禽分枝杆菌副结核亚种特性的菌生长,而在不含分枝杆菌素的培养基上无菌生长,镜检为抗酸染色阳性的红色成丛杆菌,出菌时间较长,且 PCR 鉴定为阳性(参见附录 D、附录 E),判为禽分枝杆菌副结核亚种培养阳性。

6 皮内变态反应试验

6.1 材料准备

6.1.1 器材

游标卡尺、灭菌的 1 mL 注射器或连续注射器、针头和 75%酒精棉。

6.1.2 试剂

禽分枝杆菌副结核亚种提纯蛋白衍生物(副结核 PPD)或禽分枝杆菌提纯蛋白衍生物(禽结核 PPD)。

6.2 操作方法

6.2.1 记录被检动物编号,在颈侧中 1/3 处的健康皮肤处剪毛,直径约 10 cm,用手捏起注射部位的皮肤,以游标卡尺测量皮肤皱褶厚度并记录,之后局部消毒。

6.2.2 将副结核 PPD 或禽结核 PPD 以灭菌生理盐水稀释至 0.5 mg/mL,针头与皮肤呈 15°～20°的角度进行皮内注射。无论动物种类及大小一律注射 0.1 mL。注射后,注射部位应呈现绿豆至黄豆大小的小包。如注至皮下或溢出,应于离原注射点 8 cm 以外处补注一针,并在记录中注明。

6.2.3 牛、羊也可在尾根无毛的皱褶部进行皮下注射。

6.3 结果判定

6.3.1 判定方法

注射 72 h 后观察反应,检查注射部位有无红、肿、热、痛等炎性反应,并以游标卡尺测量注射部位的皮肤皱褶厚度。

6.3.2 判定标准

具体判定标准如下:

a) 变态反应阳性(+):局部有炎性反应,皮皱差≥4 mm;
b) 变态反应疑似(±):局部炎性反应不明显,皮皱差为 2.1 mm～3.9 mm;
c) 变态反应阴性(-):局部无反应或炎性反应不明显,皮皱差≤2.0 mm。

6.3.3 疑似反应的判定

变态反应疑似,应于 3 个月后复检。复检时,应于注射部位对侧的相应部位进行皮下注射,72 h 后仍为变态反应疑似的,则判为变态反应阳性。

6.3.4 其他情况的判定

尾根试验中有反应者(不论皮皱差大小和炎性反应轻重)均判为变态反应阳性(+),鹿有任何形式的肿胀均判为变态反应阳性(+),无任何反应者判为变态反应阴性(-)。

7 酶联免疫吸附试验

7.1 材料准备

7.1.1 器材

酶标仪、恒温箱和加样器等。

7.1.2 试剂

禽结核分枝杆菌副结核亚种抗原包被板、酶标抗体、阳性对照血清、阴性对照血清、样品稀释液(含草分枝杆菌吸收抗原)、洗涤液、底物溶液和终止液等 ELISA 试剂。上述试剂应于 2℃～8℃保存,使用前恢复至室温(18℃～26℃)。

7.2 操作方法

7.2.1 血清处理

将待检血清、阳性对照血清和阴性对照血清,使用血清稀释液(含草分枝杆菌吸收抗原)进行稀释,混匀后 37℃作用 30 min 或室温(18℃～26℃)作用 2 h,应用草分枝杆菌吸收抗原去除血清中的非特异性反应成分。

7.2.2 加样

将处理后的血清加入酶标板中,每孔 100 μL,37℃作用 30 min 或室温(18℃～26℃)作用 1 h,使用洗涤液洗涤 3 次。

7.2.3 加入酶标抗体

将酶标抗体稀释至工作浓度后加入酶标板中,每孔 100 μL,37℃作用 30 min 或室温(18℃～26℃)作用 1 h,使用洗涤液洗涤 3 次。

7.2.4 加入底物溶液

每孔加入 100 μL TMB 底物溶液,室温(18℃～26℃)避光作用 10 min～20 min(可根据颜色变化适当延长或缩短作用时间)。

7.2.5 加入终止液

每孔加入 100 μL 终止液,终止反应。

7.3 结果判定

使用酶标仪测定结果(450 nm),当阳性对照 OD 值≥0.35 且阳性对照 OD 值/阴性对照 OD 值≥3 时,计算样品 OD 值/阳性对照 OD 值(S/P),当 S/P≥0.55 时判为阳性,0.45<S/P<0.55 时判为可疑,S/P≤0.45 时判为阴性。

8 琼脂扩散试验

8.1 材料准备

8.1.1 器材

平皿、加样器、打孔器、酒精灯、温箱等。

8.1.2 试剂

抗原、阳性对照血清、阴性对照血清和 pH 8.6 的巴比妥缓冲液(取甘氨酸 75.0 g、巴比妥钠 2.6 g、叠氮钠 3.8 g,加蒸馏水至 1 000 mL,用 0.2 mol/L 盐酸调 pH 8.6)等。

8.2 操作方法

8.2.1 琼脂平板制备

用含叠氮钠的巴比妥缓冲液(pH 8.6)配制 0.75%的琼脂糖平板。

8.2.2 打孔、封底

使用 7 孔梅花形打孔器打孔,用针头将孔内琼脂块挑出。为防渗漏,需用酒精灯火焰加热封底。

8.2.3 加样

在中央孔加入抗原,周围孔分别加入阳性对照血清、阴性对照血清和待检血清,各孔均以加满不溢为度。然后,置37℃湿盒扩散72 h,24 h初判,72 h终判。

8.3 结果判定

8.3.1 阳性

当阳性对照血清孔与抗原孔之间形成沉淀线、阴性对照血清孔与抗原孔之间无沉淀线,被检血清孔与抗原孔之间出现沉淀线,且与阳性对照血清沉淀线末端相吻合时,被检血清即判为阳性。

8.3.2 阴性

当阳性对照血清孔与抗原孔之间形成沉淀线、阴性对照血清孔与抗原孔之间无沉淀线,被检血清孔与抗原孔之间无沉淀线出现时,被检血清即判为阴性。

9 综合判定

3.4或5.5阳性,且6.3、7.3、8.3中任何一项阳性者,均判为副结核病阳性。3.4或4.3阳性,且5.5阳性者,也判为副结核病阳性。

附 录 A

（规范性附录）

副结核病诊断方法的适用性

副结核病各种诊断方法的适用性见表 A.1。

表 A.1 副结核病诊断方法的适用性

方法		副结核清净牛群的监测	调运前副结核阴性个体的复核	根除运动中的监测	临床病例的确诊	流行率的调查	免疫后个体或群体免疫状态的监测
病原鉴定	组织病理学*	＋	－	＋	＋＋＋	－	－
	粪便 ZN 染色	－	－	－	＋	－	－
	病原分离培养	＋＋＋	＋＋＋	＋	＋＋＋	＋	－
免疫学试验	琼脂扩散试验**	＋＋	－	＋	＋	＋＋＋	＋＋＋
	ELISA	＋＋	＋	＋	＋	＋＋＋	＋＋＋
	变态反应	－	－	＋	－	－	＋＋＋
注:＋＋＋为推荐方法;＋＋为适宜方法;＋为某些情况下可以应用,但成本、可靠性或其他因素影响其使用;－为不适用;＊仅用于屠宰后;＊＊适用于绵羊和山羊。							

附　录　B
（规范性附录）
萋—尼氏染色法（Ziehl-Neelsen 染色法）

B.1　染色液的配制

B.1.1　石炭酸复红液

取碱性复红 4 g，加 95％酒精 100 mL，即为饱和的复红原液。取复红原液 1 份，加 5％石炭酸水溶液 9 份，混合，滤纸过滤。

B.1.2　3％盐酸酒精

取浓盐酸 3 mL，加 95％酒精 97 mL。

B.1.3　碱性美蓝液

取美蓝 2 g，加 95％酒精 100 mL，溶解后即为饱和的美蓝原液。取原液 30 mL，加 0.01％的氢氧化钾溶液 100 mL，混合，滤纸过滤。

B.2　染色方法

将制好的涂片酒精灯火焰固定。滴满石炭酸复红液，在酒精灯上加热 5 min，以冒蒸汽不沸腾为度，稍冷，倾去染色液。加 3％盐酸酒精脱色至玻片无红色（约 1 min）。水洗，滴加碱性美蓝液染 2 min，水洗，干燥。镜检，抗酸菌红色，其他菌及杂质蓝色。

附 录 C
（规范性附录）
培 养 基 配 制

C.1 草酸、孔雀石绿混合液

取草酸 10 g、孔雀石绿 0.02 g 溶于 100 mL 蒸馏水中，用 0.45 μm 滤膜过滤除菌。

C.2 两性霉素 B、新霉素混合液

取两性霉素 B 5 mg、新霉素 5 mg 溶于 100 mL 蒸馏水中，用 0.45 μm 滤膜过滤除菌。

C.3 Herrold's 卵黄培养基

取蛋白胨 9.0 g、氯化钠 4.5 g、牛肉浸膏 2.7 g、甘油 27.0 mL、丙酮酸钠 4.1 g 和琼脂 15.3 g，将上述 6 种成分加入到 870 mL 蒸馏水中加热溶解。用 4% 氢氧化钠溶液调 pH 6.9~7.0，并通过试验保证固体培养基的 pH 7.2~7.3。将 2 mg 分枝杆菌素溶解至 4 mL 乙醇中后加到培养基中。121℃ 高压 25 min。冷却至 56℃ 后无菌加入 120 mL（约 6 个）蛋黄和无菌的 5.1 mL 2% 孔雀石绿水溶液。轻轻振荡后，分装到无菌试管中。加入 50 mg 氯霉素，10 万 IU 青霉素和 50 mg 两性霉素 B（含两性霉素 B 的 Herrold's 培养基在 4℃ 下保存 1 个月）。

C.4 改良的 Dubos 培养基

取酪蛋白氨基酸 2.5 g，天门冬酰胺 0.3 g，无水磷酸氢二钠 2.5 g、磷酸二氢钾 1.0 g、枸橼酸钠 1.5 g，结晶硫酸镁 0.6 g、甘油 25.0 mL、1% 吐温-80 溶液 50.0 mL 和琼脂 15.0 g，将各种盐以微热溶于蒸馏水中，使体积为 800 mL。加入 0.05% 分枝杆菌素酒精溶液（2 mg 溶解在 4 mL 乙醇中），而后将培养基水浴加热到 100℃，然后将培养基 115℃ 高压灭菌 15 min。水浴冷却至 56℃，加入抗生素（10 万 IU 青霉素，50 mg 氯霉素和 50 mg 两性霉素 B）和血清（200 mL 经过滤除菌、并 56℃ 灭能的牛血清）。培养基充分混合后，将其分装到灭菌的试管中。这种培养基的优点是透明，有利于菌落的早期检测。

附 录 D
（资料性附录）
病原菌 PCR 试验

D.1 样品处理

病原分离培养物经80℃灭活2 h，取100 mg，加3 mL PBS，混匀，放置30 min或300 r/min室温离心5 min。取上清液，室温放置30 min或300 r/min室温再次离心5 min。取上清液，12 000 r/min室温离心15 min，弃上清液，加入400 μL TE。

D.2 DNA 模板提取

将处理样品于80℃水浴加热20 min，冷至室温。加50 μL溶菌酶，37℃振荡培养1 h。加75 μL SDS/蛋白酶K(70 mL 10% SDS中加入5 mL 10 mg/mL蛋白酶K)，混匀，65℃水浴加热10 min。加100 μL 5 mol/L NaCl和100 μL 65℃预热5 min的CTAB/NaCl(4.1 g NaCl溶于80 mL水，加入10 g CTAB，加水至100 mL)，上下颠倒混匀，直至液体变为白色(奶状)，65℃水浴加热10 min。加750 μL三氯甲烷：异戊醇(24:1)，混匀，12 000 r/min室温离心5 min。取上层水相于新管，加等体积的三氯甲烷：异戊醇(24:1)，混匀，12 000 r/min室温离心5 min。取上层水相于新管，小心加入0.6体积的异丙醇沉淀核酸，小心手摇混匀，−20℃放置30 min，12 000 r/min室温离心15 min。弃上清液，加入500 μL预冷的70%的乙醇，12 000 r/min室温离心5 min，弃上清液。小心吸走液体，室温下干燥10 min左右，用50 μL TE溶解，4℃保存。

D.3 PCR 反应

D.3.1 引物

正向引物：Primer90：5′-GTT CGG GGC CGT CGC TTA GG-3′；反向引物：Primer91：5′-GAG GTC GAT CGC CCA CGT GA-3′。扩增副结核分枝杆菌基因中的400 bp DNA片段。

D.3.2 扩增程序及反应条件

95℃预变性5 min；93℃变性1 min→58℃退火1 min→72℃延伸3 min，共33个循环；72℃延伸10 min。

D.3.3 反应体系

设阳性对照、阴性对照和空白对照，用副结核标准菌株的模板DNA做阳性对照，用其他非副结核杆菌的模板DNA做阴性对照，用蒸馏水做空白对照模板。PCR反应总体积25 μL，依次加入以下试剂：无菌去离子水15.75 μL；不含镁离子10×Tag缓冲液2.5 μL；25 mmol/L氯化镁1.5 μL；3.2 μmol/L dNTPs 2.0 μL；100 pmol/μL Primer90 0.5 μL；100 pmol/μL Primer91 0.5 μL；5 U/μL Taq酶0.25 μL；DNA模板2.0 μL。

D.3.4 PCR 扩增产物电泳检测

用TAE电泳缓冲液配制成1%琼脂糖平板(溴化乙锭终浓度0.5 μg/mL)。将平板放入水平电泳槽中，加入1×TAE电泳缓冲液刚刚高出凝胶表面，将PCR扩增产物6 μL与6 μL上样缓冲液混合，分别加入样品孔中，取5 μL DNA Marker DL 2000加入到标准分子量对照孔内。5 V/cm恒压电泳40 min。凝胶成像分析系统检测，并记录结果。

D.4 结果判定

D.4.1 阳性

PCR后,阳性对照会出现一条400 bp的DNA片段,阴性对照和空白对照没有核酸带。待检样品中如出现400 bp的DNA片段,经测序后符合附录E的序列,即为PCR鉴定阳性。

D.4.2 阴性

在阳性对照、阴性对照和空白对照成立的情况下,未出现400 bp的DNA片段,即为PCR鉴定阴性。

附　录　E
（资料性附录）
PCR 扩增产物的参考序列

GTTCGGGGCCGTCGCTTAGGCTTCGAATTGCCCAGGGACGTCGGGTATGGCTTTCATGTGGTTGCTGTGTTGGATGGCCGAAGGAGATT
GGCCGCCCGCGGTCCCGCGACGACTCGACCGCTAATTGAGAGATGCGATTGGATCGCTGTGTAAGGACACGTCGGCGTGGTCGTCTGCT
GGGTTGATCTGGACAATGACGGTTACGGAGGTGGTTGTGGCACAACCTGTCTGGGCGGGCGTGGACGCCGGTAAGGCCGACCATTACTG
CATGGTTATTAACGACGACGCGCAGCGATTGCTCTCGCAGCGGGTGGCCAACGACGAGGCCGCGCTGCTGGAGTTGATTGCGGCGGTGA
CGACGTTGGCCGATGGAGGCGAGGTCACGTGGGCGATCGACCTC

ICS 11.220
B 41

中华人民共和国农业行业标准

NY/T 551—2017
代替 NY/T 551—2002

鸡产蛋下降综合征诊断技术

Diagnostic techniques for egg drop syndrome

2017-06-12 发布

2017-10-01 实施

中华人民共和国农业部 发布

前　言

本标准按照 GB/T 1.1—2009 给出的规则起草。

本标准代替 NY/T 551—2002《产蛋下降综合征诊断技术》。与 NY/T 551—2002 相比，除编辑性修改外，主要技术变化如下：

——"范围"部分增述了产蛋下降综合征病毒 PCR 检测方法的适用性；

——对血凝和血凝抑制试验进行了修改；

——删除了原标准中血清学诊断内容；

——增加产蛋下降综合征病毒 PCR 检测方法。

本标准由农业部兽医局提出。

本标准由全国动物卫生标准化技术委员会(SAC/TC 181)归口。

本标准起草单位：中国农业科学院哈尔滨兽医研究所。

本标准主要起草人：刘胜旺、李慧昕、韩宗玺、王娟、邵昱昊。

本标准所代替标准的历次版本发布情况为：

——NY/T 551—2002。

鸡产蛋下降综合征诊断技术

1 范围

本标准规定了产蛋下降综合征的临床诊断和实验室诊断(病毒分离、血凝和血凝抑制试验及 PCR 检测方法)的技术方法和实验程序。

本标准适用于鸡产蛋下降综合征的诊断、监测和检疫。

2 规范性引用文件

下列文件对于本文件的应用是必不可少的。凡是注日期的引用文件,仅注日期的版本适用于本文件。凡是不注日期的引用文件,其最新版本(包括所有的修改单)适用于本文件。

GB/T 6682 分析实验室用水规格和试验方法

GB/T 16550 新城疫诊断技术

NY/T 541 兽医诊断样品采集、保存与运输技术规范

3 术语和定义

下列术语和定义适用于本文件。

3.1

产蛋下降综合征 egg drop syndrome,EDS

又名减蛋综合征,是由产蛋下降综合征病毒引起的一种无明显症状、仅表现产蛋母鸡产蛋量明显下降的疾病。

3.2

产蛋下降综合征病毒 egg drop syndrome virus,EDSV

产蛋下降综合征病毒为腺病毒科、腺胸腺病毒属成员,为 20 面体对称、无囊膜双链 DNA 病毒。

4 临床诊断

4.1 临床症状

4.1.1 鸡群在产蛋高峰期(27 周龄~49 周龄)产蛋下降 15%~50%,一般持续 4 周~10 周产蛋逐渐恢复到正常水平。

4.1.2 鸡蛋破损率 5%~20%。

4.1.3 鸡蛋中有较多的畸形蛋、软壳蛋、无壳蛋、薄壳蛋、砂壳蛋,时有水样蛋清,褐壳蛋鸡产浅壳蛋、白壳蛋。

4.1.4 不同品种鸡感染时,产褐壳蛋的品种减蛋甚于白壳蛋的品种。

4.2 病理变化

本病一般没有明显的特征性病理变化,可见输卵管卡他性炎症,偶见输卵管黏膜水肿和/或腔内有白色渗出物。

4.3 结果判定

鸡群出现 4.1 中任何一种临床症状和/或剖检出现 4.2 中的病理变化,可判定为疑似产蛋下降综合征,应进行实验室确诊。

5 实验室确诊

5.1 病毒分离

5.1.1 试剂

磷酸盐缓冲液(PBS,0.01 mol/L,pH 7.2),配制方法见附录 A 的 A.1。

5.1.2 样品的采集和处理

按照 NY/T 541 的规定进行样品采集,选择下列 1 种或 2 种样品:

a) 扑杀疑似 EDSV 感染鸡,取适量输卵管和卵泡膜样品,研磨。加 PBS 制成 1∶5 混悬液后冻融 3 次,3 000 g 离心 10 min,取上清,加入青霉素(终浓度为 1 000 IU/mL)和链霉素(终浓度为 1 000 μg/mL),37℃作用 1 h。

b) 采集劣质蛋清,加等量 PBS,并加入青霉素(终浓度为 1 000 IU/mL)和链霉素(终浓度为 1 000 μg/mL),37℃作用 1 h。

5.1.3 鸭胚接种及尿囊液收获

取孵育 10 日龄～12 日龄 SPF 鸭胚或来自产蛋下降综合征病毒抗体阴性鸭场的非免疫鸭胚,将 0.2 mL 样品(5.1.2)经尿囊腔接种鸭胚,另设接种 PBS 的鸭胚做对照,37℃孵育。弃掉 48 h 内死亡的 鸭胚,收获 48 h～120 h 死亡和存活的鸭胚尿囊液。

5.2 分离物血凝(HA)和血凝抑制(HI)试验鉴定

5.2.1 血凝试验

5.2.1.1 材料

5.2.1.1.1 96 孔 V 型微量反应板。

5.2.1.1.2 微量移液器。

5.2.1.2 试剂

5.2.1.2.1 EDSV 标准抗原。

5.2.1.2.2 磷酸盐缓冲液(PBS,0.01 mol/L,pH 7.2),配制方法见 A.2。

5.2.1.2.3 1%鸡红细胞悬液,配制方法见附录 B。

5.2.1.3 血凝试验操作步骤

按照 GB/T 16550 的规定执行。

5.2.1.3.1 取 96 孔 V 型微量反应板,用微量移液器在 1 孔～12 孔每孔加 PBS 25 μL。

5.2.1.3.2 吸取 25 μL 标准抗原或者待检尿囊液的混悬液加入第 1 孔中,吹打 3 次～5 次,充分混匀。

5.2.1.3.3 从第 1 孔中吸取 25 μL 混匀后的标准抗原或者待检尿囊液加到第 2 孔,混匀后吸取 25 μL 加入到第 3 孔,依次进行系列倍比稀释到第 11 孔,最后从第 11 孔吸取 25 μL 弃之,设第 12 孔为 PBS 对照。

5.2.1.3.4 每孔再加 25 μL PBS。

5.2.1.3.5 每孔加入 25 μL 1%的鸡红细胞悬液。

5.2.1.3.6 振荡混匀反应混合液,20℃～25℃下静置 40 min 后观察结果,或 4℃静置 60 min,PBS 对照 孔的红细胞呈明显的纽扣状沉到孔底时判定结果。

5.2.1.4 结果判定

结果判定细则如下:

a) 在 PBS 对照孔出现红细胞完全沉淀的情况下,将反应板倾斜,观察各检测孔红细胞的凝集情 况。以红细胞完全凝集的病毒尿囊液最大稀释倍数为该抗原的血凝滴度,以使红细胞完全凝 集的病毒尿囊液的最高稀释倍数为 1 个血凝单位(HAU)。

b) 如果尿囊液没有血凝活性或血凝效价小于 4log2,则用初代分离的尿囊液在 SPF 鸭胚或非免 疫鸭胚中继续传代两代。若血凝试验检测仍为阴性,则判定产蛋下降综合征病毒分离结果为 阴性。

c) 对于血凝试验呈阳性的样品,应采用 EDSV 标准阳性血清进一步做血凝抑制试验,并与 NDV

和 AIV 阳性血清(H7 亚型和 H9 亚型 AIV 阳性血清)进行鉴别诊断。

5.2.2 血凝抑制试验

5.2.2.1 材料

5.2.2.1.1 96 孔 V 型微量反应板。

5.2.2.1.2 微量移液器。

5.2.2.2 试剂

5.2.2.2.1 标准抗原:EDSV 抗原。

5.2.2.2.2 标准阳性血清:EDSV 标准阳性血清。

5.2.2.2.3 其他阳性血清:新城疫病毒(NDV)阳性血清,禽流感病毒(AIV)阳性血清(H7 亚型和 H9 亚型 AIV 阳性血清)。

5.2.2.2.4 阴性血清:SPF 鸡血清。

5.2.2.2.5 磷酸盐缓冲液(PBS,0.01 mol/L,pH 7.2),配制方法见 A.1。

5.2.2.2.6 1%鸡红细胞悬液,配制方法见附录 B。

5.2.2.3 4 个血凝单位(4HAU)的 EDSV 抗原制备

根据 5.2.1 测定的病毒尿囊液的 HA 效价,推定 4HAU 抗原的稀释倍数,配制抗原工作浓度。按下列方法计算:如尿囊液中病毒抗原的 HA 效价为 9log2,其 4HAU 为 7log2,则将尿囊液稀释 128 倍即可。稀释后,应将制备的 4HAU 进行 HA 效价测定以复核验证(见 5.2.1)。

5.2.2.4 血凝抑制试验操作步骤

5.2.2.4.1 按照 GB/T 16550 的规定执行。

5.2.2.4.2 根据血凝试验结果配制 4HAU 抗原(见 5.2.2.3)。

5.2.2.4.3 取 96 孔 V 型微量反应板,用移液器在第 1 孔～第 11 孔各加入 25 μL PBS,第 12 孔加入 50 μL PBS。

5.2.2.4.4 在第 1 孔加入 25 μL EDSV 标准阳性血清,充分混匀后移出 25 μL 至第 2 孔,倍比稀释至第 10 孔,第 10 孔弃去 25 μL,第 11 孔为阳性对照,第 12 孔为 PBS 对照。

5.2.2.4.5 在第 1 孔～第 11 孔各加入 25 μL 含 4HAU EDSV 抗原,轻晃反应板,使反应物混合均匀,室温下(20℃～25℃)静置不少于 30 min,4℃不少于 60 min。

5.2.2.4.6 每孔加入 25 μL 的 1%鸡红细胞悬液,轻晃混匀后,室温(20℃～25℃)静置 40 min,或 4℃静置 60 min。当 PBS 对照孔红细胞呈明显纽扣状沉到孔底时判定结果。

5.2.2.4.7 若血凝抑制效价高于 10log2 时,可继续增加稀释的孔数。

5.2.2.5 与新城疫和禽流感鉴别诊断

应以 NDV 和 AIV 阳性血清对分离物做鉴别诊断,用 NDV 阳性血清和/或 AIV 阳性血清代替 EDSV 标准阳性血清,进行血凝抑制试验(见 5.2.2.4)。NDV 阳性血清和 AIV 阳性血清应不能对分离物产生血凝抑制,表 1 中示例结果表示 EDSV 分离结果阳性。

表 1 应用血凝抑制试验鉴定分离物

抗 原	血 清			
	EDSV 阳性血清	NDV 阳性血清	H7 亚型 AIV 阳性血清	H9 亚型 AIV 阳性血清
分离毒株	+	—	—	—
EDSV 标准抗原	+	—	—	—
应进行新城疫、禽流感的鉴别诊断。				

5.2.2.6 结果判定

结果判定细则如下：

a) 在 PBS 对照孔出现正确结果的情况下，将反应板倾斜，判定 HI 滴度。HI 滴度是使红细胞完全不凝集（红细胞完全流下）的阳性血清最高稀释倍数。当阴性血清对标准抗原的 HI 滴度不大于 2log2，阳性血清对标准抗原的 HI 滴度与已知滴度相差在 1 个稀释度范围内，并且所用阴、阳性血清都不自凝的情况下，HI 试验结果方判定有效。

b) 尿囊液血凝效价≥4log2，且 EDSV 标准阳性血清对其血凝抑制效价≥4log2 时判产蛋下降综合征病毒分离结果为阳性。

c) NDV 阳性血清和 AIV 阳性血清应不能对分离物产生血凝抑制。

5.3 聚合酶链式反应(ploymerase chain reaction,PCR)检测

5.3.1 试剂和材料

5.3.1.1 去离子水(dH₂O)按照 GB/T 6682 的规定制备。

5.3.1.2 PCR 扩增用 DNA 聚合酶(商品化试剂)。

5.3.1.3 琼脂糖凝胶(配制方法见 A.3)。

5.3.1.4 病毒基因组 DNA 提取试剂盒(商品化试剂盒)。

5.3.2 仪器

5.3.2.1 PCR 仪。

5.3.2.2 微量移液器。

5.3.2.3 小型离心机。

5.3.2.4 凝胶成像仪。

5.3.3 病毒基因组 DNA 提取

样品的采集和处理选择下列 1 种或 2 种：

a) 取接种样品后 48 h～120 h 死亡或存活的鸭胚尿囊液于微量离心管中，3 000 g 离心 5 min，取上清 200 μL，备用。

b) 采集鸡输卵管组织，匀浆，将混悬液冻融 3 次，3 000 g 离心 5 min，取上清 200 μL，备用。

阳性对照为含有 EDSV 的尿囊液，阴性对照为 SPF 鸭胚尿囊液或非免疫鸭胚尿囊液。应用商品化 DNA 提取试剂盒，按试剂盒说明书方法提取上述 a)和/或 b)样品病毒基因组以及阳性对照和阴性对照样品基因组 DNA。

5.3.4 PCR 检测

5.3.4.1 PCR 检测用引物序列如下：

EPF：5′-TAATTTTCTCGGGACTTTCG-3′(上游引物)；

EPR：5′-ACAGATGAGGTTTGGAAGGA-3′(下游引物)。

5.3.4.2 在样品准备区内，按表 2 提供体系(25 μL)配制 PCR 反应体系于 PCR 反应管中。

表 2 PCR 反应体系配置表

试　剂	体积,μL
dH₂O	5.5
2×Ex *Taq* premix	12.5
EPF	1.0
EPR	1.0
模板 DNA	5.0

5.3.4.3 同时设检测样品的模板空白对照，平行加样，体系同 5.3.4.1，模板用 dH₂O 5.0 μL 代替。

5.3.4.4 设 EDSV 基因组为阳性对照，阴性尿囊液提取的 DNA 为阴性对照，平行加样，体系同

5.3.4.2,模板用已知 EDSV 基因组 DNA 或阴性尿囊液提取的基因组 DNA 5.0 μL。

5.3.4.5 将 PCR 反应管放入热循环仪(PCR 仪),按下列程序设置,进行 PCR 反应。

1 个循环:	94℃	5 min
40 个循环:	94℃	50 s
	55℃	45 s
	72℃	30 s
1 个循环:	72℃	7 min
	12℃	保存 PCR 产物

5.3.4.6 PCR 反应结束后,PCR 反应管在电泳鉴定前可置 2℃~8℃冰箱中保存。

5.3.5 琼脂糖凝胶电泳分析 PCR 产物

5.3.5.1 配制 1×TAE 缓冲液(见 A.3.2),制备 2%琼脂糖凝胶(见 A.3)。

5.3.5.2 取 10 μL PCR 产物,根据加样缓冲液浓度标识按比例与加样缓冲液混合,进行电泳,加入 DNA Marker 作为分子标准。

5.3.5.3 连接电源,进行电泳,80 V~100 V(按电泳槽装置设定,电压 3 V/cm~5 V/cm)恒压电泳 20 min~30 min(Loading Buffer 指示电泳至大约凝胶的一半时),使用凝胶成像仪进行凝胶成像,拍照,记录结果。

5.3.6 结果判定

5.3.6.1 实验成立的条件

EDSV 阳性对照应有大小约 0.43 kb(431 bp)扩增条带,阴性对照和模板空白对照应无扩增条带,说明 PCR 反应体系成立。

5.3.6.2 阴阳性判定

符合 5.3.6.1 条件:

a) 检测样品中若有大小约 0.43 kb 扩增条带,说明样品中有 EDSV 基因组 DNA 存在,判定为阳性;

b) 检测样品中若无 0.43 kb 扩增条带,说明样品中没有 EDSV 基因组 DNA 存在,判定为阴性。

6 诊断结果判定

临床诊断符合第 4 章中规定的临床症状和病理变化,5.2 和/或 5.3 试验为阳性结果,可判定为产蛋下降综合征。

附 录 A

（规范性附录）

试 剂 配 制

A.1 磷酸盐缓冲液(0.01 mol/L,pH 7.2)的配制

A.1.1 成分

磷酸氢二钠($Na_2HPO_4 \cdot 12H_2O$)	2.62 g
磷酸二氢钾(KH_2PO_4)	0.37 g
氯化钠($NaCl$)	8.5 g

A.1.2 配制

将 A.1.1 成分加入定量容器内,加 800 mL 去离子水,充分搅拌溶解,用 NaOH 或 HCl 调 pH 至 7.2,定容至 1 000 mL,分装,112 kPa 灭菌 20 min,2℃～8℃保存备用。

A.2 50×TAE 缓冲液的配制(pH 8.0)

A.2.1 成分

Tris	242 g
$Na_2EDTA \cdot 2H_2O$	37.2 g

A.2.2 配制

将 A.2.1 成分加入定量容器内,加入 800 mL 去离子水,充分搅拌溶解,加入 57.1 mL 的冰醋酸(CH_3COOH),充分混匀,用 NaOH 或 HCl 调 pH 至 8.0,加去离子水定容至 1 000 mL,室温保存。

A.3 2%琼脂糖凝胶的配制

A.3.1 成分

琼脂糖	2 g
1×TAE 缓冲液	100 mL

A.3.2 配制

取 50×TAE 缓冲液 2 mL,加入 98 mL 去离子水,配成 100 mL 1×TAE 缓冲液,加入三角烧瓶。将 A.3.1 成分加入三角烧瓶,加热充分溶解,当温度降低至约 50℃,加入 3 μL～5 μL EB 或 EB 替代物,混匀后倒入制胶模具内,插入齿梳,等待凝胶凝固。

附 录 B
（规范性附录）
1%鸡红细胞悬液制备

采集至少 3 只 SPF 公鸡或无产蛋下降综合征病毒、禽流感病毒和新城疫病毒抗体的非免疫鸡的抗凝血液,放入离心管中,加入 3 倍~4 倍体积的 PBS 混匀,以 2 000 r/min 离心 5 min~10 min。去掉血浆和白细胞层,重复以上过程,反复洗涤 3 次(洗净血浆和白细胞)。最后,吸取压积红细胞,用 PBS 配成体积分数为 1%的悬液,于 4℃保存备用。

ICS 11.220
B 41

中华人民共和国农业行业标准

NY/T 567—2017
代替 NY/T 567—2002

兔出血性败血症诊断技术

Diagnostic techniques for rabbit haemorrhagic septicemia

2017-06-12 发布

2017-10-01 实施

中华人民共和国农业部 发布

前　言

本标准按照 GB/T 1.1—2009 给出的规则起草。

本标准代替 NY/T 567—2002《兔出血性败血症诊断技术》。与 NY/T 567—2002 相比，除编辑性修改外，主要技术变化如下：

——增加了兔出血性败血症的临床诊断和病理变化；

——增加了多杀性巴氏杆菌 PCR 检测方法；

——增加了多杀性巴氏杆菌荚膜型多重 PCR 检测方法；

——删除了多杀性巴氏杆菌荚膜分型的血清学方法；

——增加了多杀性巴氏杆菌 *kmt*1 基因引物序列和 PCR 扩增靶序列；

——增加了多杀性巴氏杆菌荚膜型多重 PCR 引物序列。

本标准由农业部兽医局提出。

本标准由全国动物卫生标准化技术委员会(SAT/TC 181)归口。

本标准起草单位：中国农业科学院哈尔滨兽医研究所、江苏省农业科学院兽医研究所、山东农业科学院家禽研究所。

本标准主要起草人：曲连东、郭东春、王芳、刘家森、刘春国、范志宇、黄兵。

本标准所代替标准的历次版本发布情况为：

——NY/T 567—2002。

兔出血性败血症诊断技术

1 范围

本标准规定了兔出血性败血症(兔巴氏杆菌病)临床诊断和实验室诊断技术要求。

本标准适用于兔出血性败血症流行病学调查、诊断、检疫以及病原的荚膜分型。

2 规范性引用文件

下列文件对于本文件的应用是必不可少的。凡是注日期的引用文件,仅注日期的版本适用于本文件。凡是不注日期的引用文件,其最新版本(包括所有的修改单)适用于本文件。

GB/T 6682　分析实验室用水规格和试验方法

3 术语和定义

下列术语和定义适用于本文件。

3.1

聚合酶链式反应　polymerase chain reaction,PCR

指在 DNA 聚合酶催化下,以母链 DNA 为模板,以特定引物为延伸起点,通过变性、退火、延伸等步骤,体外复制出与母链模板 DNA 互补的子链 DNA 的过程。

4 临床诊断

4.1 流行特点

各个品种、不同年龄的家兔均易感,其中以 9 周龄至 6 月龄的兔最易感。潜伏期一般为数小时到几天。病兔和带菌兔是此病流行的主要传染源。病原菌随病兔的唾液、鼻腔分泌物、粪便以及尿液等排出,污染饲料、饮水、用具和环境,经呼吸道、消化道、皮肤和黏膜伤口感染。本病一年四季均可发生,以春、秋两季多发,呈散发或地方性流行。

4.2 临床症状

4.2.1 败血症型

4.2.1.1 最急性的病例无明显临床症状而突然死亡。

4.2.1.2 急性的病例表现为精神委顿,食欲废绝,呼吸急促,体温 40℃以上,鼻腔有分泌物,有时出现腹泻,常在 1 d～3 d 死亡。临死前体温下降,四肢抽搐。

4.2.1.3 慢性的病例表现为呼吸困难、急促,鼻腔流出黏脓性分泌物,常打喷嚏。体温稍高,食欲减退,有时还出现腹泻,关节肿胀,结膜炎。病程 1 周～2 周或更长,最终衰竭死亡。

4.2.2 鼻炎型

4.2.2.1 发病初期,鼻黏膜发炎,鼻腔先流出浆液性分泌物,以后转为黏液性以至黏脓性分泌物,常打喷嚏、咳嗽。

4.2.2.2 发病中期,前爪擦揉鼻端,鼻端附近的被毛潮湿、脱落。上唇和鼻孔皮肤红肿、发炎。

4.2.2.3 发病后期,鼻腔分泌物黏稠,鼻端周围形成痂壳,堵塞鼻孔,呼吸困难,出现呼噜音。

4.2.3 肺炎型

4.2.3.1 多见于成年兔,病初食欲不振、精神沉郁、体温较高,有时还出现腹泻、关节肿胀等。

4.2.3.2 出现明显的呼吸困难时,呈急性经过,急性死亡。

4.2.4 中耳炎型

4.2.4.1 典型症状是斜颈,向一侧滚转,一直斜倾到围栏侧壁为止,并反复发作。

4.2.4.2 可出现运动失调和其他神经症状。

4.2.4.3 严重时,采食、饮水困难,逐渐消瘦,衰竭死亡。

4.2.5 结膜炎型

多发生于青年兔和成年兔。初期时,结膜潮红、眼睑肿胀,多为两侧性,有浆液性、黏液性或黏脓性分泌物;中后期时,红肿消退,但流泪不止。

4.2.6 生殖系统感染型

多见于成年兔。母兔表现为不孕,伴有黏脓性分泌物从阴道流出,如转为败血症,往往造成死亡;公兔表现为一侧或两侧睾丸肿大。

4.2.7 脓肿型

发生于皮下和内脏器官;体表脓肿出现热、肿、疼、有波动感;内脏器官脓肿往往不表现临床症状。

4.3 病理变化

4.3.1 败血症型

4.3.1.1 主要可见全身性出血、充血或坏死。

4.3.1.2 鼻腔黏膜充血,有黏液脓性分泌物。

4.3.1.3 喉头黏膜充血、出血,气管黏膜充血、出血,伴有少量泡沫。

4.3.1.4 肺脏充血、出血、水肿。

4.3.1.5 心内、外膜出血。

4.3.1.6 肝脏变性,有弥漫性坏死点。

4.3.1.7 脾脏、淋巴结肿大、出血。

4.3.1.8 小肠黏膜充血、出血。

4.3.1.9 胸腔、腹腔有积液。

4.3.2 鼻炎型

4.3.2.1 鼻黏膜潮红、肿胀或增厚,有时发生糜烂。黏膜表面附有浆液性、黏液性或脓性分泌物。

4.3.2.2 鼻窦或副鼻窦黏膜充血、红肿,窦内有分泌物。

4.3.3 肺炎型

4.3.3.1 病变部位主要位于肺尖叶、心叶和膈叶前下部,表现为肺充血、出血、实变、膨胀不全、脓肿和出现灰白色小结节。

4.3.3.2 肺胸膜与心包膜常有纤维素附着,胸腔积液。

4.3.3.3 肺门淋巴结充血、肿大。

4.3.3.4 鼻腔和气管黏膜充血、出血,有黏性分泌物。

4.3.4 中耳炎型

4.3.4.1 病兔一侧或两侧鼓室内有白色渗出物。

4.3.4.2 鼓膜破裂时,外耳道内可出现白色渗出物。

4.3.4.3 炎症蔓延到脑部,可出现化脓性脑膜炎。

4.3.5 结膜炎型

多为两侧性,眼睑中度肿胀,结膜发红,分泌物常将上下眼睑粘封。

4.3.6 生殖系统感染型

母兔多出现子宫炎或子宫积脓;公兔多出现睾丸炎和附睾炎。

4.3.7 脓肿型

皮肤、内脏器官出现脓肿。

4.4 结果判定

兔出现 4.2 临床症状和 4.3 病理变化,结合 4.1 流行特点,可判定为疑似兔出血性败血症。

5 实验室诊断

5.1 器材

恒温培养箱、恒温水浴锅、Ⅱ级生物安全柜、光学显微镜、台式离心机、PCR 扩增仪、电泳系统、凝胶成像仪或紫外分析仪。

5.2 样品采集

对疑似败血症型病兔,无菌采集心血、肝脏、脾脏或体腔渗出物等;对于其他类型的病兔,无菌采集病变部位的脓汁、渗出物、分泌物等。

5.3 病原分离鉴定

5.3.1 培养基及试剂

5%鸡血清葡萄糖淀粉琼脂培养基、鲜血琼脂培养基和 5%鸡血清脑心浸出液琼脂培养基的配制见附录 A。革兰染色液和/或瑞氏染色液、市售细菌生化鉴定试剂、市售 0.01 mol/L PBS(pH 7.4)。

5.3.2 分离培养

将采集样品无菌划线接种于麦康凯琼脂培养基、5%鸡血清葡萄糖淀粉琼脂培养基、鲜血琼脂培养基或 5%鸡血清脑心浸出液琼脂培养基上,在 35℃～37℃下培养,经 18 h～24 h 培养后观察菌落形态。进行纯培养。

5.3.3 培养特性观察

多杀性巴氏杆菌在麦康凯琼脂培养基上不生长,鲜血琼脂培养基上不产生溶血。5%鸡血清葡萄糖淀粉琼脂培养基和 5%鸡血清脑心浸出液琼脂培养基上菌落散在、圆形、表面凸起的小菌落,直径为 1 mm～3 mm。

5.3.4 细菌染色

从符合 5.3.3 培养特性的菌落上挑取少量细菌涂片,采用甲醇固定或火焰固定。甲醇固定的镜检样品进行瑞氏染色,火焰固定的镜检样品进行革兰染色。

5.3.5 镜检观察

瑞氏染色镜检时,多杀性巴氏杆菌呈两极浓染的菌体,常有荚膜。革兰染色镜检时,多杀性巴氏杆菌为革兰阴性球杆菌或短杆菌,菌体大小为$(0.2～0.4)\mu m×(0.6～2.5)\mu m$,单个或成对存在。

5.3.6 生化鉴定结果

将符合 5.3.5 镜检结果的菌落进行纯培养,取纯培养物进行生化鉴定。多杀性巴氏杆菌具有下列生化特征:

   a) 分解葡萄糖、蔗糖、果糖、半乳糖和甘露醇产酸而不产气,不分解鼠李糖、戊醛糖、纤维二糖、棉子糖、菊糖、赤藓糖、戊五醇、M-肌醇、水杨苷;
   b) 靛基质阳性,VP 试验阴性;
   c) 产生过氧化氢酶、氧化酶;
   d) 不产生尿素酶、β-半乳糖苷酶。

5.3.7 动物接种试验结果

对纯培养细菌用无菌 PBS 洗涤后进行细菌计数,按照每 0.2 mL $1×10^3$ CFU 剂量腹腔接种 6 周龄～8 周龄 BalB/C 小鼠 5 只,逐日观察。

多杀性巴氏杆菌接种小鼠 7 d 内全部死亡,并可从小鼠体内分离到多杀性巴氏杆菌。

5.3.8 结果判定

分离的细菌符合培养特性、镜检结果、生化鉴定结果和动物接种试验结果,可判为病原分离鉴定阳性。

5.4 多杀性巴氏杆菌 PCR 检测方法

5.4.1 试剂与材料

除另有规定外,试剂均为分析纯或生化试剂,实验用水符合 GB/T 6682 的要求。

市售商品化细菌基因组 DNA 提取试剂盒、Taq DNA 聚合酶、10×PCR Buffer、dNTP、DL 2000 DNA Marker、电泳缓冲液(TAE)(见 A.4)、1.5%琼脂糖凝胶(见 A.5)。

5.4.2 样品处理

将分离培养的疑似菌和纯培养的菌落保存于含有 30%甘油 PBS 中的无菌 1.5 mL 塑料离心管中,密封、编号、保存、送检。

5.4.3 DNA 的提取

按照 DNA 提取试剂盒说明书提取 5.4.2 中的细菌基因组 DNA;阳性对照为多杀性巴氏杆菌 C51～C17 株制备的模板 DNA;阴性对照为无菌的去离子水。

5.4.4 PCR 反应操作方法

5.4.4.1 所用引物

PCR 引物根据多杀性巴氏杆菌 $kmt1$ 基因序列设计,具体参见附录 B。

5.4.4.2 反应体系

每个样品 20 μL 反应体系,组成如下:

10×PCR 缓冲液	2.0 μL
dNTPs(2.5 mmol/L)	1.5 μL
上游引物(10 μmol/μL)	1.0 μL
下游引物(10 μmol/μL)	1.0 μL
模板 DNA(样品)	1.0 μL
Taq DNA 聚合酶	0.5 μL
去离子水	13.0 μL

5.4.4.3 反应条件

95℃预变性 5 min;94℃变性 30 s,55℃退火 30 s,72℃延伸 60 s,30 个循环;72℃延伸 10 min。

5.4.5 PCR 产物的电泳

取 PCR 产物 10 μL,在 1.5%琼脂糖凝胶中进行电泳、染色,在凝胶成像系统或紫外分析仪下进行观察。

5.4.6 质控标准

多杀性巴氏杆菌 PCR 阳性对照有大小约为 457 bp 的特异性阳性扩增条带,阴性对照无任何扩增条带,说明试验成立。

5.4.7 结果判定

5.4.7.1 样品扩增出的片段约为 457 bp,可判定样品 PCR 结果阳性,表述为多杀性巴氏杆菌核酸阳性。

5.4.7.2 样品无特异性的阳性扩增条带判为 PCR 结果阴性,表述为多杀性巴氏杆菌核酸阴性。

5.5 荚膜型多重 PCR 检测方法

5.5.1 试剂与材料

同 5.4.1。

5.5.2 DNA 的提取

按照 DNA 提取试剂盒说明书提取细菌基因组 DNA；阳性对照为已鉴定的 A 型、B 型、D 型、E 型和 F 型荚膜型多杀性巴氏杆菌 DNA 或含有多杀性巴氏杆菌型特异性基因的质粒；阴性对照为无菌的去离子水。

5.5.3 荚膜型多重 PCR 操作方法

5.5.3.1 所用引物

多杀性巴氏杆菌荚膜分为 A 型、B 型、D 型、E 型和 F 型，根据编码 A 型、B 型、D 型、E 型和 F 型不同的基因设计引物，具体序列参见附录 C。

5.5.3.2 反应体系

每个样品建立 50 μL 反应体系，组成如下：

10×PCR 缓冲液	2.5 μL
dNTPs(2.5 mmol/L)	2.0 μL
MgCl₂(50 mmol/L)	1.0 μL
上游引物(10 μmol/μL)	各 0.8 μL
下游引物(10 μmol/μL)	各 0.8 μL
模板 DNA	1.0 μL
Taq DNA 聚合酶	0.5 μL
去离子水	35.0 μL

5.5.3.3 反应条件

同 5.4.4.3。

5.5.4 PCR 产物电泳

按 5.4.5 的方法进行。

5.5.5 质控标准

多杀性巴氏杆菌荚膜 A 型、B 型、D 型、E 型和 F 型阳性对照有特异性阳性扩增条带，扩增的目的条带大小见表 1，阴性对照无任何扩增条带，说明试验成立。

表 1 多杀性巴氏杆菌荚膜 A 型、B 型、D 型、E 型和 F 型阳性对照有扩增目的条带大小

荚膜型	扩增大小，bp
A 型	1 044
B 型	760
D 型	657
E 型	511
F 型	851

5.5.6 结果判定

根据 PCR 产物电泳结果出现目的条带大小，可判定多杀性巴氏杆菌的荚膜型。荚膜 A 型、B 型、D 型、E 型和 F 型扩增的目的条带分别为 1 044 bp、760 bp、657 bp、511 bp 和 851 bp。

6 综合判定

6.1 4.4 阳性且 5.3.8 阳性，或 4.4 阳性且 5.4.7 阳性，可确诊为兔出血性败血症。

6.2 根据 5.5.6 可判定多杀性巴氏杆菌的荚膜型。

附 录 A
（规范性附录）
培养基和电泳液的配制

A.1 5%鸡血清葡萄糖淀粉琼脂培养基制备

营养琼脂	85 mL
3%淀粉溶液	10 mL
葡萄糖	10 g
鸡血清	5 mL

将灭菌的营养琼脂加热熔化,使冷却到50℃,加入灭菌的淀粉溶液、葡萄糖及鸡血清,混匀后倾注平板。

A.2 鲜血琼脂培养基制备

肉浸液肉汤	85 mL
蛋白胨	10 g
磷酸氢二钾（K_2HPO_4）	1.0 g
氯化钠（NaCl）	5 g
琼脂	25 g

灭菌加热溶化,使冷却到50℃,加入无菌鸡鲜血达10%,混匀后倾注平板。

A.3 5%鸡血清脑心浸出液琼脂培养基制备

脑心浸出液	37 g
琼脂	15 g
加蒸馏水至	1 000 mL

灭菌加热溶化,使冷却到50℃,加入无菌鸡鲜血达5%,混匀后倾注平板。

A.4 电泳缓冲液(TAE)

A.4.1 50×TAE 储存液

$Na_2EDTA \cdot 2H_2O$	37.2 g
冰醋酸	57.1 mL
Tris·Base	242 g

用一定量(约800 mL)的灭菌双蒸水溶解,充分混匀后加灭菌双蒸水补齐至1 000 mL。

A.4.2 1×TAE 使用液

50×TAE 储存液	10 mL
蒸馏水	490 mL

混匀,即为琼脂糖凝胶电泳缓冲液。

A.5 1.5%琼脂糖凝胶

琼脂糖干粉	1.5 g

1×TAE 使用液   100 mL

沸水浴或微波炉加热至琼脂糖熔化,待凝胶稍冷却后加入溴化乙锭替代物,终浓度为 0.5 μg/mL。

附　录　B

（资料性附录）

多杀性巴氏杆菌 *kmt1* 基因引物序列和 PCR 扩增靶序列

B.1 多杀性巴氏杆菌 *kmt1* 基因扩增引物序列，见表 B.1。

表 B.1　*kmt1* 基因扩增引物序列

检测目的	引物序列(5′-3′)	扩增大小,bp
kmt1 基因	上游引物:ATC CGC TAT TTA CCC AGT GG	457
	下游引物:GCT GTA AAC GAA CTC GCC AC	

B.2 多杀性巴氏杆菌 C51‐17 株 PCR 扩增 *kmt1* 基因靶序列。

ATCCGCTATTTACCCAGTGGGGCGGTGCGAATGAACCGATTGCCGCGAAATTGAGTTTTATGCCACCTGAAATGGGAAAT
GGCATTATTTTATGGCTCGTTGTGAGTGGGCTTGTCGGTAGTCTTTTATTTGGCGTGTGGCAAAGAAAAGCACAGTTTTG
TTGGGCGGAGTTTGGTGTGTTGAGCCAATCTGCTTCCTTGACAACGGCGCAACTGATTGGACGTTATTTATTACTCAGCT
TATTGTTATTTGCCGGTTTATATTTCCTTGTCAGTCTGATTTATCAATATTTCCATGTTGAGTTACGTTTCTTATGGCCA
TTATTGAAGCCATTAACGGCAGAGCGGTTTAATTTATTTATCGTGTATTGGTTACCTATTTTGGTCTTTTTCTTCGTGTT
CAACGGTTTGATCGTGTCAGTCCAAATGAAACAAAAAGTGGCGAGTTCGTTTACAGC （457bp）

附　录　C
（资料性附录）
多杀性巴氏杆菌荚膜型多重 PCR 引物序列

荚膜型多重 PCR 的引物序列见表 C.1。

表 C.1　荚膜型多重 PCR 扩增引物序列

荚膜型	引物序列(5′- 3′)	扩增大小,bp
A 型	上游引物:TGC CAA AAT CGC AGT CAG	1 044
	下游引物:TTG CCA TCA TTG TCA GTG	
B 型	上游引物:CAT TTA TCC AAG CTC CAC C	760
	下游引物:GCC CGA GAG TTT CAA TCC	
D 型	上游引物:TTA CAA AAG AAA GAC TAG GAG CCC	657
	下游引物:CAT CTA CCC ACT CAA CCA TAT CAG	
E 型	上游引物:TCCGCAGAAAATTATTGACTC	511
	下游引物:GCTTGCTGCTTGATTTTGTC	
F 型	上游引物:AATCGGAGAACGCAGAAATCAG	851
	下游引物:TTCCGCCGTCAATTACTCTG	

ICS 11.220
B 41

中华人民共和国农业行业标准

NY/T 1186—2017
代替 NY/T 1186—2006

猪支原体肺炎诊断技术

Diagnostic techniques for mycoplasmal pneumonia of swine

2017-06-12 发布

2017-10-01 实施

中华人民共和国农业部 发布

前　言

本标准按照 GB/T 1.1—2009 给出的规则起草。

本标准代替 NY/T 1186—2006《猪支原体肺炎诊断技术》。与 NY/T 1186—2006 相比,除编辑性修改外,主要技术变化如下:

——"范围"部分增述了临床诊断和实验室诊断,并对实验室检测技术重新调整为病原学诊断与血清学诊断技术(见第 5 章和第 6 章;2006 年版的第 3 章);

——"临床诊断与病理学检查"一项综合为临床诊断,并细化为流行病学、临床特征、病理特征和判定标准,删除了 X 线检查诊断(见第 5 章,2006 版的第 3 章);

——"病原分离与鉴定"一项归入实验室诊断中,更新了猪肺炎支原体培养基和培养条件,病原鉴定加入了 PCR 方法,删除了溶血试验、精氨酸利用试验、薄膜和斑点形成试验、红细胞吸附试验(见第 6 章,2006 版的第 4 章);

——新增 PCR 检测和 ELISA 检测两种诊断方法(见 6.2.2 和 6.3.2);

——规范了样品采集和运送操作(见 6.1);

——增加了综合结果判定说明(见第 7 章)。

本标准由农业部兽医局提出。

本标准由全国动物卫生标准化技术委员会(SAC/TC 181)归口。

本标准起草单位:江苏省农业科学院兽医研究所、中国动物卫生与流行病学中心、西北农林科技大学。

本标准主要起草人:邵国青、冯志新、刘茂军、熊祺琰、张磊、郑增忍、张彦明、白昀、王海燕、武昱孜、韦艳娜、刘蓓蓓、甘源、华利忠、王丽、张衍海、王娟。

本标准所代替标准的历次版本发布情况为:

——NY/T 1186—2006。

猪支原体肺炎诊断技术

1 范围

本标准规定了猪支原体肺炎临床诊断、实验室病原学诊断与血清学诊断的技术要求。

本标准适用于猪支原体肺炎人工发病和临床病例的诊断、疫苗免疫效果的确定以及猪场内该病的净化监测。

2 规范性引用文件

下列文件对于本文件的应用是必不可少的。凡是注日期的引用文件,仅注日期的版本适用于本文件。凡是不注日期的引用文件,其最新版本(包括所有的修改单)适用于本文件。

GB/T 6682　分析实验室用水规格和试验方法

NY/T 541　兽医诊断样品采集、保存与运输技术规范

3 术语和定义

下列术语和定义适用于本文件。

3.1

猪支原体肺炎

猪支原体肺炎(MPS)俗称猪气喘病或猪地方流行性肺炎(EPS)。它是由支原体科支原体属(*Mycoplasma*)中的猪肺炎支原体(MHP)引起的一种呼吸道疾病,是严重危害养猪业健康发展的主要猪病之一。

4 缩略语

下列缩略语适用于本文件。

CCU:颜色变化单位(color change unit)

dNTPs:脱氧核糖核苷三磷酸(deoxyribonucleoside triphosphates)

ELISA:酶联免疫吸附试验(enzyme-linked immunosorbent assay)

EPS:猪地方流行性肺炎(enzootic pneumonia of swine)

HRP:辣根过氧化物酶(horseradish peroxidase)

IHA:间接血凝试验(indirect hemagglutination assay)

MHP:猪肺炎支原体(*Mycoplasma hyopneumoniae*)

MPS:猪支原体肺炎(Mycoplasmal pneumonia of swine)

PBS:磷酸盐缓冲液(phosphate-buffered saline buffer)

PCR:聚合酶链式反应(polymerase chain reaction)

TAE:TAE电泳缓冲液(tris-acetate-ethylene diamine tetraacetic acid buffer)

*Taq*酶:*Taq* DNA聚合酶(*Taq* DNA polymerase)

TBE:TBE电泳缓冲液(tris-borate-ethylene diamine tetraacetic acid buffer)

5 临床诊断

5.1 流行病学

猪气喘病仅发生于猪,不同品种、年龄、性别的猪均能感染。其中,以幼猪最易感,发病率高,病死率

低。本病一年四季均可发生,猪舍通风不良、猪群拥挤、气候突变、阴湿寒冷、饲养管理和卫生条件不良均可促进本病发生,加重病情。带菌猪是猪肺炎支原体感染的主要传染源。在许多猪群中,猪肺炎支原体是从母猪通过接触传染给仔猪。少数猪感染后,就会在同圈猪之间发生接触传染。

5.2 临床特征

5.2.1 急性型

5.2.1.1 病猪呼吸困难,严重者张口喘气,腹式呼吸或犬坐姿势,时发痉挛性阵咳。

5.2.1.2 食欲大减或废绝,日渐消瘦。

5.2.1.3 病程1周～2周,病猪可因窒息而死。

5.2.2 慢性型

5.2.2.1 长期咳嗽,清晨进食前后及剧烈运动时最明显,严重的可发生痉挛性咳嗽。

5.2.2.2 病猪体温一般正常,但消瘦,发育不良,被毛粗乱。

5.2.2.3 病程长达2个月～3个月,有的在半年以上。

5.3 病理特征

5.3.1 病理学诊断

5.3.1.1 急性病例可见不同程度的肺水肿与肺气肿。在心叶、尖叶、中间叶及部分病例的膈叶前缘出现融合性支气管肺炎,以心叶最为显著,尖叶和中间叶次之,然后波及膈叶。

5.3.1.2 早期病理变化发生在心叶粟粒大至绿豆大,逐渐扩展为淡红色或灰红色,半透明状,界限明显,俗称"肉变"。

5.3.1.3 后期或病情加重,病理变化部颜色转为浅红色、灰白色或灰红,半透明状态减轻,俗称"胰变"或"虾肉样实变"。继发感染细菌时,引起肺和胸膜的纤维素性、化脓性和坏死性病理变化。

5.3.2 组织病理学诊断

5.3.2.1 早期以间质性肺炎为主,以后则演变为支气管性肺炎。支气管和细支气管上皮细胞纤毛数量减少,小支气管周围的肺泡扩大,泡腔充满多量炎性渗出物,肺泡间组织有淋巴样细胞增生。

5.3.2.2 急性病例中,扩张的泡腔内充满浆液性渗出物,杂有单核细胞、中性粒细胞、少量淋巴细胞和脱落的肺泡上皮细胞。

5.3.2.3 慢性病例中,其肺泡腔内的炎性渗出物中液体成分减少,主要是淋巴细胞浸润。

5.4 判定标准

猪群出现5.2.1或5.2.2的临床特征,并出现病理特征5.3.1或5.3.2中一条及一条以上,且符合5.1流行病学,可判定为疑似猪支原体肺炎。

6 实验室诊断

6.1 样品采集和运送

6.1.1 新鲜肺组织样品采集和运输

按照NY/T 541规定的方法采样。剖检病死猪或发病猪,采集病肺中具有特征病变组织与未见异常组织连接处的肺组织0.5 g～1.0 g,置于无菌密封袋或密封容器中,于2℃～8℃下24 h内完成运送工作。如样品不能被及时送到实验室,应置于-20℃以下冰箱中保存。

6.1.2 支气管肺泡灌洗液采集和运输

采集新鲜未破损的猪肺脏,经气管注入50 mL～100 mL灭菌的0.01 mol/L PBS溶液(见附录A中的A.1),轻揉肺脏3 min～5 min,转移5 mL～10 mL灌洗液至无菌容器中。运输与保存方法同6.1.1。

6.1.3 鼻拭子采集和运输

将猪保定后,采样人员将棉拭子与猪鼻中隔呈45°角轻轻插入。遇到鼻中隔后,稍作拐弯,绕过骨状瓣膜,与鼻中隔平行方向插入 2 cm~5 cm,轻轻旋转棉拭子。当猪出现喷嚏反射后,轻轻抽出棉拭子,将该鼻拭子样品端置于含有 1 mL 0.01 mol/L PBS 溶液的灭菌离心管中。运输与保存方法同 6.1.1。

6.1.4 血清样品采集和运输

按 NY/T 541 规定的方法采样。

6.2 病原学诊断

6.2.1 病原分离与鉴定

6.2.1.1 仪器设备

无菌操作台、CO_2 培养箱、低倍显微镜、移液器、载玻片和微量加样器。

6.2.1.2 试剂

除另有规定外,试剂均为分析纯或生化试剂,试验用水符合 GB/T 6682 的要求。

Hank′s 液(见 A.2)、猪肺炎支原体液体培养基(见 A.3)、猪肺炎支原体固体培养基(见 A.4)、瑞士染色配套试剂、青霉素。

6.2.1.3 分离和培养

将 6.1.1 采集的肺组织剪成 2 mm^3 以下的碎块,用 Hank′s 液洗涤一次;

取 3 块~5 块浸泡在盛有 2 mL 猪肺炎支原体液体培养基(含 2 000 IU/mL 青霉素)的西林瓶或试管中,置 37℃传代培养;

第 1 代~第 3 代分离时,每 3 d~5 d,以 10%~20% 的接种量连续进行盲传;随后,每 5 d~7 d 连续传代至第 4 代~第 5 代,以提高分离率;

连续传代过程中,如培养物变色,进行涂片镜检。

6.2.1.4 染色镜检

瑞氏染色以环形为主,也见球状、两极杆状、新月状、丝状等形态多样、大小不等的疑似菌体(参见附录 B 中的 B.1)。

6.2.1.5 培养鉴定

取 0.2 mL 培养物涂布于猪肺炎支原体固体培养基表面,置 37℃、5%~10% CO_2 环境中培养 3 d~10 d。若出现圆形、边缘整齐、似露滴状、中央有颗粒且稍隆起的疑似菌落(参见 B.2),将其重新接种猪肺炎支原体液体培养基。待培养物变色后,按照 6.2.2 的方法做进一步鉴定。

6.2.1.6 结果判定

样品呈现出镜检和培养的疑似特征,且猪肺炎支原体 PCR 检测结果阳性,则判为病猪猪肺炎支原体分离阳性,表述为检出猪肺炎支原体;否则,表述为未检出猪肺炎支原体。

6.2.2 猪肺炎支原体 PCR 检测

6.2.2.1 仪器

高速冷冻离心机、PCR 扩增仪、核酸电泳仪、恒温水浴锅、组织匀浆器、凝胶成像系统、水平电泳槽、微量加样器(量程:0.5 μL~10 μL;2 μL~20 μL;20 μL~200 μL;100 μL~1 000 μL)。

6.2.2.2 试剂

除另有规定外,试剂为分析纯或生化试剂,试验用水符合 GB/T 6682 的要求。

6.2.2.2.1 引物

上游引物:5′- GAGCCTTCAAGCTTCACCAAGA - 3′;

下游引物:5′- TGTGTTAGTGACTTTTGCCACC - 3′。

6.2.2.2.2 阳性对照样品与阴性对照样品

以灭活前浓度为 $1×10^5$ CCU/mL~$1×10^8$ CCU/mL 的猪肺炎支原体菌液培养物,经 PCR 检测不含猪絮状支原体、猪滑液支原体和猪鼻支原体后作为阳性对照样品(由指定单位提供),以灭菌双蒸水为阴性对照样品。

6.2.2.2.3 *Taq* 酶、PCR 反应缓冲液（与 *Taq* 酶匹配）、氯化镁（25 mmol/L）、dNTPs（dATP、dCTP、dGTP、dTTP 各 2.5 mmol/L）、酚/三氯甲烷/异戊醇（体积比 25∶24∶1）、三氯甲烷、异丙醇（−20℃预冷）、琼脂糖、DNA 相对分子量标准物 Marker DL 2000。

6.2.2.2.4 0.01 mol/L PBS 液、DNA 提取液、75%乙醇、TE 溶液（pH 8.0）、电泳缓冲液（1×TBE 或 1×TAE）、溴化乙锭溶液（10 mg/mL）、上样缓冲液，配制方法见附录 A。

6.2.2.3 样品处理与 DNA 提取

6.2.2.3.1 肺组织处理与 DNA 提取

6.2.2.3.1.1 肺组织的前处理

取 0.5 g~1.0 g 肺组织样品，先加入少量 0.01 mol/L PBS 溶液后，充分匀浆，最终制成 10%~20%（W/V）的悬液。

6.2.2.3.1.2 肺组织悬液 DNA 提取

取肺组织悬液 200 μL，加入 750 μL DNA 提取液，65℃温浴 30 min。加酚/三氯甲烷/异戊醇 500 μL，振荡混匀，12 000 r/min 离心 5 min。吸取上清液加入等体积的三氯甲烷，振荡混匀，12 000 r/min 离心 5 min。吸取 500 μL 上清液与 400 μL 的异丙醇充分混合，12 000 r/min 离心 5 min，75%乙醇冲洗沉淀一次，12 000 r/min 离心 5 min。弃去上清，沉淀干燥后溶于 30 μL TE 溶液中，立即用于检测或保存于−20℃。

也可使用其他经验证的 DNA 提取方法或等效的商品化 DNA 提取试剂盒，按照其使用说明操作。

6.2.2.3.2 支气管肺泡灌洗液处理与 DNA 提取

6.2.2.3.2.1 支气管肺泡灌洗液前处理

取 5 mL~10 mL 支气管肺泡灌洗液，12 000 r/min 离心 20 min。弃去上清，沉淀用 200 μL 0.01 mol/L PBS 溶液重悬。

6.2.2.3.2.2 支气管肺泡灌洗液重悬液 DNA 提取

取支气管肺泡灌洗液重悬液 200 μL，按 6.2.2.3.1.2 的规定提取 DNA。

6.2.2.3.3 鼻拭子处理与 DNA 提取

6.2.2.3.3.1 鼻拭子前处理

将浸有鼻拭子的离心管振荡 5 s，2℃~8℃放置 2 h，用无菌镊子取出棉拭子，即成鼻拭子浸出物。

6.2.2.3.3.2 鼻拭子浸出物 DNA 提取

采用水煮法提取鼻拭子样品 DNA。取鼻拭子浸出物，12 000 r/min 离心 20 min，弃去上清。沉淀用 50 μL 灭菌水重悬，于 100℃水浴 10 min 后立即放置到冰浴中冷却 10 min，于−20℃以下保存作为 DNA 模板。

6.2.2.3.4 培养物和阳性对照样品处理与 DNA 提取

采用水煮法提取未知培养物样品和阳性对照样品 DNA。取 6.2.1.3 制备的培养菌液 1 mL，按 6.2.2.3.3.2 的规定提取 DNA。

6.2.2.4 反应体系

10×PCR 缓冲液 2.5 μL、dNTPs（10 mmol/L）2 μL、氯化镁（25 mmol/L）2 μL、引物（10 μmol/L）各 0.5 μL、Taq DNA 聚合酶（5 U/μL）0.5 μL、模板 DNA 2 μL~5 μL，用灭菌的双蒸水补足反应体积至 25 μL。

也可使用等效商品化 PCR 反应预混液。

6.2.2.5 PCR 反应程序

95℃预变性 12 min 后进入 PCR 循环：94℃变性 20 s，60℃退火 30 s，72℃延伸 40 s，进行 30 个循环；最后 72℃延伸 7 min。2℃~8℃暂存反应产物。反应体系与条件可以根据仪器型号或反应预混液类型进行等效评估,并做适当的参数调整。

6.2.2.6 PCR 产物电泳

称取 1.0 g 琼脂糖,加入 100 mL 电泳缓冲液加热溶解,加入终浓度为 1 μg/mL 的溴化乙锭溶液,制胶。PCR 扩增产物与上样缓冲液按 5∶1 混合,加样,同时分别加 Marker DL 2000(0 bp~2 000 bp)、阴性对照样品和阳性对照样品,100 V~120 V 恒压电泳 20 min~40 min,凝胶成像系统观察并记录结果。

6.2.2.7 结果判定

6.2.2.7.1 试验成立的条件

若阳性对照样品出现 649 bp 的目标扩增条带,同时阴性对照样品无目标扩增条带,则试验成立;否则试验不成立。

6.2.2.7.2 检测结果判定

符合 6.2.2.7.1 的要求,被检样品扩增产物出现 649 bp 目标条带,判为猪肺炎支原体核酸检出阳性(参见附录中 C 的 C.1);被检样品未扩增出 649 bp 目标条带,则判为猪肺炎支原体核酸检出阴性。为进一步验证,可对 PCR 扩增产物进行测序,其目标序列参见 C.2。

6.3 血清学诊断

6.3.1 间接血凝试验(IHA)

6.3.1.1 试剂与材料

6.3.1.1.1 96 孔(12×8)V 型(110°)有机玻璃血凝板或一次性微量血凝板、微量移液器、微量振荡器。

6.3.1.1.2 阳性血清、阴性血清(由指定单位提供)。

6.3.1.1.3 2%醛化红细胞悬液、2%抗原致敏的红细胞悬液、血清稀释液,详细配置方法见 A.15~A.17。

6.3.1.2 操作方法

6.3.1.2.1 取被检血清 0.2 mL 于无菌小试管中,56℃水浴 30 min 灭活。冷却后,加入 0.3 mL 2%戊二醛化红细胞悬液,摇匀,置 37℃水浴 30 min,期间不断混匀。室温 1 500 r/min 离心 10 min 后,吸出上清供检验用。阳性血清、阴性血清的处理同被检血清。

6.3.1.2.2 用微量移液器先向血凝板拟使用的每孔中加入 25 μL 血清稀释液,再向第 1 孔加入 25 μL 已处理好的被检血清,充分混匀后,吸取 25 μL 加入第 2 孔……依次做倍比连续稀释至第 6 孔(血清的稀释倍数为 1∶5、1∶10、1∶20、1∶40、1∶80、1∶160),混匀后从第 6 孔取出 25 μL 弃去。

6.3.1.2.3 向每个加样孔中加入 25 μL 2%抗原致敏的红细胞悬液。同时,设阴性血清对照、阳性血清对照及 2%戊二醛化红细胞空白对照。

6.3.1.2.4 置微量振荡器上振荡 30 s 后,室温静置 2 h,观察结果。

6.3.1.3 结果判定

6.3.1.3.1 试验成立的条件

抗原致敏的红细胞对照无自凝现象,阳性对照血清抗体效价＞1∶20(＋＋);阴性对照血清抗体效价＜1∶5(一)时试验成立。

6.3.1.3.2 判定标准

＋＋＋＋:红细胞 100%凝集,在孔底凝结浓缩成团,面积较大;

＋＋＋:红细胞 75%凝集,形成网络状沉积物,面积较大,卷边或锯齿状;

＋＋:红细胞 50%凝集,其余不凝集的红细胞在孔底中央集中成较大的圆点;

＋:红细胞 25%凝集,不完全沉于孔底,周围有散在少量的凝集;

一:红细胞呈点状沉于孔底,周边光滑。

6.3.1.3.3 判定

被检血清抗体效价≥1∶10(＋)者,判为阳性,表明样品中存在猪肺炎支原体抗体;被检血清抗体效价＜1∶5(一)者,判为阴性,表明样品中不存在猪肺炎支原体抗体;介于二者之间判为可疑。将可疑猪隔离饲养1个月后再作检验,若仍为可疑反应,则判定为阳性。

6.3.2 酶联免疫吸附试验(ELISA)

6.3.2.1 试剂材料与仪器设备

酶标检测仪、恒温培养箱、酶标板、可调移液器(1 μL～10 μL、20 μL～200 μL、100 μL～1 000 μL)。

猪肺炎支原体抗原(1 mg/mL)、猪肺炎支原体阳性对照血清(阳性对照)、猪肺炎支原体阴性对照血清(阴性对照)、辣根过氧化物酶(HRP)标记的抗猪 IgG 抗体:均由指定单位提供。

洗液、包被液、样品稀释液、酶标抗体稀释液、底物溶液、终止液配制方法见附录 A。

6.3.2.2 操作方法

6.3.2.2.1 包被抗原

将猪支原体肺炎抗原用包被液稀释成工作浓度,包被酶标板,每孔 100 μL,加盖后,置 2℃～8℃冰箱过夜。

6.3.2.2.2 封闭

翌日取出酶标板,置 37℃恒温箱或室温 30 min 后,弃去包被液,每孔加入 200 μL 样品稀释液,37℃孵育 1 h。

6.3.2.2.3 洗板

取出酶标板弃去液体后,每孔加入洗液 300 μL 洗板,共 3 次～5 次。最后一次倒置拍干。

6.3.2.2.4 加样

被检血清用样品稀释液做 1∶40 稀释,每份血清加 2 孔,每孔 100 μL。同时,设立同样稀释与加样的阳性对照、阴性对照和直接加样品稀释液的空白对照各 2 孔。室温(18℃～25℃)下作用30 min。

6.3.2.2.5 洗板

按 6.3.2.2.3 的规定操作。

6.3.2.2.6 加 HPR 标记的抗猪 IgG 抗体

用样品稀释液将酶标抗体稀释成工作浓度,加样孔中每孔加入 100 μL,室温(18℃～25℃)作用 30 min。

6.3.2.2.7 洗板

按 5.3.2.2.3 的规定操作。

6.3.2.2.8 加酶底物溶液

加样孔中每孔加 100 μL,室温(18℃～25℃)作用 15 min。

6.3.2.2.9 终止反应

取出酶标板,加样孔中每孔加 100 μL 终止液终止反应。

6.3.2.2.10 测吸光值

酶标板在酶标仪 650 nm 波长下,以空白对照为"0"参照,测定加样孔吸光值(OD)。

6.3.2.3 结果计算

6.3.2.3.1 只有在阳性对照平均值减去阴性对照平均值的差值≥0.15、阴性对照平均值≤0.15 时,检测结果才有效。

6.3.2.3.2 计算平均吸光度值:分别计算被检样品和各对照样品的平均值。

6.3.2.3.3 计算 S/P 值:样本的 S/P 值按式(1)计算。

$$S/P = \frac{A - NC_{\bar{x}}}{PC_{\bar{x}} - NC_{\bar{x}}} \qquad\qquad\qquad (1)$$

式中：

A ——样品的吸光度值；

$NC_{\bar{x}}$——阴性对照平均值；

$PC_{\bar{x}}$——阳性结果平均值。

6.3.2.4 判定标准

阳性反应：被检血清相对平均吸光度值（S/P 值）>0.40；

可疑反应：被检血清相对平均吸光度值（S/P 值）≥0.30，但≤0.40；

阴性反应：被检血清相对平均吸光度值（S/P 值）<0.30；

将出现可疑反应的血清重新再检，若仍为可疑反应，则结果判定为阳性反应。

也可使用经验证的等效的商品化 ELISA 抗体检测试剂盒进行检测，具体操作及结果判定参照试剂盒说明书进行。

7 综合结果判定

7.1 符合以下情况，判定为疑似猪支原体肺炎：

猪群出现临床症状 5.2.1 或 5.2.2，且出现 5.3 病理特征中一条或一条以上，疾病发生符合 5.1 流行病学，可判定为疑似猪支原体肺炎。

7.2 符合以下情况，判定为确诊猪支原体肺炎：

a) 符合结果判定 7.1，且符合 6.2.1 或 6.2.2 任一种方法的检测结果为阳性；

b) 符合结果判定 7.1，且符合 6.3.1 或 6.3.2 任一种方法的检测结果为阳性。

附　录　A
（规范性附录）
溶　液　的　配　制

A.1　0.01 mol/L PBS 溶液(pH 7.2～pH 7.4)

准确称量下面各试剂,加入到 800 mL 蒸馏水中溶解,调节溶液的 pH 至 7.2～7.4,加水定容至 1 L。分装后在 121℃灭菌 15 min～20 min,或过滤除菌,保存于室温。

氯化钠($NaCl$)	8.00 g
氯化钾(KCl)	0.20 g
磷酸二氢钾(KH_2PO_4)	0.24 g
磷酸氢二钠($Na_2HPO_4 \cdot 12H_2O$)	3.65 g
双蒸水	加至 1 000 mL

A.2　Hank's 液

甲液:

氯化钠($NaCl$)	160.00 g
氯化钾(KCl)	8.00 g
硫酸镁($MgSO_4 \cdot 7H_2O$)	2.00 g
氯化镁($MgCl_2 \cdot 6H_2O$)	2.00 g
加蒸馏水	至 800 mL
氯化钙($CaCl_2$)	2.80 g
加蒸馏水	至 100 mL

将上述两种溶液混合后,加蒸馏水至 1 000 mL,并加 2 mL 氯仿作为防腐剂,保存于 2℃～8℃。

乙液:

磷酸氢二钠($Na_2HPO_4 \cdot 12H_2O$)	3.04 g
磷酸二氢钾(KH_2PO_4)	1.20 g
葡萄糖	20.00 g

将上述成分溶于 800 mL 蒸馏水中,再加入 100 mL 0.4%酚红液。加蒸馏水至 1 000 mL,并加 2 mL 氯仿作为防腐剂,保存于 2℃～8℃。

按下述比例配置:

甲液	1 份
乙液	1 份
蒸馏水	18 份

高压灭菌后至 2℃～8℃保存备用。使用时,于 100 mL Hank's 液内加入 35 g/L 碳酸氢钠($NaHCO_3$)液,pH 7.2～7.6。

也可使用经验证的等效的商品化 Hank's 溶液。

A.3　猪肺炎支原体液体培养基

Eagle's 液	50%

1%水解乳蛋白磷酸缓冲液	29%
猪血清	20%
鲜酵母浸出汁	1%
青霉素	200 U/mL
酚红	0.002%
NaOH 溶液调 pH 至	7.4～7.6

上述溶液除血清和青霉素外,115℃高压灭菌 30 min,无菌操作加入猪血清和青霉素,2℃～8℃保存备用。

A.4 猪肺炎支原体的固体培养基

液体培养基中除血清和青霉素外,按 10 g/L 加入琼脂。高压灭菌后,约冷至 56℃左右,无菌操作分别加入猪血清及青霉素。趁热倒成平板,凝固后即成,2℃～8℃保存备用。

A.5 电泳缓冲液(1×TAE 或 1×TBE)

A.5.1 0.5 mol/L EDTA(pH 8.0)的配制

称取 Na₂EDTA·2H₂O 18.61 g,用 80 mL 蒸馏水充分搅拌,用 NaOH 颗粒调 pH 至 8.0,再用蒸馏水定容至 100 mL。

EDTA 二钠盐需加入 NaOH 将 pH 调至接近 8.0 时,才会溶解。

A.5.2 TAE 的配制

分别准确称取 Tris 碱 242.0 g,冰乙酸 57.1 mL,加入配置好的 0.5 mol/L EDTA(pH 8.0)100 mL 溶解并调 pH 至 8.0,用蒸馏水补足至 1 000 mL,充分混匀后即为 50×TAE,4℃保存备用。使用前,用蒸馏水将其做 50 倍稀释即为 1×TAE,现用现配。

A.5.3 TBE 的配制

分别准确称取 Tris 碱 54.0 g、硼酸 27.5 g,加入配置好的 0.5 mol/L EDTA(pH 8.0)20 mL,加蒸馏水 800 mL 溶解并调 pH 至 8.0,用蒸馏水补足至 1 000 mL,充分混匀后即为 5×TBE,2℃～8℃保存备用。使用前,用蒸馏水将其做 5 倍稀释即为 1×TBE,现用现配。

A.6 DNA 提取液

配置终浓度分别为 100 mmol/L Tris-HCl(pH 8.0)、25 mmol/L EDTA(pH 8.0)、500 mmol/L NaCl、1% SDS 的混合溶液,混匀后 4℃保存备用。具体配法如下:

500 mmol/L Tris-HCl(pH 8.0):称取 15.14 g Tris,加入 150 mL 蒸馏水,加入 HCl 调 pH 至 8.0,定容至 250 mL。

100 mmol/L EDTA(pH 8.0):称取 8.46 g Na₂EDTA·2H₂O,加入 200 mL 蒸馏水,调 pH 至 8.0,定容至 250 mL。

5 mol/L NaCl:称取 29.22 g NaCl,加入蒸馏水溶解,并定容至 100 mL。

10% SDS:称取 10 g SDS,加入蒸馏水溶解,并定容至 100 mL。

配制 1 000 mL DNA 提取液:先加入 500 mmol/L Tris-HCl(pH 8.0)200 mL,再加入 100 mmol/L EDTA(pH 8.0)250 mL、5 mol/L NaCl 100 mL,然后加入 10% SDS 100 mL,最后用蒸馏水补足至 1 000 mL。

也可使用经验证的等效的商品化 DNA 提取试剂盒,具体操作参照试剂盒说明书进行。

A.7 上样缓冲液(6×)

配置终浓度分别为 0.25%溴酚蓝、0.25%二甲苯青 FF、40%蔗糖的混合溶液,混匀后 2℃～8℃保存备用。

也可使用商品化的核酸凝胶电泳上样缓冲液,按照说明书要求进行操作。

A.8 TE 溶液(pH 8.0)

配置终浓度为 10 mmol/L Tris-HCl(pH 8.0)和 1 mmol/L EDTA(pH 8.0)的混合溶液,高压灭菌后,2℃~8℃保存备用。具体配法如下:

1 mol/L Tris-HCl(pH 8.0):称取 Tris 碱 12.12 g,加蒸馏水 80 mL 溶解,滴加浓 HCl 调 pH 至8.0,定容至 100 mL。

0.5 mol/L EDTA(pH 8.0):称取 Na₂EDTA·2H₂O 18.61 g,用 80 mL 蒸馏水充分搅拌,用 NaOH颗粒调 pH 至 8.0,再用蒸馏水定容至 100 mL。EDTA 二钠盐需加入 NaOH 将 pH 调至接近 8.0 时,才会溶解。

配制 100 mL TE 溶液(pH 8.0):加入 1 mol/L Tris-HCl(pH 8.0)1 mL、0.5 mol/L EDTA(pH 8.0)0.2 mL,用蒸馏水补足至 100 mL。

A.9 溴化乙锭溶液(10 mg/mL)

准确量取溴化乙锭 0.1 g,加蒸馏水 10.0 mL,充分溶解后即为 10 mg/mL 溴化乙锭溶液。

也可使用商品化的溴化乙锭溶液或其他等效商品化的核酸电泳染料,按照说明书要求进行操作。

A.10 75%乙醇

无水乙醇 75 mL,加双蒸水定量至 100 mL,充分混匀后,—20℃预冷备用。

A.11 1/15 mol/L PBS 溶液(pH 7.2~7.4)

准确称量磷酸氢二钠(Na₂HPO₄·12H₂O)1.74 g、磷酸二氢钾(KH₂PO₄)0.24 g、氯化钠(NaCl)8.5 g,加入到 800 mL 蒸馏水中溶解,调节溶液的 pH 至 7.2~7.4,加水定容至 1 L。分装后在 121℃灭菌 15 min~20 min,或过滤除菌,保存于室温。

A.12 1/15 mol/L PBS 溶液(pH 6.4)

准确称量磷酸氢二钠(Na₂HPO₄·12H₂O)0.64 g、磷酸二氢钾(KH₂PO₄)0.66 g、氯化钠(NaCl)8.5 g,加入到 800 mL 蒸馏水中溶解,调节溶液的 pH 至 6.4,加水定容至 1 L。分装后在 121℃灭菌15 min~20 min,或过滤除菌,保存于室温。

A.13 1%戊二醛溶液

将 4 mL 戊二醛溶液(25%)加入 96 mL 1/15 mol/L PBS 溶液(pH 7.2~7.4)中,颠倒混匀,现配现用。

A.14 0.005%鞣酸溶液

称取 0.5 g 鞣酸粉末,溶于 100 mL 1/15 mol/L PBS 溶液(pH 7.2~7.4),37℃水浴充分溶解,制成100×鞣酸母液;将 100×鞣酸母液用 1/15 mol/L PBS 溶液(pH 7.2~7.4)做 1∶100 稀释,即成0.005%鞣酸溶液,现配现用。

A.15 2%戊二醛化红细胞悬液

无菌采集公绵羊血液,用玻璃球轻摇脱纤维后,在 2℃~8℃静置保存 2 d~3 d。经双层纱布过滤,用 1/15 mol/L PBS 溶液(pH 7.2~7.4)洗涤 5 次,每次 4 500 r/min 离心 30 min,最后一次洗涤离心后,弃上清,轻敲离心管壁,使红细胞自然沉降。按每 10 mL 沉集红细胞加入 90 mL 1%的戊二醛溶液(见 A.13),在 2℃~8℃环境中搅拌醛化 30 min~45 min。醛化后的红细胞用 1/15 mol/L PBS 溶液(pH 7.2~7.4)洗涤 5 次,再用灭菌水洗涤 3 次,最后用灭菌蒸馏水(含 0.01%硫柳汞)配成 10%戊二醛红细胞悬液。取制成的 10%戊二醛化红细胞经 1/15 mol/L PBS(pH 7.2~7.4)洗涤 2 次,最后用 1/15 mol/L PBS 溶液(pH 7.2~7.4)配成 2%戊二醛化红细胞悬液。

A.16　2%抗原致敏的红细胞悬液

取 2%戊二醛化红细胞悬液,加等体积现配的 0.005%鞣酸溶液(见 A.14),摇匀后置 37℃水浴中鞣化 30 min,用 1/15 mol/L PBS 溶液(pH 7.2~7.4)洗涤 3 次,最后用 1/15 mol/L PBS 溶液(pH 6.4)配成 2%鞣化红细胞悬液。按 1 份稀释后的猪肺支原体纯化灭活抗原(含 1 个~2 个致敏单位,由指定单位提供)加 2 份 2%鞣化细胞悬液,混匀置 37℃水浴中致敏 45 min,用血清稀释液(见 A.17)洗涤 2 次,再用血清稀释液配成 2%抗原致敏红细胞悬液。

A.17　血清稀释液(IHA 用)

含 1%健康兔血清的 1/15 mol/L PBS 溶液(pH 7.2~7.4)。

A.18　ELISA 包被液(0.05 mol/L 碳酸盐缓冲液,pH 9.6)

准确称量 Na_2CO_3 1.59 g、$NaHCO_3$ 2.93 g,用 950 mL 灭菌双蒸水溶解,调节溶液的 pH 至 9.6,加双蒸水定容至 1 000 mL。

A.19　样品稀释液(ELISA 用)

每 100 mL 0.01 mol/L pH 7.2 PBS 溶液中加牛血清白蛋白(BSA)0.2 g~1 g,加 50 μL 吐温-20(0.05%Tween-20),即成稀释液。

A.20　洗液(ELISA 用)

每 100 mL 0.01 mol/L pH 7.2 PBS 溶液中加 50 μL 吐温-20,即成洗液。

A.21　酶底物溶液的配制(ELISA 用)

按每 21 mg 3,3′,5,5′-四甲基联苯胺(TMB)溶于 5 mL 无水乙醇,制备底物溶液 A;按每 33 mg 尿素过氧化氢(UHP)溶于 200 mL 磷酸盐缓冲液(Na_2HPO_4 · $12H_2O$ 2.7 g,KH_2PO_4 13.2 g,定容于 500 mL 无菌去离子水,pH 5.2)制备底物溶液 B,0.22 μm 滤膜过滤除菌,2℃~8℃避光保存;临用前,按照底物液 A 与底物液 B 体积比为 1:40 进行混合,制备酶底物溶液。

也可使用商品化的 TMB 酶底物溶液,按照说明书要求进行操作。

A.22　ELISA 终止液(2 mol/L H_2SO_4)

取分析纯硫酸(H_2SO_4)22.2 mL(含量 95%~98%)缓慢加入到 177.8 mL 蒸馏水中,混匀即成 2 mol/L 硫酸(H_2SO_4)溶液。

附　录　B

（资料性附录）

猪肺炎支原体形态图

B.1　猪肺炎支原体菌体瑞氏染色镜检形态图

　　见图 B.1。

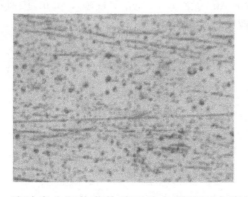

图 B.1　猪肺炎支原体菌体瑞氏染色镜检形态图(×100)

B.2　猪肺炎支原体菌落形态图

　　见图 B.2。

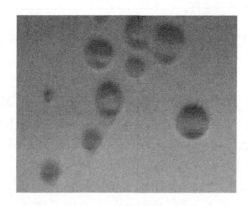

图 B.2　猪肺炎支原体菌落图(×40)

附　录　C

（资料性附录）

PCR 电泳图及扩增产物目标序列

C.1　检测样品中猪肺炎支原体 PCR 电泳图

猪肺炎支原体 PCR 检测电泳图见图 C.1。

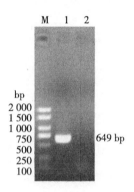

说明：

M ——DL 2000 Marker;

1 ——阳性对照；

2 ——阴性对照。

图 C.1　猪肺炎支原体 PCR 检测电泳图

C.2　PCR 扩增产物目标序列

649 bp DNA 参考序列。

5'-<u>GAGCCTTCAAGCTTCACCAAGA</u>AATGGGGGTGCGCAACATTAGTTAGTTGGTAGGGTAAAA
GCCTACCAAGACGATGATGTTTAGCGGGGCCAAGAGGTTGTACCGCCACACTGGGATTGAGATA
CGGCCCAGACTCCTACGGGAGGCAGCAGTAAGGAATATTCCACAATAAGCGAAAGCTTGATGGA
GCGACACAGCGTGCAGGATGAAGTCTTTCGGGATGTAAACTGCTGTTGTAAGGGAAGAAAAAAC
TAGATAGGAAATGCTCTAGTCTTGACGGTACCTTATTAGAAAGCGACGGCAAACTATGTGCCAGC
AGCCGCGGTAATACATAGGTCGCAAGCGTTATCCGGAATTATTGGGCGTAAAGCGTCCGTAGGTT
TTTTGTTAAGTTTAAAGTTAAATGCTAAAGCTCAACTTTAGTCCGCTTTAGATACTGGCAAAATAG
AATTATGAAGAGGTTAGCGGAATTCCTAGTGGAGTGGTGGAATACGTAGATATTAGGAAGAACA
CCAATAGGCGAAGGCAGCTAACTGGTCATATATTGACACTAAGGGACGAAAGCGTGGGGAGCAA
ACAGGATTAGATACCCTGGTAGTCCACGCCGTAAACGATGATCATTAGTT<u>GGTGGCAAAAGTCAC
TAACACA</u>-3'

ICS 11.220
B 41

中华人民共和国农业行业标准

NY/T 1471—2017
代替 NY/T 1471—2007

牛毛滴虫病诊断技术

Diagnostic techniques for bovine trichomoniasis

2017-06-12 发布

2017-10-01 实施

中华人民共和国农业部 发布

前　言

本标准按照 GB/T 1.1—2009 给出的规则起草。

本标准代替 NY/T 1471—2007《牛毛滴虫病诊断技术》。与 NY/T 1471—2007 相比，除编辑性修改外，主要技术变化如下：

——病原 PCR 检查时增加了一对可用 PCR 引物。

本标准由农业部兽医局提出。

本标准由全国动物卫生标准化技术委员会(SAC/TC 181)归口。

本标准起草单位：南京农业大学、中国动物卫生与流行病学中心。

本标准主要起草人：李祥瑞、徐立新、严若峰、宋小凯、郑增忍。

本标准所代替标准的历次版本发布情况为：

——NY/T 1471—2007。

引　言

毛滴虫病是由胎儿三毛滴虫(*Tritrichomonas foetus*)寄生于牛生殖道引起的疾病。该病呈世界性分布,引起牛,尤其是奶牛生殖器官炎症、死胎、流产和不育,可对畜牧业生产造成严重的经济损失。

毛滴虫病被世界动物卫生组织列为通报传染病。该病主要通过自然交配传播,已染病动物的精液和污染的器械人工授精也可引起传播。

牛毛滴虫病诊断技术

1 范围

本标准规定了牛毛滴虫病的病原显微镜检查技术和聚合酶链反应(PCR)扩增虫体 DNA 的检测方法。

本标准适用于牛毛滴虫病的诊断。

2 规范性引用文件

下列文件对于本文件的应用是必不可少的。凡是注日期的引用文件,仅注日期的版本适用于本文件。凡是不注日期的引用文件,其最新版本(包括所有的修改单)适用于本文件。

GB/T 6682 分析实验室用水规格和实验方法

GB 19489 实验室 生物安全通用要求

3 缩略语

下列缩略语适用于本文件。

CTAB:hexadecyltrimethylammonium bromide,十六烷基三甲基溴化铵。

DNA:deoxyribonucleic acid,脱氧核糖核酸。

dNTP:deoxynucleoside triphosphate,三磷酸脱氧核苷酸。

PBS:phosphate buffer solution,磷酸盐缓冲液。

PCR:polymerase chain reaction,聚合酶链反应。

Taq 酶:*Taq* DNA polymerase,*Taq* DNA 聚合酶。

4 生物安全措施

进行牛毛滴虫病实验室检测时,如显微镜检查、DNA 提取等,按照 GB 19489 的规定执行。

5 临床诊断

5.1 临床症状

5.1.1 公牛

公牛很少或没有临床症状发生。若有症状,主要包括黏液性包皮炎,包皮肿胀,并分泌出大量脓性物质;包皮黏膜上出现粟粒大的红色结节,有痛感,不愿交配。

5.1.2 母牛

母牛出现阴道损伤,卡他性炎症,阴道红肿;黏膜出现粟粒大或更大的小结节,排出黏液性分泌物;宫颈和子宫内膜出现炎症;随后发生不规则的发情,子宫脱垂、子宫积脓和早期(1 周~16 周)流产。

5.2 结果判定

根据牛交配、人工授精或母牛的生殖系统检查史,公牛具有 5.1.1 临床表现、母牛具有 5.1.2 临床表现时,可判定为疑似牛毛滴虫病。

6 实验室诊断

6.1 样品的采集与运输

6.1.1 样品的采集

6.1.1.1 母牛

选择发情后 1 d～2 d 的母牛,用水将母牛外生殖器洗涤干净。然后,采用下列任何一种方法采样:

a) 取市场上出售的常规型号的注射器,如 50 mL、100 mL 的注射器,将 30 mL～40 mL 的 30℃～35℃灭菌生理盐水急速注入阴道,以洗涤子宫和阴道壁。收集洗涤液于离心管中,1 500 r/min～2 000 r/min 离心 5 min 后,取沉淀物作为待检样品。

b) 取一长 30 cm、直径 0.9 cm,并在离一端 9 cm 处弯成 150°角的消毒玻璃管,注入 1 mL～2 mL 的 30℃～35℃灭菌生理盐水,收集母牛子宫颈黏液作为待检样品。

6.1.1.2 公牛

首先将公牛外生殖器洗涤干净,吸取 5 mL～10 mL 的 30℃～35℃灭菌生理盐水注入包皮腔内。然后,以手压紧包皮口,使液体在腔内滞留 3 min～5 min。再将洗涤液收集于离心管中,以 1 500 r/min～2 000 r/min 离心 5 min 后,取沉淀物作为待检样品。

6.1.1.3 精液

取人工采集或融化的冷冻精液 1 mL～2 mL,作为待检样品。

6.1.1.4 其他

产仔牛、流产牛等可取胎盘液;流产胎牛可取胎儿第 4 胃的内容物;发病母牛可取子宫积脓排出物,以 1 500 r/min～2 000 r/min 离心 5 min 后,取沉淀物作为待检样品。

注:不同情况下毛滴虫的数量有所不同。在流产胎儿、流产后 3 d～8 d 内和新近感染母牛子宫里均含有大量虫体。在感染后 12 d～20 d 的母牛阴道黏液内也含有大量虫体。在一个发情周期内毛滴虫的数量也有所不同,发情后 3 d～7 d 内毛滴虫的数量最多。这些时段采集的样品可直接进行镜检。

6.1.2 样品的运输和储存

样品采集后,应立即镜检或置于无菌密闭容器内 37℃ 24 h 内送实验室检查。若用于 PCR 检测,可置于无菌密闭容器内低温冷冻保存。

6.2 主要仪器、材料和试剂

除特别说明以外,本标准所用试剂均为分析纯,水为符合 GB/T 6682 规定的灭菌双蒸水或超纯水。

显微镜、载玻片、染色皿、姬姆萨染色液(见附录 A 中的 A.1)、PCR 仪、0.01 mol/L pH 7.2 的 PBS(见 A.2)、CTAB 抽提液(见 A.3)、CTAB/NaCl 溶液(见 A.4)、高速离心机、涡旋振荡器、热启动 Taq 聚合酶、1×PCR 反应缓冲液、400 μmol/L dNTPs、1.5 mmol/L MgCl_2、电泳仪、粉碎器、匀浆器、研钵和研杵、捣碎机、抗有机溶剂的试管或烧杯。

6.3 病原显微镜检查

6.3.1 压滴标本检查法

将采集的待检样品 1 滴置于载玻片上,盖上盖玻片,在 100 倍或以上倍率的显微镜下,视野放暗,迅速进行检查。可重复进行 2 片～3 片。

6.3.2 染色标本检查法

将采集的待检样品少量置于载玻片一端,立即推制成均匀的薄膜。在室温下干燥,后用甲醇固定 2 min。将固定的抹片浸入足量的姬姆萨染色稀释液的染色皿中,染色 0.5 h～1 h,取出水洗,吸干或烘干后镜检。

6.3.3 结果判定

在显微镜下观察,胎儿三毛滴虫的形态特征参见附录 B。两种方法只要有一种方法观察到胎儿三毛滴虫即判为病原镜检阳性,未观察到胎儿三毛滴虫判为病原镜检阴性。

6.4 病原 PCR 检查

6.4.1 PCR 引物

可采用引物 TFR1/TFR2 和 TFR3/TFR4 中任何一对用于胎儿三毛滴虫的核酸检测,引物序列和扩增产物的大小见表 1。

表 1　用于牛毛滴虫病 PCR 检测的引物

引物	目的	序列(5′- 3′)	产物
TFR1	正向引物	TGCTTCAGTTCAGCGGGTCTTCC	372 bp
TFR2	反向引物	CGGTAGGTGAACCTGCCGTTGG	
TFR3	正向引物	CGGGTCTTCCTATATGAGA CAGAACC	347 bp
TFR4	反向引物	CCTGCCGTTGGATCAGTTTCGTTAA	

6.4.2　病原 DNA 的制备

以下两种方法任选其一:

a)　CTAB 方法。将采集的样品 1 mL～3 mL 与 PBS 混合至总体积 5.0 mL,在涡旋振荡器上混匀,取出 1 mL 移入 1.5 mL 微量离心管中。10 000 r/min 离心 5 min,弃上清,在沉淀物中加入 2 mL TE(10 mmol/L),转入另一 5 mL 离心管。加入 100 μL 的 10% SDS 和 50 μL 的 5 mg/mL 的蛋白酶 K,再加 10 μL 的 RNA 酶,混匀,于 37℃温育 1 h～2 h。加入 300 μL 的 5 mol/L NaCl 充分混匀;再加入 240 μL CTAB/NaCl 溶液,混匀;于 65℃温育 15 min。加入等体积的酚/氯仿,混匀,10 000 r/min 离心 4 min～5 min。吸出上清移至另一新管中,加入等体积的酚/氯仿混匀,10 000 r/min 离心 5 min。吸出上清移至另一新管中,加入 0.6 体积异丙醇,轻摇混匀,15 000 r/min 4℃离心 10 min～15 min。弃上清,沉淀 DNA 用 1 mL 70%乙醇 10 000 r/min离心 2 min。弃上清,重复洗涤一次,干燥 2 min。加入 20 μL～30 μL 的 TE 缓冲液重悬,立即使用或－20℃冰箱冻存备用。

b)　试剂盒法。将采集的待检样品用市售 DNA 提取试剂盒进行虫体 DNA 的制备。制备的 DNA 加入 20 μL～30 μL 的 TE 缓冲液重悬,立即使用或－20℃冰箱冻存备用。

6.4.3　PCR 反应

6.4.3.1　PCR 反应模板

采用 6.4.2 制备的 DNA 作为模板 DNA。阴性对照为未进行过人工授精、未交配过和未进行过生殖系统检查的青年母牛生殖道黏液按 6.4.2 方法制备的 DNA;阳性对照为阴性对照采集的样品中加入胎儿三毛滴虫后按 6.4.2 方法制备的 DNA;空白对照为无菌去离子水。

6.4.3.2　PCR 反应体系

反应体为 25 μL,依次加入:引物 TFR1 和 TFR2 或引物 TFR3 和 TFR4 各 1.0 μmol/L;1×PCR 反应缓冲液;400 μmol/L dNTPs;1.5 mmol/L $MgCl_2$;2 U 热启动 Taq 聚合酶;5 μL 待检样品 DNA 溶液,用双蒸水补足体积至 25 μL。

6.4.3.3　PCR 扩增条件

95℃预热 10 min。94℃变性 30 s,67℃退火 30 s,72℃延伸 90 s,35 个循环,然后 72℃延伸 15 min。

6.4.3.4　PCR 产物电泳

取 PCR 产物 5 μL,在 1%琼脂糖凝胶中进行电泳,凝胶成像系统中观察结果(参见附录 C)。

6.4.3.5　质控标准

采用 TFR1/TFR2 引物扩增,阳性对照样品出现大小 372 bp 扩增条带,阴性对照和空白对照无任何扩增条带,说明试验成立。

采用 TFR3/TFR4 引物扩增,阳性对照样品出现大小 347 bp 扩增条带,阴性对照和空白对照无任何扩增条带,说明试验成立。

6.4.4　结果判定

试验成立的条件下,待检样品只要有一条 6.4.3.5 描述的特异性扩增条带判为 PCR 结果阳性,表述为检出胎儿三毛滴虫核酸。待检样品无特异性的扩增条带判为 PCR 结果阴性,表述为未检出胎儿三毛滴虫核酸。

7 综合判定

具有 6.3.3 阳性者,判为牛毛滴虫病阳性。

具有 6.3.3 阴性且具有 6.4.4 阳性者,需重新采样检测。重新检测 6.3.3 阳性,判牛毛滴虫病阳性;6.3.3 阴性且 6.4.4 阳性判为牛毛滴虫病阳性;6.3.3 阴性且 6.4.4 阴性,判为牛毛滴虫病阴性。

附 录 A
（规范性附录）
试 剂 配 制 方 法

A.1 姬姆萨染色液

A.1.1 成分

姬姆萨染料	0.5 g
甘油（中性）	25 mL
甲醇	25 mL

A.1.2 制法

将姬姆萨染料放入研钵中，先加入少量甘油，研磨至无颗粒为止；然后，再将全部甘油倒入，放 56℃
温箱中 2h 后，加入甲醇，将配制好的染液密封保存于棕色瓶内。使用时，在 1 份姬姆萨染色液中加入
19 份新制备的中性蒸馏水或 pH7.2 的 PBS 中配成工作液。

A.2 PBS(pH 7.2 0.01 mol/L)缓冲液

NaCl	8.5 g		
Na_2HPO_4	1.1 g 或 $Na_2HPO_4 \cdot 12H_2O$	4.77 g
$NaH_2PO_4 \cdot H_2O$	0.3 g 或 $NaH_2PO_4 \cdot 2H_2O$	0.34 g

加蒸馏水至 1 000 mL 溶解。

A.3 CTAB 抽提液

CTAB（十六烷基三乙基溴化铵）	2%(W/V)
Tris · Cl，pH 8.0	100 mmol/L
EDTA，pH 8.0	20 mmol/L
NaCl	1.4 mol/L

配制后于室温保存，可在几年内保持稳定。

A.4 CTAB/NaCl 溶液(10% CTAB/0.7 mol/L NaCl)

A.4.1 成分

NaCl	4.1 g
CTAB（十六烷基三乙基溴化铵）	10 g

A.4.2 制法

在 80 mL 蒸馏水中溶解 NaCl，缓慢加入 CTAB 同时加热并搅拌。如果需要，可加热至 65℃溶解。
定容终体积至 100 mL。

附 录 B
（资料性附录）
胎儿三毛滴虫的形态特征

胎儿三毛滴虫呈纺锤形、梨形。体长 8 μm～18 μm、宽 4 μm～9 μm，呈活泼的蛇形运动。虫体的鞭毛及波动膜运动时，才可察知其存在。活动的虫体不易看出鞭毛，运动减弱时可见鞭毛。

经姬姆萨染色液染色后的涂片中，虫体前半部有核，有一个不易观察到的胞质体和副基体。有鞭毛4 根，3 根向前游离，长短与体长相近；1 根向后沿波动膜向虫体后端延伸，并延伸出虫体后部成游离鞭毛。波动膜有 3 个～6 个弯曲。虫体中央有一条纵走的轴柱，起始于虫体前端，沿体中线向后延伸，其末端突出于体后端。虫体前端与波动膜相对的一侧有半月状胞口。

附　录　C
（资料性附录）
PCR 产物电泳例图

PCR 产物电泳结果见图 C.1。

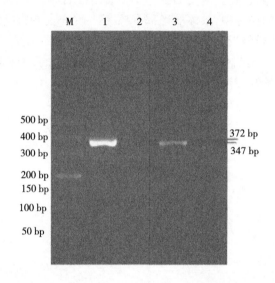

说明：

M——DL500marker；

1 ——引物 TFR1 和 TFR2 扩增的阳性条带；

2 ——引物 TFR1 和 TFR2 扩增的阴性条带；

3 ——TFR3 和 TFR4 扩增的阳性条带；

4 ——TFR3 和 TFR4 扩增的阴性条带。

图 C.1　PCR 产物电泳结果（产物大小对照）

ICS 11.220
B 41

中华人民共和国农业行业标准

NY/T 3072—2017

禽结核病诊断技术

Diagnostic techniques for avian tuberculosis

2017-06-12 发布 2017-10-01 实施

中华人民共和国农业部 发布

前　言

本标准按照 GB/T 1.1—2009 给出的规则起草。

本标准由农业部兽医局提出。

本标准由全国动物卫生标准化技术委员会(SAC/TC 181)归口。

本标准起草单位:中国兽医药品监察所。

本标准主要起草人:朱良全、丁家波、蒋卉、毛开荣、彭小薇、王楠、徐磊、张磊。

引　言

　　禽结核病(avian tuberculosis)是由禽分枝杆菌种禽型分枝杆菌亚种感染引起禽的一种慢性传染病。

　　该病呈世界性分布,多呈散发性。该病主要通过消化道和呼吸道感染,呈慢性经过,渐进性消瘦、贫血、鸡冠萎缩、跛行以及产蛋减少或停止。潜伏期2个月至1年,病禽因衰竭或肝破裂而突然死亡。无明显的季节性和地区性。该病主要特征是禽类肝、脾和肠道等组织器官形成肉芽肿和干酪样结节。一旦传入养禽场,则长期存在,很难根除。世界动物卫生组织将其列为非法定报告动物疫病,我国定为三类动物疫病。

　　本标准主要参考《动物结核病诊断技术》(GB/T 18645—2002)、《动物结核病检验检疫技术规范》(SN/T 1310—2011)、《中华人民共和国兽用生物制品规程(2000版)》、《中华人民共和国兽药典三部(2010年版)》、《OIE陆生动物手册(2014版)》中2.03.06章相关禽结核病内容及国内外发表的相关研究报告。

　　禽结核病诊断主要依赖于组织样品中禽分枝杆菌分离、皮内变态反应及PCR方法检测活禽分泌物或排泄物中IS901、IS1245、DnaJ等基因片段。关于禽结核分枝杆菌种,它可分为4个亚种,包括禽型分枝杆菌亚种(M. avium subsp. Avium)、人/猪型分枝杆菌亚种(M. avium subsp. Hominissuis)、林鸽型分枝杆菌亚种(M. avium subsp. Silvaticum)及副结核分枝杆菌亚种(M. avium subsp. Paratuberculosis)。其中,禽型分枝杆菌亚种主要引起禽结核病。而对于PCR方法,IS901基因片段主要用于检测与毒力有关的禽型分枝杆菌亚种及林鸽型分枝杆菌亚种;IS1245是禽结核分枝杆菌4个亚种中均含有的片段;而DanJ是能够感染多种动物及人的禽分枝杆菌复合体成员[含禽结核分枝杆菌种、人/猪型分枝杆菌亚种及禽胞内分枝杆菌种(M. intracellulare)]所含有的片段。

禽结核病诊断技术

1 范围

本标准规定了禽结核病临床诊断、病原分离与鉴定、病原核酸检测及免疫学检测的诊断技术方法和试验程序。

本标准适用于禽结核病的诊断、监测和检疫。

皮内变态反应不适用于野鸡、火鸡、水禽等其他禽类。

2 规范性引用文件

下列文件对于本文件的应用是必不可少的。凡是注日期的引用文件,仅注日期的版本适用于本文本。凡是不注日期的引用文件,其最新版本(包括所有的修改单)适用于本文件。

GB 19489 实验室 生物安全通用要求

3 缩略语

下列缩略语适用于本文件。

EDTA:乙二胺四乙酸(ethylene diamine tetraacetic acid)。

IU:国际单位(international units)。

PCR:聚合酶链式反应(polymerase chain reaction)。

PPD:提纯蛋白衍生物、提纯结核菌素(purified protein derivative)。

4 生物安全要求

在样品采集、样品处理、检测及废弃物处理过程中,应注意人员防护。其所涉及的实验操作,应按GB 19489 的有关规定执行。

5 临床诊断

5.1 临床症状

以病禽消瘦、贫血、受侵器官组织结核性结节等为主要特征。病禽表现胸肌萎缩、胸骨突出或变形,冠、肉髯苍白。如果关节和骨髓发生结核,可见关节肿大、跛行;肺结核病禽可见呼吸困难;肠结核可引起严重腹泻。

5.2 病理变化

5.2.1 特征性病变

在肠道、肝和脾上形成不规则的灰黄色或灰白色大小不等的结节,切开后可见结节外面有一层包膜,包有黄白色干酪样物;不同大小的结节,有时融合成一个大的结节,在外观上呈瘤样轮廓。

5.2.2 病理组织学检查

发病初期,结节中心为变质性炎症,其周围被渗出物浸润,结节的外围是淋巴样细胞、上皮样细胞和朗罕氏多核巨细胞。当病程进一步发展,中心形成干酪样坏死。

6 实验室诊断

6.1 细菌学检查

6.1.1 仪器与耗材

Ⅱ级生物安全柜、恒温培养箱（40℃～42℃）、冰箱（2℃～8℃，-20℃）、4℃离心机、生物显微镜、剪刀、镊子、载玻片、接种环、染色盒等。

6.1.2 试剂

6.1.2.1 除特别规定外,所用化学试剂均为分析纯。

6.1.2.2 4% H_2SO_4 溶液:配制方法见附录 A 中的 A.1。

6.1.2.3 5% NaOH 溶液:配制方法见 A.2。

6.1.2.4 5% HCl 溶液:配制方法见 A.3。

6.1.2.5 0.1%酚红指示剂:配制方法见 A.4。

6.1.2.6 甘油蛋白:配制方法见 A.5。

6.1.2.7 姜-尼氏(Ziehl-Neelsen)抗酸染色液:配制方法见 A.6。

6.1.2.8 配氏培养基:配制方法见 A.7。

6.1.3 试验方法及程序

6.1.3.1 病料的采集与样品处理

6.1.3.1.1 病料采集

尽量采集有结节病灶的病变组织。结节病灶常发生在家禽的肠道、脾和肝,有时亦可见于肺或卵巢。

6.1.3.1.2 样品处理

用剪刀与镊子无菌操作取病变组织,加入1:1(W/V)的生理盐水,经研磨或采用组织匀浆机匀浆,制成乳剂。如怀疑有污染,通常取组织病料乳剂 1 mL～2 mL,加入等量的 5% NaOH 溶液,充分振摇 5 min～10 min,或摇至液化为止,液化后经 3 000 g～4 000 g 离心 15 min～30 min,沉淀物加一滴酚红作指示剂,以 2 mol/L HCl 中和至淡红色后,做染色镜检、培养和动物试验。如无污染,可直接进行培养和动物试验。

6.1.3.2 染色镜检

6.1.3.2.1 直接染色镜检

对于病变典型的组织可采用涂片[见 6.1.3.2.2 中 c)]、染色并直接镜检[见 6.1.3.2.2 中 d)]。如病料为脓状或干酪状的结节病灶组织,常可检出众多的结核分枝杆菌。

6.1.3.2.2 细菌培养后染色镜检

对于病变非典型的组织,可将 6.1.3.1 中采集处理的病料接种到配氏培养基进行培养,待培养出菌落再镜检。其接种、培养、涂片、姜-尼氏(Ziehl-Neelsen)抗酸染色镜检程序如下:

a) 接种。被检标本经消化浓缩(浓缩方法见附录 B)或组织匀浆后吸取其液体混合物作为培养材料,直接接种到配氏培养基上(同时做 2 份～4 份)。

b) 培养。40℃～42℃培养 2 周～3 周。如为禽型结核分枝杆菌,则形成湿润、弥漫状、光滑及星状菌落。

c) 涂片。先在玻片上涂布一层薄甘油蛋白,然后吸取标本 1 滴～2 滴加其上,涂布均匀。如检验标本为含脂肪较多的材料,在涂片制成后,可再加 1 滴～2 滴二甲苯或乙醚覆盖于涂片之上(以完全覆盖涂片为准)。经摇动 1 min～2 min 脱脂后倾去,再滴加 95%酒精作用 1 min～2 min 以除去二甲苯,待酒精挥发后即可染色。

d) 姜-尼氏(Ziehl-Neelsen)抗酸染色镜检。处理过的被检材料涂片后,经火焰固定,加苯酚复红染色液覆盖,将玻片在火焰上加热至出现蒸汽(不能产生气泡),如此热染 5 min(如染色液干涸,须加适量染液补充,以保持湿润)。水洗(用自来水清洗染色面,清洗时滴瓶头不要直接对着染色面,而需要从侧面进行清洗未浸染的染料,防止将染色面洗掉。),然后滴加 3% 盐酸酒精脱色 30 s～60 s(至无色素脱下为止)。水洗后,以骆氏美蓝染色液复染 1 min。水洗(用自来水清洗染色面,清洗时滴瓶头不要直接对着染色面,而需要从侧面进行清洗未侵染的染料,防止将染色面洗掉。),吸干,镜检。

6.1.3.3 结果判定

禽结核分枝杆菌在显微镜下呈细长平直或微弯曲的杆菌,长 1.5 μm～5 μm,宽 0.2 μm～0.5 μm。在陈旧培养基上,偶尔可见长达 10 μm 或更长的菌体。禽结核分枝杆菌应不被盐酸酒精脱色而染成红色,其他非结核分枝杆菌可被盐酸酒精脱色而被染成蓝色。

6.2 多重 PCR

6.2.1 仪器与耗材

PCR 仪、电泳仪、电泳槽、凝胶成像系统、恒温水浴箱、台式冷冻离心机(离心力可达 15 000 g)、旋涡混匀器、冰箱(2℃～8℃、－20℃、－80℃)、微量可调移液器(10 μL、100 μL、1 000 μL)。

6.2.2 试剂

6.2.2.1 2×PCR 反应液

含 0.1 U Taq Polymerase/μL,dATP、dTTP、dCTP 和 dGTP 各 500 μmol/L,20 mmol/L Tris-HCl(pH 8.3),100 mmol/L KCl,3 mmol/L MgCl$_2$。也可采用等效商品化试剂。

6.2.2.2 柠檬酸钠-磷酸缓冲液

配制方法见附录 C 中的 C.1。

6.2.2.3 PCR 扩增基因名、引物序列及片段长度

见表 1。

表 1　PCR 扩增基因、引物序列及长度

基因名	引物序列 5′→3′	扩增片段长度,bp
DnaJ	GACTTCTACAAGGAGCTGGG	140
	GAGACCGCCTTGAATCGTTC	
IS1245	GAGTTGACCGCGTTCATCG	385
	CGTCGAGGAAGACATACGG	
IS901	GGATTGCTAACCACGTGGTG	577
	GCGAGTTGCTTGATGAGCG	

6.2.2.4 灭菌二次蒸馏水

6.2.2.5 DNA 标准 Marker(100 bp～1 kb)

6.2.2.6 电泳试剂

Goldview 或其他等效核酸染料,Tris-乙酸(TAE)电泳缓冲液,2% 琼脂糖凝胶(配制方法见 C.2)。

6.2.3 试验方法及程序

6.2.3.1 样品处理

6.2.3.1.1 采样及样品前处理

取适量肠道、肝或脾等病变组织样品(剔除脂肪、被膜),剪碎,按 1∶5(W/V)的比例加入柠檬酸钠-磷酸缓冲液(例:1 g 组织样品,加入 5 mL 缓冲液),充分研磨;加等量 4% NaOH 溶液,继续研磨5 min～10 min,使组织液化;移入离心管,充分振荡,75℃温浴 0.5 h～1 h;取上清液(避免吸取粗渣),15 000 g 离心 10 min,弃上清液。沉淀加入与上清等量的 0.01 mol/L pH 7.6 PBS,充分悬浮并振荡混匀,15 000 g 离心 10 min,弃上清液,重复本步骤 1 次;收集沉淀物,进行核酸提取,或置－20℃储存备用。

6.2.3.1.2 核酸提取

在上述已完成前处理的样品(沉淀物)中加入 50 μL～100 μL DNA 提取液[含 100 mmol/L Tris-HCl(pH 8.0),0.01% TritonX-100,200 μg/μL 蛋白酶 K;与可采用等效商品化试剂],充分振荡混匀。56℃温浴 30 min,98℃～100℃加热 10 min,瞬时离心。加等体积三氯甲烷,振荡混匀,12 000 g 离心 5 min。取上清液,直接用于 PCR 或储存于－80℃备用。

6.2.3.1.3 灭活菌液

取 6.1.3.2.2 中 b)项培养的疑似禽结核单菌落或一铂金耳菌苔移入含有 100 μL 生理盐水的灭菌 eppendorf 管中,80℃水浴灭活 2 h,待恢复至室温后直接使用。

6.2.3.2 PCR 反应体系

按表 2 示意图进行,取出 2×PCR 反应液及引物,在室温下融化,瞬时离心 5 s 后置冰浴。按需求配置 PCR 反应数量,需配制反应数量＝样品个数＋对照个数＋1。每个 PCR 反应加入 2×PCR 反应液 10 μL,DnaJ 引物(20 pmol/μL)、IS1245 引物(10 pmol/μL)、IS901(10 pmol/μL)各 1 μL,灭菌双蒸水 3 μL。将配制好的 PCR 反应混合液充分混匀,然后在每个 PCR 管中分装 19 μL。或采用其他等效商品化 PCR 反应试剂。其模板为 1 μL 样品的核酸或灭活菌液。阳性对照样品为禽分枝杆菌 CVCC68201,空白对照为二次蒸馏水(DDW)。

表 2 PCR 反应混合液配制

试剂	2×PCR 反应液	PCR 引物	模板 (核酸/灭活菌 液/二次蒸馏水)	二次蒸馏水
用量	10 μL	每种引物 1 μL	1 μL	3 μL

6.2.3.3 PCR 扩增

将 PCR 管放入 PCR 仪。反应条件设定:第一步,96℃ 2 min;第二步,96℃ 10 s,58℃ 10 s,72℃ 1 min,35 个循环;第三步,72℃ 2 min。

6.2.3.4 电泳观察

采用 2%琼脂糖凝胶,Goldview 或其他等效核酸染料。设 DNA 相对分子质量 Marker 对照,5 V/cm～8 V/cm 电泳 30 min,置紫外透射仪或凝胶成像系统仪上观察,拍照记录检测结果。

6.2.4 结果判定

6.2.4.1 实验成立的条件

DNA 标准 Marker 出现标准条带,空白对照无条带出现,阳性对照应有分子量相符的特异扩增产物(参见附录 D);否则,此次实验视为无效。

6.2.4.2 实验结果判定

符合 6.2.4.1 实验成立的结果,多重 PCR 检测的扩增条带呈现 577 bp(IS901 基因片段)、385 bp(IS1245 基因片段)和 140 bp(DnaJ 基因片段)3 条目的条带,则判为禽分枝杆菌阳性。

7 禽型结核分枝杆菌 PPD 皮内变态反应试验

7.1 器材及试剂

1 mL 针头(10 mm×0.5 mm)、禽型结核分枝杆菌 PPD 或其他商品化等效试剂。

7.2 试验方法及程序

用针头在肉髯处经皮内注射 0.1 mL(2 000 万 IU)禽型结核分枝杆菌 PPD,24 h 后观察结果。

7.3 结果判定

接种部位肉髯增厚、下垂,发热,呈弥漫性水肿者判为阳性反应;肿胀不明显者为疑似反应;无变化者为阴性反应。

8 诊断结果判定

8.1 符合第 5 章的规定,可判为疑似禽结核病;

8.2 符合以下三条件中任一条,可诊断为禽结核病:

  ——符合第 5 章的规定及 6.1 中特征性分枝杆状细菌染色及镜检结果;

  ——符合第 5 章的规定及符合第 7 章中皮内变态反应阳性结果;

  ——符合 6.2 中多重 PCR 扩增出 3 条典型带。

附　录　A
（规范性附录）
试　剂

A.1　4% H₂SO₄ 溶液配制方法

先取水 350 mL,然后取 98％的浓硫酸 10 mL(含 H_2SO_4 10×98％×1.84＝18.03 g),最后加水定容至 450 mL,即配制好的 H_2SO_4 溶液浓度为 18/450＝4％。

A.2　5% NaOH 溶液配制方法

称取 NaOH 5 g,溶于 100 mL 无菌去离子水中。

A.3　5% HCl 溶液配制方法

量取 37％的浓 HCl 105.6 mL,溶于 864.9 mL 无菌去离子水中。

A.4　0.1%酚红指示剂配制方法

A.4.1　成分

酚红	0.1 g
0.1 mol/L NaOH	15 mL
去离子水	85 mL

A.4.2　配制

称取 0.1 g 酚红置于研钵中,缓慢滴加 0.1 mol/L NaOH 溶液 15 mL,边加边磨,并不断吸出已溶解的酚红液,直至全部溶解。然后,加入 85 mL 双蒸水,颜色为深红,经粗滤纸过滤后使用,室温保存。

A.5　甘油蛋白配制方法

A.5.1　成分

鸡蛋白	20 mL
甘油	20 mL
水杨酸钠	0.4 g

A.5.2　配制

取 1 个～2 个鸡蛋,用自来水清洁蛋壳,并用 75％酒精消毒蛋壳表面后,打开气室处,弃蛋黄,取蛋白 20 mL,置于烧杯中;另取甘油 20 mL,称取水杨酸钠 0.4 g 于含有鸡蛋白烧杯中,充分搅拌混匀即可。

A.6　萋-尼氏(Ziehl-Neelsen)抗酸染色液配制方法

A.6.1　苯酚复红染色液

碱性复红饱和酒精溶液(每 100 mL 95％酒精加 3 g 碱性复红)10 mL,5％苯酚溶液 90 mL,二者混合后用滤纸滤过。

A.6.2　3%盐酸酒精脱色液

浓盐酸 3 mL,95％酒精 97 mL,混匀。

A.6.3 骆氏美蓝染色液

甲液:0.3 g 美蓝溶于 30 mL 95%酒精。

乙液:0.01% KOH 溶液 100 mL。

将甲乙两液相混合。

A.7 配氏(Petragnane)培养基配制方法

A.7.1 成分

新鲜脱脂牛奶 450 mL,马铃薯淀粉 18 g,天门冬素(或蛋白胨)2.6 g,去皮马铃薯 225 g,鸡蛋 15 个(弃去 3 个蛋清,即含蛋黄 15 个和蛋清 12 个),甘油 40 g,2%孔雀石绿水溶液 30 mL。

A.7.2 配制

将马铃薯去皮擦成丝,加入马铃薯淀粉、天门冬素(或蛋白胨)、脱脂牛奶置烧杯中水浴煮沸 40 min~60 min,并不时搅拌均匀,使成糊状。待冷却至 50℃时加入打碎的鸡蛋(蛋壳先用 75%酒精消毒洗净),混匀后用 4 层纱布过滤除渣。最后,加入甘油和孔雀石绿水溶液搅拌均匀,分装于灭菌的试管中。将分装培养基的试管置血清凝固器(或流通蒸汽锅)内,间歇灭菌 3 次,每天 1 次,第 1 d 65℃灭菌 30 min,第 2 d、第 3 d 75℃~80℃灭菌 30 min。

A.7.3 用途

分离培养结核分枝杆菌用。

附 录 B
（规范性附录）
标本消化浓缩法

B.1 H₂SO₄ 消化法

用 4% H_2SO_4 溶液和病灶组织等按质量比 5∶1 混合，然后置 37℃作用 1 h～2 h，经 3 000 g～4 000 g 离心 30 min，弃上清，取沉淀物涂片镜检、培养和接种动物。也可用 H_2SO_4 消化浓缩后，在沉淀物中加入 3% NaOH 中和，然后抹片镜检、培养和接种动物。

B.2 NaOH 消化法

B.2.1 取 NaOH 35 g～40 g、钾明矾 2 g。溴麝香草酚蓝 20 mg（预先用 60%酒精配制成 0.4%浓度，应用时按比例加入）、蒸馏水 1 000 mL 混合，即为 NaOH 消化液。

B.2.2 将被检病灶组织与 NaOH 消化液按量（W/V）之比约 1∶5 混合均匀后，37℃作用 2 h～3 h，然后无菌滴加 5%～10% HCl 溶液进行中和，调标本的 pH 到 6.8 左右（此时显淡黄绿色），以 3 000 g～4 000 g 离心 15 min～20 min，弃上清，取沉淀物涂片镜检、培养和接种动物。

B.2.3 在病料中加入等量（W/V）的 4% NaOH 溶液，充分摇荡 5 min～10 min，然后以 3 000 g 离心 15 min～20 min，弃上清，加一滴酚红指示剂于沉淀物中，用 2 mol/L 盐酸中和至淡红色，然后取沉淀物涂片镜检、培养和接种动物。

B.3 安替福民（antiformin）沉淀浓缩法

溶液 A：Na_2CO_3 12 g、漂白粉 8 g、蒸馏水 80 mL。
溶液 B：NaOH 15 g、蒸馏水 85 mL。
应用时，将 A、B 两液等量混合，再用蒸馏水稀释成 15%～20%后使用。该溶液应存放于棕色瓶内。
将被检样品置于试管中，加入 3 倍～4 倍量（W/V）的 15%～20%安替福民溶液，充分摇匀后 37℃作用 1 h，加 1 倍～2 倍量（V/V）的灭菌蒸馏水，摇匀，3 000 g～4 000 g 离心 20 min～30 min，弃上清，沉淀物加蒸馏水恢复原量后再离心一次，取沉淀物涂片镜检、培养和接种动物。

附 录 C

（规范性附录）

PCR 试验用缓冲液及凝胶

C.1 柠檬酸钠-磷酸缓冲液

C.1.1 先配制 pH 6.8 磷酸缓冲液：

A 液（0.2 mol/L NaH$_2$PO$_4$ 溶液）：称取 NaH$_2$PO$_4$ · 2H$_2$O 15.61 g，加二次蒸馏水溶解，定容至 500 mL。

B 液（0.2 mol/L Na$_2$HPO$_4$ 溶液）：称取 Na$_2$HPO$_4$ · 12H$_2$O 35.82 g，加二次蒸馏水溶解，定容至 500 mL。

C.1.2 分别量取 51 mL A 液、49 mL B 液，混合即成 100 mL pH 6.8 磷酸缓冲液。

C.1.3 称取 2.84 g Na$_3$C$_6$H$_5$O · 2H$_2$O，加入到 100 mL pH 6.8 磷酸缓冲液中，充分溶解。（121±2)℃/0.1 MPa 高压灭菌 15 min，储存于 4℃。

C.2 2% 琼脂糖凝胶

称取 2 g 琼脂糖粉，加入 100 mL 1×TAE 电泳缓冲液，加热溶解，冷却至 60℃，加 5 μL Goldview 或其他等效核酸染料，混匀。

附 录 D
（资料性附录）
PCR 图片及产物序列

D.1 多重 PCR 实验成立的图片

见图 D.1。

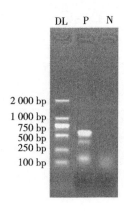

说明：

DL ——2 000 bp DNA Marker;

P ——阳性对照（禽分枝杆菌 C68201）；

N ——空白对照（DDW）。

图 D.1 多重 PCR 实验成立的图片

D.2 PCR 扩增产物序列

D.2.1 *DnaJ* 序列

GACTTCTACAAGGAGCTGGGCGTCTCCTCTGACGCCAGTCCCGAAGAGATCAAACGCGCCTA
CCGCAAGCTGGCGCGCGATCTACACCCGGATGCCAACCCCGACAATCCCGCCGCCGGCGAACGA
TTCAAGGCGGTCTC

D.2.2 *IS1245* 序列

GAGTTGACCGCGTTCATCGGGGCTTCTCCCCATGAGCGCACCGAGACCCGCTCCAATCAGCG
CAACGGCTCGCGTCCGCGCACGCTGTCCACGGTCGCAGGGGACCTGGAACTGCGGATTCCCAAG
CTGCGCACCGGGTCATTTTTCCCGGCGTTGTTGGAGCGGCGTCGCCGGGTCGATCAGTGCTTGTTC
GCGGTGGTGATGGAGGCCTACCTGCACGGCACCTCCACCCGCAAGGTCGACGATCTGGTCAAGG
CACTGGGTACCGATACCGGGATCTCCAAAAGCGAGGTCAGCCGGATCTGCAAAGACCTCGACAC
CGAGGTCGCGGCCTTCCGGGACCGGCCGTTGGGTGATCAGCGCTTTCCGTATGTCTTCCTCGACG

D.2.3 *IS901* 序列

GGATTGCTAACCACGTGGTGTGGGCGATCGATTTGACCTCGCCGCCGGCGGCGCTGCCGATCGCC
GTACTGCTGAGCGCGAAAGCCGAGGTGGTGTATGTGCCGGGCCGCACGGTTAACACGATGAGTC
ATGCGTTCCGCGGCGAAGGCAAGACCGACGCCAAAGACGCGCGGGTAATCGCCGAAACCGCTCG
GCACCGACGAGATCTGTCCCCGGTCGTACCCGGCGAAGACCTGGTTGCCGAATTGCGGTCGCTGA
CCGCATACCGGTCGGATCTGATGGCTGACTGGGTGCGAGGCGTGAACCGGCTGCGCTCGATGCT
CACCGCCATCTTCCCTGCTCTGGAAGCTGCGTTCGACTACTCCACCCGCGCGCCGTTGATCCTGGT
ATCCGCTATGTGCACTCCGGGCGAAATCCGGTCGGCAAAAAGAGCTGGCGTGATCAAGCACCTT
CGGAAAAACCGGGCATGGCCCAACAACATCGACACGATCGCCGACAAGGCGCTCGCCGCGGCAG
CAGGCCAGATAATCACCCTTCCCGGCGAAGCCGGAACCGCCGCGCTCATCAAGCAACTCGC

ICS 11.220
B 41

中华人民共和国农业行业标准

NY/T 3073—2017

家畜魏氏梭菌病诊断技术

Diagnostic techniques for *clostridium welchii* disease of livestock

2017-06-12 发布

2017-10-01 实施

中华人民共和国农业部 发布

前　言

本标准按照 GB/T 1.1—2009 给出的规则起草。

本标准由农业部兽医局提出。

本标准由全国动物卫生标准化技术委员会(SAC/TC 181)归口。

本标准起草单位:山东农业大学、中国动物卫生与流行病学中心、青岛康大集团公司。

本标准主要起草人:柴同杰、李卫华、郭梦娇、蔡玉梅、韦良孟、王海荣、马连营、李明勇、刘曼。

家畜魏氏梭菌病诊断技术

1 范围

本标准规定了家畜魏氏梭菌病的诊断技术。

本标准适用于家畜魏氏梭菌病的临床诊断、实验室诊断、检验检疫、监测及流行病学调查等。

2 临床诊断

2.1 牛魏氏梭菌病

2.1.1 牛魏氏梭菌病主要由 D 型、E 型产气荚膜梭菌感染引起。

2.1.2 不同年龄、不同品种的牛（黄牛、奶牛、水牛等）均可感染发病,且四季均可发生。发病黄牛、犊牛多为体格强壮、膘情较好者,奶牛多为高产牛。病程长短不一,短则数分钟至数小时,长则 3 d～4 d 或更长;有的呈跳跃式发生。

2.1.3 临床表现为突然不安、呼吸困难。最急性型病例无任何前驱症状,倒地死亡,有的在使役中或使役后突然死亡。

2.1.4 急性型病牛体温升高或正常,呼吸急促,精神沉郁或狂躁不安,全身肌肉震颤、抽搐,行走不稳,口流白沫,最后倒地而死。

2.1.5 亚急性型呈阵发性不安,发作时两耳竖直,两眼圆睁,表现出高度的精神紧张,后转为安静,如此周期性反复发作,最终死亡。

2.1.6 急性和亚急性病牛有的发生腹泻,肛门排出含有多量黏液、色呈酱红色并带有血腥异臭的粪便,有的排粪呈喷射状水样。

2.1.7 病理变化以全身实质器官出血和小肠出血为主要特征,肠道臌气。

2.2 羊魏氏梭菌病

2.2.1 羊魏氏梭菌病主要由 D 型、B 型产气荚膜梭菌感染引起。

2.2.2 不同品种（小尾寒羊、黑山羊、奶山羊、绵羊、卡拉库尔羊等）、不同年龄的羊均可感染发病,一年四季均可发生,但以春秋多发,尤其是天气骤变、气温突然下降时。

2.2.3 一般都是急性发作,病羊磨牙流涎,排带黏液粪便,有的为黏液性黑色混血稀粪。死后不久,腹部迅速膨大,口鼻常有白色或带血泡沫流出。

2.2.4 病理变化为整个肠道黏膜充血,特别是小肠充血、出血、黏膜脱落;胃黏膜脱落,有出血性炎症;肾变软（肾糜烂）,稍加触压即溃烂,水冲洗后,肾表面呈绒毛状。

2.3 猪魏氏梭菌病

2.3.1 猪魏氏梭菌病主要由 A 型、C 型产气荚膜梭菌感染引起,称猪梭菌性肠炎、猪传染性坏死性肠炎、仔猪红痢等。

2.3.2 该病病程短,死亡快,死亡率高,一旦流行会导致大批仔猪死亡,但年龄稍大的猪造成死亡的少见。

2.3.3 主要临床症状为腹泻、粪便呈红褐色,粪便有腥臭味。

2.3.4 病理变化为肠黏膜及黏膜下层广泛出血,肠壁呈深红色、部分肠段臌气。肠壁变得薄而透明,空肠与回肠充满胶冻状液体。盲肠内有稀粪且有恶臭气体,胃黏膜脱落。

2.4 家兔魏氏梭菌病

2.4.1 家兔魏氏梭菌病主要由 A 型产气荚膜梭菌感染引起。

2.4.2 一年四季均可发生,但春季和由秋向冬季转变过程中、气温骤降时多发。各种年龄均可发病,断奶幼兔发病率与死亡率较高。病兔在水泻的当天或次日即死亡,多为急性死亡。

2.4.3 以急性腹泻,排黑色水样或带血胶冻样粪便。肛门周围、后肢及尾部被毛被稀粪污染。抓起病兔摇晃躯体有泼水音。

2.4.4 病理变化为胃底黏膜脱落,并有大小不等的黑色溃疡,肠黏膜呈弥漫性充血或出血,小肠充有气体,肠壁变薄,盲肠和结肠内充满气体和黑绿色稀粪便,有腐败臭味,膀胱积有茶色尿液。

2.5 结果判定

根据动物表现出的上述临床症状和病理变化,可判定为疑似魏氏梭菌病。

3 产气荚膜梭菌的分离、鉴定

3.1 仪器、材料准备

3.1.1 仪器

光学显微镜、超净工作台、高压灭菌锅和厌氧培养箱。

3.1.2 培养基和试剂

胰胨—亚硫酸盐—环丝氨酸琼脂基础培养基(配制方法见附录 A 中的 A.1)、血琼脂平板(配制方法见 A.2)、增菌培养基(配制方法见 A.3)、鲜牛乳、生化鉴定试剂、革兰氏染色液。

3.2 涂片、镜检

采取清洁玻片在病死畜禽肠道病变部位黏膜进行组织触片,革兰氏染色、镜检。观察到视野中革兰氏染色反应阳性,一般是直径 0.8 μm~1.5 μm、长 5 μm~17 μm 的蓝紫色的细菌。

3.3 样品采集

无菌采集病死家畜的肠内容物或粪便 5 g,加入到 45 mL 灭菌营养肉汤培养基中增菌,在厌氧环境(适宜比例的 N_2、H_2、CO_2)43℃培养 24 h。

3.4 细菌分离培养

接种环取 3 环~5 环,接种在胰胨—亚硫酸盐—环丝氨酸琼脂基础(TSC)上,43℃厌氧培养 24 h。观察菌落形态,将黑色可疑菌落再接种到血琼脂平板上(血琼脂基础+5%公绵羊血+1%葡萄糖),43℃厌氧培养 24 h 分离培养。血琼脂平板上菌落直径 1 mm~2 mm、双溶血环,平板从培养箱取出后,有异臭味,菌落颜色由灰褐变为绿色。

3.5 产气荚膜梭菌纯培养

挑取疑似菌落,涂片镜检。再对疑似菌落纯分离培养,得到纯分离株。

3.6 生化鉴定

对葡萄糖、麦芽糖、蔗糖、果糖、乳糖、木糖、甘露醇、水杨苷、吲哚试验、H_2S 试验、MR、还原性硝酸盐试验、明胶液化进行试验。把分离株菌液加入生化反应发酵管中,厌氧培养 24 h,观察生化试验结果。

3.7 牛乳培养基进行暴烈发酵试验

该菌能使牛奶培养基"暴烈发酵"。

3.8 结果判定

TSC 培养基上可疑菌落为黑(玄)色;血平板上可疑菌落双溶血环,平板从培养箱取出后,菌落颜色由灰褐变为绿色。生化反应是葡萄糖+、麦芽糖+、蔗糖+、果糖-、乳糖+、木糖-、甘露醇-、水杨苷-、吲哚试验-、H_2S 试验+、MR+、还原性硝酸盐试验+、明胶液化+,以及牛奶培养基"暴烈发酵"的分离株可判定为产气荚膜梭菌。

4 产气荚膜梭菌毒素基因的 PCR 检测

4.1 材料准备

4.1.1 仪器

厌氧培养箱、超净工作台、PCR 仪、电泳仪、凝胶成像仪、数显恒温水浴锅、振荡器、离心机、高压灭菌锅。

4.1.2 培养基和试剂

血琼脂平板、增菌培养基、*Taq* 酶、DNA 模板、dNTPs、双蒸水。

4.2 引物

根据产气荚膜梭菌 4 种主要毒素基因序列和国内外公开发表的引物序列合成通用引物(见表 1)。

表 1 引物序列

基因,bp	上游引物(5′-3′)	下游引物(5′-3′)
α(alpha)cpa(325)	GCTAATGTTACTGCCGTTGA	CCTCTGATACATCGTGTAAG
β(beta)cpb(196)	GCGAATATGCTGAATCATCTA	GCAGGAACATTAGTATATCTTC
ε(epsilon)etx(656)	GCGGTGATATCCATCTATTC	CCACTTACTTGTCCTACTAAC
τ(iota)iap(446)	ACTACTCTCAGACAAGACAG	CTTTCCTTCTATTACTATACG

4.3 DNA 模板的制备

4.3.1 增菌

将第 3 章分离鉴定的产气荚膜梭菌接种于营养肉汤培养基中,43℃厌氧培养 12 h。

4.3.2 模板制备

取增菌培养物于 1 mL 离心管中,8 000 g 离心 1.5 min～2 min,弃去上清,加入 100 μL TE(配制方法见附录 B 中的 B.1)混匀作为模板。

4.4 PCR 反应体系(25 μL)

4.4.1 PCR 反应体系

10×*Taq* buffer(含 Mg^{2+})	2.5 μL
dNTPs	2.5 μL
上游和下游引物(10 pmol/μL)	各 1 μL
模板	2 μL
无菌双蒸水	15.75 μL
Taq DNA 聚合酶	0.25 μL

4.4.2 对照

同时设立阳性对照、阴性对照和空白对照,用 B 型(NCTC 8533)、E 型(NCTC 8084)产气荚膜梭菌标准菌株的菌体做阳性对照,用大肠杆菌标准菌株的菌体做阴性对照,用无菌双蒸水做空白对照。

4.5 PCR 反应

94℃变性 5 min,然后 30 个循环,分别为:94℃变性 30 s;53℃退火 30 s;72℃延伸 1 min。最后 72℃延伸 10 min,4℃保存。

4.6 电泳

用 TAE(配制方法见 B.2)制备 1%琼脂糖凝胶,加样 6 μL～8 μL,在电压 80 V～100 V、电流 40 mA 下进行电泳 30 min～40 min。

4.7 结果判定

用凝胶成像仪观察扩增条带,在阴性对照和空白对照泳道无条带,阳性对照泳道出现 α325 bp、β196

bp、ε656 bp、τ446 bp 的清晰条带的条件下,根据阳性条带大小判断样品阳性或者阴性(参见附录C)。

5 产气荚膜梭菌毒素型的 ELISA 鉴定

5.1 仪器、材料准备

5.1.1 仪器

酶标仪、恒温水浴锅、高压灭菌锅、超净工作台、厌氧培养箱、恒温箱、96 孔高吸附性酶标板、洗瓶或者洗板机。

5.1.2 培养基和试剂

血琼脂平板、增菌培养基、产毒培养基(配制方法见 A.4)、抗 C-酶标抗体、抗 D-酶标抗体、包被液(配制方法见附录 D 中的 D.1)、PBS(配制方法见 D.2)、PBST(配制方法见 D.3)、封闭液(配制方法见 D.4)、酶标抗体稀释液(配制方法见 D.5)、底物显色液(配制方法见 D.6)、终止液(配制方法见 D.7)。

5.2 毒素的制取

5.2.1 检测样品毒素

5.2.1.1 复苏

将第 3 章分离鉴定的产气荚膜梭菌接种于血琼脂平板上,43℃厌氧培养 24 h。

5.2.1.2 产生毒素

在增菌培养基中增菌 12 h。每个样品取 1 mL 肉汤培养物加入到 9 mL 产毒培养基中,43℃厌氧、振荡培养 4 h。培养物产生产气荚膜梭菌毒素。

5.2.1.3 毒素制备

培养物用 4℃、3 800 g,15 min 离心。上清液借助于孔径为 0.22 μm 的注射器微滤膜过滤,—20℃的低温冰箱保存。

5.2.2 对照

参考菌种 C 型(Weybridge NCTC 3180)和 D 型(Weybridge NCTC 8504)分别作为阴性对照和阳性对照,毒素制备与每一批样品同时进行。

5.3 抗毒素抗体

采用标准抗产气荚膜梭菌 C 型(β)—血清和抗产气荚膜梭菌 D 型(ε)—血清(标准血清),用于包被微量反应板和进行样品异系、全部中和。最高稀释倍数应分别为 1∶5 000 和 1∶10 000。阳性标准血清的吸光度平均值大于或等于 1.5 时,样品的最高稀释浓度为最适工作浓度。

5.4 ELISA 检测毒素

5.4.1 包被抗体

将适量稀释的标准血清加入到抗 C-板和抗 D-板(微量反应板)孔中。在 37℃温浴 3 h(或 4℃～8℃静置 12 h)。

5.4.2 冲洗

抗 C-板和抗 D-板包被液甩掉,用 PBST 缓冲液再加满,重复 5 次,然后在纤维纸上轻扣,将孔隙中剩余水洗液彻底除掉。

5.4.3 封闭

每孔 200 μL 封闭液,37℃温浴 3 h(或 4℃～8℃静置 12 h),封闭后的微量反应板可在—20℃下长时间保存。

5.4.4 样品稀释

用 PBS 将毒素稀释为 2.0%～2.5%(16 μL 样品+784 μLPBS 或 20 μL 样品+780 μL PBS)。

5.4.5 样品中和

用抗 C-血清和抗 D-血清包被的反应板的 A＋B 孔各加入 100 μL 样品稀释液(5.4.4)(每个样品稀释液总量为 800 μL)。将每个样品稀释液剩余的 600 μL(用于抗 C-板的)加入抗 D-血清(异系中和),再各取 100 μL 分别加入 C＋D 孔中。其次 400 μL 加 8 μL 抗 C 血清(同系或全部中和),同样各取 100 μL 加入 E＋F 孔中。用于抗 D-血清板的每个样品毒素的异系中和及同系中和分别采用 9 μL 抗 C-血清和 4 μL 抗 D-血清,其他步骤同抗 C-板。20 s 振摇(250 次/min)后用铝纸罩好,在室温下 1 h 放置,然后同上水洗。

5.4.6 加酶标抗体

抗 C-板与抗 D-板分别加入稀释的(1∶400)抗 C-酶标抗体与抗 D-酶标抗体。酶标抗体须在使用前 30 min 稀释配制。两个反应板 30 s 振摇,1 h 室温下放置,然后同上水洗。

5.4.7 加底物

每孔加 100 μL 底物显色液,室温下反应 35 min。

5.4.8 终止

每孔加 50 μL 终止液终止反应。

5.4.9 读板

使用酶联免疫检测仪测定各孔在 405 nm 处的 OD 值。在同一板上同时设有标准阳性对照和标准阴性对照。反应板在测量前再一次振摇。

5.4.10 评定

输入相应软件的计算机与酶联免疫检测仪相连,自动对每个菌株测试结果(阳性、阴性或可疑)做出判断。根据阳性对照和阴性对照的 OD 平均值来计算,首先是标准 C、D 菌株在抗 C-板和抗 D-板阳性值。

异系中和(C＋D)/2 OD 值－全部中和(E＋F)/2 OD 值＝毒素 OD 值。超过"cut-off"10％的值作为阳性,低于"cut-off"10％的为阴性。在其之间是可疑,这样的菌株从毒素制取到 ELISA 必须重做。

抗 C-板中 C 型(Weybridge NCTC 3180)为阳性(＋)、D 型(Weybridge NCTC 8504)为阴性(－),抗 D-板中 C 型(Weybridge NCTC 3180)为阴性(－)、D 型(Weybridge NCTC 8504)为阳性(＋),该试验成立。

5.5 结果判定

见表 2。

表 2 产气荚膜梭菌毒素型的判断

抗 C-板	抗 D-板	型别
＋	＋	B
＋	－	C
－	＋	D
－	－	A

6 疑似患病动物的肠内容物及血清中产气荚膜梭菌 α 毒素的 ELISA 检测方法

6.1 材料准备

6.1.1 仪器

酶标仪、恒温水浴锅、高压灭菌锅、超净工作台、厌氧培养箱、恒温箱、96 孔高吸附性酶标板、洗瓶或洗板机。

6.1.2 材料

抗 α 毒素多克隆抗体(制备方法见附录 E 中的 E.1)、抗 α 毒素单克隆抗体(制备方法见 E.2)。

6.1.3 样品处理

NY/T 3073—2017

无菌取病变明显动物的肠内容物,用灭菌生理盐水进行 1∶1 稀释后,4℃、3 000 g,离心 30 min,取上清液,再以 4℃、8 000 g,离心 15 min,取上清。

无菌取疑似患病动物的血液,3 000 g 经过 4℃,15 min 离心,取上清。

6.2 双抗体夹心 ELISA 的基本操作程序

6.2.1 包被抗体

用 0.1 mol/L 碳酸盐缓冲液稀释纯化的多抗 3 μL/mL 包被酶标板,100 μL/孔 4℃过夜。

6.2.2 冲洗

PBST 洗 3 次,每次 4 min。

6.2.3 封闭

每孔 200 μL 封闭液,4℃封闭过夜。

6.2.4 加入样品

PBST 洗 3 次,每次 4 min,加入待检样品,并设阴性对照、阳性对照和空白对照,37℃孵育 1 h 后,PBST 洗板。

6.2.5 单克隆抗体加入

每孔加入 3 μg/mL 单抗 100 μL,37℃反应 1 h,PBST 洗板。

6.2.6 二抗加入

1∶10 000 的酶标羊抗鼠二抗,37℃孵育 1 h,PBST 洗板。

6.2.7 显色

每孔加入 50 μL TMB 底物显色液,37℃避光显色 15 min。

6.2.8 终止

加入终止液终止反应,测定 $OD_{450 nm}$。

6.3 结果判定

阴性对照 $OD_{450 nm}$ 为 0.129～0.163;

阳性对照 $OD_{450 nm}$ 为 0.197～1.40;

样品检测 $OD_{450 nm}$ 范围为 0.120～1.40,该试验成立。

检测阴性对照样品计算平均值 X 和标准差 SD,求得 $X+3SD$ 和 $X+2SD$ 作为阴性、阳性的临界值。$OD_{450 nm}$ 介于 $X+3SD$ 和 $X+2SD$ 之间为可疑样品。

7 产气荚膜梭菌 α 毒素的胶体金试剂条检测方法

7.1 仪器材料准备

7.1.1 仪器

超净工作台、高压灭菌锅、离心机。

7.1.2 材料

产气荚膜梭菌 α 毒素金标试纸条(制备方法见附录 F)。

7.2 检测方法

取病变明显的死亡动物的回肠内容物,用灭菌生理盐水进行 1∶1 稀释后,4℃、3 000 g,离心 30 min 取上清液,再以 4℃、8 000 g,离心 15 min,取上清液 100 μL,将试纸条样品垫插入其中,液面不浸过金标垫。取出后水平放置,10 min 后观测结果。

7.3 结果判定

阴性对照检测线处不出现红色条带,质控线处出现红色条带的条件下,该试验成立。

样品中存在 α 毒素,检测线处产生红色的条带,质控线处同样出现红色条带,判定为阳性结果;如果

被检样品中不含有 α 毒素,则检测线处不出现红色条带,只在质控线处出现红色条带,判定为阴性结果。

8 综合判定

在 2.5、3.8 和 4.7 阳性结果的基础上,加上 6.3 或 7.3 中任何一项阳性者,均判定为魏氏梭菌病。其诊断适用范围见附录 G。采用相关疫苗免疫接种的家畜发病,应综合分析原因。

附 录 A

（规范性附录）

培 养 基 的 配 制

A.1 TSC平板

TSC培养基	47.0 g
0.5% D-环丝氨酸溶液	80 mL

TSC培养基加热溶解于1 000 mL蒸馏水中,121℃高压灭菌15 min。冷至50℃时,加入过滤除菌的0.5% D-环丝氨酸溶液80 mL,倾倒平皿。

A.2 血琼脂平板

血琼脂基础培养基40.0 g、葡萄糖10 g,加热溶解于1 000 mL蒸馏水中,116℃、30 min灭菌,冷至45℃~50℃时,加入5%的无菌脱纤维公绵羊血,混匀,倾入无菌平皿。

A.3 增菌培养基

营养肉汤培养基33.0 g,溶解于1 000 mL蒸馏水中,116℃、30 min灭菌。

A.4 产毒培养基

蛋白胨	20 g
L-精氨酸	12 g
酵母浸粉	20 g
糊精	10 g

加热溶解于1 000 mL PBS缓冲液中,调整pH为7.4后,116℃、30 min灭菌。

附　录　B

（规范性附录）

PCR 反应溶液的配制

B.1　TE 缓冲液(pH 7.6)配制

Tris 碱	6.06 g(0.05 mol/L)
$Na_2EDTA \cdot 2H_2O$	0.37 g(1 mol/L)
NaCl	8.77 g(0.151 mol/L)
双蒸水	930 mL

待上述混合物完全溶解后,加双蒸水至 1 L,用 1 mol/L HCl 滴定至 pH 7.6,置室温保存。

B.2　TAE 电泳缓冲液(pH 约 8.5)的配制

50×TAE 电泳缓冲储存液:

三羟甲基氨基甲烷(Tris 碱)	242 g
乙二胺四乙酸二钠(Na_2EDTA)	37.2 g
双蒸水	800 mL

待上述混合物完全溶解后,加入 57.1 mL 的醋酸充分搅拌溶解,加双蒸水至 1 L 后,置室温保存。
应用前,用双蒸水将 50×TAE 电泳缓冲液 50 倍稀释。

附　录　C
（资料性附录）
PCR 检测鉴定结果

毒素基因 PCR 检测结果见图 C.1。

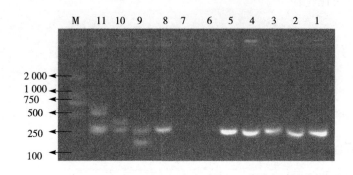

说明：

M——2 000Marker；

1 ——A 型标准株 NCTC 528(α)；

2 ——分离株 1；

3 ——分离株 2；

4 ——分离株 3；

5 ——分离株 4；

6 ——空白对照；

7 ——阴性对照；

8 ——A 型阳性对照(α)；

9 ——C 型阳性对照(α、β)；

10——E 型阳性对照(α、τ)；

11——D 型阳性对照(α、ε)。

图 C.1　毒素基因 PCR 检测结果

附　录　D

（规范性附录）

酶联免疫吸附试验溶液的配制

D. 1　包被液（碳酸盐缓冲液，pH 9. 6）

Na_2CO_3 1. 59 g

$NaHCO_3$ 2. 93 g

ddH_2O 加至 1 000 mL。

D. 2　PBS（磷酸盐缓冲液，pH 7. 4）

NaCl   8 g

KCl   0. 2 g

$Na_2HPO_4 \cdot 12H_2O$ 3. 58 g

KH_2PO_4 0. 27 g

ddH_2O 加至 1 000 mL，调 pH 为 7. 4。

D. 3　PBST（磷酸盐缓冲液-吐温，pH 7. 4）

NaCl   8 g

KCl   0. 2 g

$Na_2HPO_4 \cdot 12H_2O$ 3. 58 g

KH_2PO_4 0. 27 g

Tween - 20   0. 5 mL

ddH_2O 加至 1 000 mL，调 pH 为 7. 4。

D. 4　封闭液

含 5％脱脂奶粉的"D. 3"液。

D. 5　酶标抗体稀释液

含 1％小牛血清的"D. 3"液。

D. 6　底物显色液

D. 6. 1　底物缓冲液

0. 2 mol/L Na_2HPO_4 25. 7 mL

0. 1 mol/L 柠檬酸   24. 3 mL

加 ddH_2O 50 mL 补充至 100 mL。

D. 6. 2　TMB 工作液

TMB（1 mg/mL）   1 mL

底物缓冲液   9 mL

30％H_2O_2 10 μL。

D. 7 终止液(2 mol/L H_2SO_4)

量取108.7 mL 的浓硫酸,缓慢加入到600 mL 的去离子水中,不断地搅拌,冷却至室温时,加入去离子水补充至1 L。

附 录 E
（规范性附录）
酶联免疫吸附试验单抗和多抗的制备

E.1 抗 α 毒素多克隆抗体制备

自动液相色谱分离层析仪提纯 α 毒素蛋白，取 2 mL 与等量弗氏完全佐剂乳化，1 mg/ 只颈背部皮下多点注射免疫 2 kg～3 kg 的新西兰大白兔。间隔 2 周后二免，注射剂量与方法同上。2 周后，同种方法进行三免。三免后 2 周用无佐剂抗原加强免疫，15 d 后心脏采血获得血清，饱和硫酸铵沉淀法纯化获得的多克隆抗体。

E.2 抗 α 毒素单克隆抗体制备

提纯 α 毒素蛋白，与等体积弗氏完全佐剂完全乳化后，100 μg/ 只腹腔注射进行三次免疫 6 周龄～8 周龄与骨髓瘤细胞 SP2/0 同源的雌性 BALB/c 小鼠。三免后 2 周，小鼠尾部采血利用间接 ELISA 检测血清抗体效价，3 周后腹腔注射不加佐剂的重组 α 毒素蛋白作为加强免疫，3 d～5 d 取效价最高小鼠脾细胞与生长状态良好的骨髓瘤细胞 SP2/0 利用 PEG1500 进行化学法融合，将阳性单克隆细胞株扩大培养注入弗氏完全佐剂提前致敏的小鼠腹腔，制备单克隆抗体腹水，经正辛酸—硫酸铵方法纯化得到抗 α 毒素单克隆抗体。

附　录　F
（规范性附录）
产气荚膜梭菌 α 毒素金标抗体及试纸条的制备

F.1　胶体金标记物的制备

按柠檬酸三钠还原法制备胶体金溶液。将 98 mL 双蒸水加热至 65℃，磁力搅拌下准确加入新鲜制备的 1% 的氯金酸水溶液 1 mL，继续加热至 95℃，迅速加入 1% 檬酸三钠水溶液 1 mL，不断搅拌煮沸 15 min，待溶液颜色由黑—蓝—紫变成酒红色时，停止加热，冷却至室温，4℃保存备用。

F.2　金标抗体的制备及喷涂

分别取相应量的胶体金和产气荚膜梭菌 α 毒素多克隆抗体，在不停搅拌条件下将胶体金溶液和抗体混合，10 min 后再加 100 g/L 的 BSA 使其最终质量浓度为 10 g/L，4℃封闭 30 min，12 000 g 离心 30 min。仔细吸除上清液，沉淀物用含 10 g/L BSA 的 0.01 mol/L pH 7.2 的 PBS 溶液重悬至原体积，重复离心 1 次，最后用 PBS 将沉淀物混悬为原体积的 1/10，4℃避光保存。裁取 10 mm×4 mm 的玻璃纤维，取 1 mL 的金标抗体喷涂于玻璃纤维上，37℃干燥 1 h。

附 录 G
（规范性附录）
诊断适用范围

魏氏梭菌病诊断的适用范围见表 G.1。

表 G.1 魏氏梭菌病诊断的适用范围

现场诊断	实验室诊断	细菌毒素型的鉴定
2 临床诊断	3 产气荚膜梭菌分离、鉴定	
6 产气荚膜梭菌 α 毒素的 ELISA 检测方法	4 产气荚膜梭菌毒素基因的 PCR 检测	5 产气荚膜梭菌毒素型的 ELISA 鉴定
7 胶体金产气荚膜梭菌 α 毒素的胶体金试剂条检测方法	6 产气荚膜梭菌 α 毒素的 ELISA 检测方法	

ICS 11.220
B 41

中华人民共和国农业行业标准

NY/T 3074—2017

牛流行热诊断技术

Diagnostic techniques for bovine ephemeral fever

2017-06-12 发布 2017-10-01 实施

中华人民共和国农业部 发布

前　言

本标准按照 GB/T 1.1—2009 给出的规则起草。

本标准由农业部兽医局提出。

本标准由全国动物卫生标准化技术委员会(SAC/TC 181)归口。

本标准起草单位:中国农业科学院兰州兽医研究所。

本标准主要起草人:郑福英、殷宏、刘永生、宫晓炜、陈启伟、高闪电。

引　言

　　本文件的发布机构提请注意,声明符合本文件时,可能涉及附录 B 与《牛流行热病毒间接 ELISA 抗体检测试剂盒及其制备方法》相关的专利的使用。

　　本文件的发布机构对于该专利的真实性、有效性和范围无任何立场。

　　该专利持有人已向本文件的发布机构保证,他愿意同任何申请人在合理且无歧视的条款和条件下,就专利授权许可进行谈判。该专利持有人的声明已在本文件的发布机构备案。相关信息可以通过以下联系方式获得:

　　专利持有人姓名:殷宏、郑福英、刘志杰、陈泽、王积栋、李志、杨吉飞、高闪电

　　地址:甘肃省兰州市城关区盐场堡徐家坪 1 号

　　请注意除上述专利外,本文件的某些内容仍可能涉及专利。本文件的发布机构不承担识别这些专利的责任。

　　按 NY/T 543—2002《牛流行热微量中和试验》中规定的方法进行试验,可对牛流行热病毒血清抗体进行定性和定量检测。本标准中的间接 ELISA 方法仅可对牛流行热病毒血清抗体进行定性检测,而不能进行定量检测。因此,本标准中的间接 ELISA 方法不替代 NY/T 543—2002,两种技术可同时应用。

牛流行热诊断技术

1 范围

本标准规定了牛流行热的临床诊断和实验室诊断的技术要求。

本标准适用于牛流行热的诊断。

2 规范性引用文件

下列文件对于本文件的应用是必不可少的。凡是注日期的引用文件,仅注日期的版本适用于本文件。凡是不注日期的引用文件,其最新版本(包括所有的修改单)适用于本文件。

GB 19489　实验室　生物安全通用要求

NY/T 543—2002　牛流行热微量中和试验方法

3 生物安全措施

进行牛流行热实验室诊断时,如病毒分离、血清处理等,按照 GB 19489 的规定执行。

4 临床诊断

4.1 流行特点

4.1.1　以 3 岁～5 岁壮年牛多发,奶牛、黄牛易感性最强。

4.1.2　通过媒介昆虫叮咬呈病毒血症的病牛,再叮咬易感牛传播扩散,多发生于夏末秋初蚊虫活跃的多雨季节。

4.1.3　呈跳跃式传播,疫区与疫区之间交叉存在无病的清洁区。

4.1.4　有一定的周期性,间隔时间为 1 年～7 年不等。

4.1.5　发病率高、死亡率低,在没有继发感染的情况下病牛多为良性经过。

4.2 临床症状

4.2.1　病牛表现为突发高热,体温高达 39.5℃～42.5℃,持续 2 d～3 d。

4.2.2　病牛流泪、畏光,眼结膜充血;有鼻炎性分泌物;口腔发炎、流涎;呼吸急促、困难。

4.2.3　高热期病牛食欲废绝,反刍停止,瘤胃臌胀、蠕动停止,便秘或腹泻。

4.2.4　妊娠母牛可发生流产、死胎。

4.2.5　乳牛的产乳量明显降低,甚至停止。

4.3 剖检病变

4.3.1　主要病变在肺部,急性死亡的病例可见有明显的肺间质气肿,有些病例可见肺充血与水肿。

4.3.2　淋巴结充血、肿胀;真胃、小肠和盲肠呈卡他性炎症和渗出性出血。

4.4 结果判定

符合 4.1 流行特点,病牛出现 4.2 临床症状和 4.3 剖检病变,判为疑似牛流行热。

5 实验室诊断

5.1 样品采集与储存

5.1.1 样品的采集

选择处于发热期(体温 39.5℃~42.5℃)的活畜采集样品,从其颈静脉无菌采集 2 管肝素抗凝血,每管 5 mL~6 mL;另外,再采集 5 mL~6 mL 血液收集到血清管中,用于分离血清。

5.1.2　样品的储存

5.1.2.1　样品采集后,置于冰上冷藏送至实验室。

5.1.2.2　2 管肝素抗凝血,1 管置于 4℃冷藏,另外 1 管冻存于−80℃。

5.1.2.3　将血清管稍倾斜放于 37℃温箱内,保温 2 h;然后,3 000 r/min 离心 10 min。吸取血清,转移到另外的无菌 1.5 mL 离心管中,冻存于−20℃。

5.2　器械与设备

组织破碎仪、低温高速离心机、PCR 热循环仪、核酸电泳仪和电泳槽、全自动凝胶成像系统、恒温培养箱、洗瓶或者洗板机、酶标仪。

5.3　牛流行热病毒分离与鉴定

5.3.1　试验材料

50 μL 容量的微量进样器、无菌 1.5 mL 离心管、灭菌 0.01 mol/L pH 7.4 PBS(见附录 A 中的 A.1)、牛白细胞提取液。

5.3.2　样品处理

取出 4℃冷藏的肝素抗凝血,用商品化牛白细胞提取液从 5 mL 抗凝血中提取白细胞,用 0.5 mL 灭菌 pH 7.4 PBS 悬浮,反复冻融 3 次,保存于−80℃备用。

5.3.3　样品接种

5.3.3.1　初代接种

5.3.3.1.1　将上述制备的白细胞悬液 5 000 r/min 离心 5 min,用微量进样器吸取 50 μL 上清液,脑内接种 1 日龄~3 日龄 BALB/c 乳鼠 8 只~10 只,10 μL/只。接种时,针尖刚刚刺穿颅骨,接种到脑膜下即可。

5.3.3.1.2　设立对照组 8 只~10 只,每只接种 10 μL 灭菌 pH 7.4 PBS。

5.3.3.1.3　接种后每间隔 2 h 观察 1 次,弃去 24 h 内死亡的乳鼠;及时收集 24 h 后死亡的乳鼠,冻存在−80℃。接种后 15 d 仍然存活的乳鼠,拉颈处死,做无害化处理。

5.3.3.2　传代接种

5.3.3.2.1　用酒精棉球消毒 24 h 后死亡乳鼠的头部皮肤,用无菌剪刀剪开皮肤并剥离,暴露出整个颅骨。

5.3.3.2.2　用另一把无菌剪刀剪开乳鼠颅骨,并取出 0.1 g~0.3 g 脑组织,放入 5 mL 容量的灭菌离心管中,在天平上称量所取组织的重量(在加入脑组织前需称量离心管的重量)。

5.3.3.2.3　以 1∶5(W/V)加入灭菌 pH 7.4 PBS,在组织破碎仪内以 50 Hz 研磨 1 min,10 000 r/min 离心 10 min,取上清再接种乳鼠。如此盲传 3 代~5 代。

5.3.4　观察结果

第 1 代接种乳鼠在接种后 10 d~12 d 死亡,死前无明显症状。第 2 代接种乳鼠在接种后 5 d~7 d 死亡,死亡前表现后腿麻痹,常倒向一侧。从第 3 代开始,接种乳鼠在接种后 3 d~5 d 有规律地集中死亡,死前主要表现为神经症状,颤抖,后腿麻痹,步态不稳,常倒向一侧,皮肤痉挛性收缩,多数经 1 d~2 d 死亡。

5.3.5　病毒鉴定

将盲传至 3 代~5 代的乳鼠脑组织,按照 5.3.3.2 的步骤处理,取上清,参照 5.4 做进一步鉴定。

5.3.6　结果判定

接种乳鼠出现临床神经症状,并且参照 5.4 鉴定结果阳性,判定为牛流行热病毒分离阳性;否则,判定为牛流行热病毒分离阴性。

5.4 RT-PCR 方法

5.4.1 试验材料

去离子水、DEPC 水、病毒 RNA 提取试剂盒、一步法 RT-PCR 试剂盒、DL 2000 DNA 分子质量标准、琼脂糖、TAE 缓冲液、引物(浓度为 25 pmol/μL)。相关溶液的配制方法见附录 A。

可以采用引物 420 F/420 R 用于牛流行热病毒核酸的检测,引物的靶基因、序列和扩增产物的大小见表 1。

表 1　RT-PCR 检测牛流行热病毒核酸的引物

引物	目的	靶基因	序列(5'-3')	产物大小
420 F	正向引物	糖蛋白(G)基因	AGAGCTTGGTGTGAATAC	420 bp
420R	反向引物	糖蛋白(G)基因	CCAACCTACAACAGCAGA	

5.4.2 RNA 提取

含有牛流行热病毒的肝素抗凝血(冷藏或冻存的均可)作为阳性对照样本,采自健康牛(未感染牛流行热病毒或接种牛流行热病毒疫苗)的抗凝血作为阴性对照样本。用病毒 RNA 提取试剂盒从阳性对照样本、阴性对照样本和待检样本中提取病毒 RNA,提取步骤按照试剂盒说明书进行。提取的病毒 RNA 立即进行 RT-PCR 扩增或冻存于 −80℃ 备用。

5.4.3 RT-PCR 反应

5.4.3.1　用商品化一步法 RT-PCR 试剂盒进行扩增,反应体系为 50 μL。按照说明书配制试剂盒中的各种成分,再加入 1 μL 正向引物 420 F、1 μL 反向引物 420 R、5 μL RNA 模板,用 DEPC 水补足至50 μL。

5.4.3.2　每次进行 RT-PCR 反应时均设置阳性对照、阴性对照和空白对照。阳性对照用阳性对照样本的病毒 RNA 作为模板,阴性对照用阴性对照样本的病毒 RNA 作为模板,空白对照用 DEPC 水作为模板。

5.4.3.3　RT-PCR 扩增程序为:50℃ 30 min,94℃ 2 min,35 个循环(94℃ 20 s,46℃ 1 min,72℃ 30 s),最后 72℃ 10 min。

5.4.4 RT-PCR 产物的电泳

RT-PCR 反应结束后,取 RT-PCR 产物 8 μL、DL 2 000 分子质量标准 5 μL,在 1% 琼脂糖凝胶中进行电泳。以 100 mA 电泳 20 min,然后用凝胶成像系统观察结果并拍照保存。

5.4.5 质控标准

阳性对照出现一条 420 bp 的特异性扩增条带,阴性对照和空白对照无 420 bp 的扩增条带,说明试验成立。

5.4.6 结果判定

被检样品出现一条 420 bp 的特异性扩增条带,判为 RT-PCR 结果阳性,判定检出牛流行热病毒核酸。被检样品无 420 bp 的特异性扩增条带,判为 RT-PCR 结果阴性,判定未检出牛流行热病毒。

5.5 间接 ELISA 方法

5.5.1 试验材料

牛流行热病毒重组 G 蛋白抗原(制备方法见附录 B)、标准阳性对照血清(制备方法见附录 C)、标准阴性对照血清(制备方法见附录 D)、商品化辣根过氧化物酶(HRP)标记兔抗牛 IgG 抗体、血清稀释液、TMB 底物溶液、包被液、封闭液、PBST 洗涤液、终止液、一次性封板膜、酶标板。相关试剂的配制方法见附录 E。

5.5.2 操作步骤

5.5.2.1 抗原包被

用包被缓冲液将牛流行热病毒重组 G 蛋白抗原稀释至 1.5 μg/mL，100 μL/孔包被酶标板，37℃吸附 1 h，转入 4℃吸附 12 h~16 h。翌日甩掉孔内液体，每孔加 300 μL 洗涤液，洗涤 3 次，每次 1 min，最后一次拍干。

5.5.2.2 封闭酶标板

加入封闭液，每孔 100 μL，用封口膜封口，37℃孵育 30 min。然后，取掉封口膜，甩掉孔内液体，每孔加 300 μL 洗涤液，洗涤 3 次，每次 1 min，最后一次拍干。

5.5.2.3 加入血清

加入血清稀释液，每孔 90 μL。分别加入标准阳性对照血清、标准阴性对照血清和待检血清，每孔 10 μL，混匀。用封口膜封口，37℃孵育 30 min。然后，取掉封口膜，甩掉孔内液体，每孔加 300 μL 洗涤液，洗涤 3 次，每次 1 min，最后一次拍干。

5.5.2.4 加入 HRP 标记兔抗牛 IgG 抗体

加入工作浓度的 HRP 标记兔抗牛 IgG 抗体，每孔 100 μL，用封口膜封口，37℃孵育 30 min。然后，取掉封口膜，甩掉孔内液体，每孔加 300 μL 洗涤液，洗涤 3 次，每次 1 min，最后一次拍干。

5.5.2.5 加入底物溶液

加入 TMB 底物溶液，每孔 100 μL，37℃避光孵育 10 min。

5.5.2.6 加入终止液

加入终止液，每孔 100 μL，立即在酶标仪上读取 OD_{450} 值。

5.5.3 质控标准

标准阳性对照血清的平均 $OD_{450} \geq 1.0$，标准阴性对照血清的平均 $OD_{450} \leq 0.3$ 时，说明试验成立。

5.5.4 结果判定

计算 S/P：$S/P = (OD_{450}$ 样品平均值 $- OD_{450}$ 阴性对照平均值$)/(OD_{450}$ 阳性对照平均值 $- OD_{450}$ 阴性对照平均值$)$。

$S/P \geq 0.3$，判为牛流行热病毒抗体血清学阳性；S/P 介于 $0.22 \sim 0.3$ 之间，判为牛流行热病毒抗体血清学可疑；$S/P \leq 0.22$，判为牛流行热病毒抗体血清学阴性。

6 综合判定

凡具有 5.3.6、5.4.6 中任何一项阳性者，均判为牛流行热阳性。具有 5.5.4 中阳性者，判为牛流行热病毒抗体血清学阳性。

附 录 A

（规范性附录）

RT‐PCR 试验溶液的配制

A.1 pH 7.4 PBS 的配制

NaCl	8.00 g
KCl	0.20 g
KH_2PO_4	0.20 g
$Na_2HPO_4 \cdot 12H_2O$	2.90 g

加入去离子水 800 mL,待固体试剂全部溶解后,定容至 1 000 mL,用 HCl 或 NaOH 调节 pH 至 7.4,121℃、30 min 高压灭菌,4℃保存。

A.2 50 倍 TAE 电泳缓冲液

Tris 碱	242 g
EDTA	37.2 g
冰醋酸	57.1 mL

加入去离子水 800 mL,待固体试剂全部溶解后,定容至 1 000 mL。

应用前,用去离子水将 50 倍 TAE 电泳缓冲液稀释至 1 倍工作浓度。

A.3 1%琼脂糖电泳凝胶板的配制

琼脂糖	1.00 g
1 倍 TAE 电泳缓冲液	100 mL

将琼脂糖放入 TAE 电泳缓冲液中,加热融化,温度降至 60℃左右时加入 10 mg/mL 溴化乙锭(EB) 3 μL～5 μL,混匀后均匀铺板,厚度为 3 mm～5 mm。

附 录 B
（规范性附录）
牛流行热病毒重组 G 蛋白抗原的制备

B.1 器械与设备

超声波细胞破碎仪、恒温摇床、制冰机、紫外可见分光光度计。

B.2 试验材料

引物 420FG/420FR(25 pmol/μL)、Nde Ⅰ限制性内切酶、Xho Ⅰ限制性内切酶、T4 DNA 连接酶、琼脂糖凝胶 DNA 提取试剂盒、pET-30a 质粒、感受态大肠杆菌 BL21(DE3)、5 mg/mL 卡那霉素、异丙基-β-D-硫代吡喃半乳糖苷(IPTG)、His 标签蛋白纯化试剂盒、LB 培养基、一次性针头滤器(孔径 0.45 μm)。

B.3 引物序列

上游引物 420FG:5′- GCA CATATG AGA GCT TGG TGT GAA TAC - 3′;
　　　　　　　　　　　Nde Ⅰ
下游引物 420RG:5′- CTA CTCGAG CCA ACC TAC AAC AGC AGA - 3′。
　　　　　　　　　　　Xho Ⅰ

上游引物 420FG 位于牛流行热病毒糖蛋白(G)基因的 1 168 bp～1 185 bp,5′端加了 Nde Ⅰ限制性内切酶酶切位点和 3 个保护性碱基;下游引物 420RG 位于牛流行热病毒 G 基因的 1 570 bp～1 587 bp, 5′端加了 Xho Ⅰ限制性内切酶酶切位点和 3 个保护性碱基。

B.4 表达载体的构建和鉴定

B.4.1 扩增、回收 PCR 产物

除了将引物 420F/420R 更换为 420FG/420RG 外,扩增方法如 5.4.3,用牛流行热病毒 RNA 作为模板。扩增结束后,用商品化琼脂糖凝胶 DNA 提取试剂盒纯化回收合适大小的 PCR 产物。

B.4.2 双酶切 PCR 产物和 pET-30a 质粒

酶切体系 30 μL:B.4.1 中回收的 PCR 产物 23 μL,10×H Buffer 3 μL,Nde Ⅰ 和 Xho Ⅰ 各 2 μL, 37℃水浴 3 h～5 h,以 1%琼脂糖凝胶进行电泳,回收酶切后的 PCR 产物。

同时将 pET-30a 质粒双酶切,将 PCR 产物替换为 pET-30a 质粒,其他条件均与双酶切 PCR 产物的条件相同,回收酶切后的 pET-30a 质粒片段。

B.4.3 双酶切后的 PCR 产物与 pET-30a 质粒片段连接

连接体系 10 μL:B.4.2 中的 PCR 产物 6 μL,pET-30a 质粒片段 2 μL,T4 DNA 连接酶 1 μL,10× Ligation Buffer 1 μL,16℃连接 7 h～8 h。将连接产物转化到感受态大肠杆菌 BL21(DE3)细胞中(操作步骤根据说明书进行),涂布到含卡那霉素(50 μg/mL)的 LB 平板上,37℃培养 12 h～15 h,挑取平板上大小均一的白色单菌落,分别接种在 5 mL 含卡那霉素(50 μg/mL)的 LB 液体培养基中,200 r/min, 37℃振荡培养至菌液 OD_{600} 值为 1.0～1.2。

B.4.4 阳性菌株的鉴定

将 B.4.3 中的菌液送相关公司测序,测序结果正确,判定为阳性菌株。

B.5 目的蛋白的表达和纯化

B.5.1 取 B.4.4 中阳性菌株的菌液,以 1∶100 的比例转接到含卡那霉素(50 μg/mL)的 500 mL LB 培养基中,37℃ 200 r/min 震荡培养至菌液 OD_{600} 值 0.6~0.8,加入终浓度为 1.0 mmol/L 的 IPTG,诱导培养 5 h。

B.5.2 将以上菌液分装到 250 mL 容量的离心管中,在 4℃ 6 000 r/min 离心 10 min,弃上清液。

B.5.3 用 10 mL pH 7.4 PBS 重悬沉淀,充分吹散混匀,转移到 50 mL 容量的离心管中,在 4℃ 6 000 r/min 离心 10 min,弃上清。

B.5.4 用 15 mL pH 7.4 PBS 重悬沉淀,充分吹散混匀,将离心管置于碎冰中,再放到超声波细胞破碎仪中,以超声 5 s 间隔 1 s 的程序,超声破碎 30 min,然后冻融 1 次,再超声破碎 1 次。

B.5.5 将超声破碎裂解物在 4℃ 6 000 r/min 离心 30 min,弃上清。

B.5.6 用 His 标签蛋白纯化试剂盒纯化 B.5.5 沉淀中的包涵体目的蛋白,纯化步骤按照试剂盒说明书操作。

B.5.7 纯化后的蛋白溶液,用 0.45 μm 一次性针头滤器过滤除菌。

B.5.8 用紫外可见分光光度计测定蛋白的浓度,蛋白浓度达到 0.6 mg/mL 以上符合要求。

B.5.9 用高效液相色谱法分析蛋白纯度,纯度达到 90% 以上符合要求。

附　录　C
（规范性附录）
标准阳性对照血清的制备

C.1　实验用牛的选择

选取 1 头 1 岁～1.5 岁的健康黄牛,攻毒前采集其肝素抗凝血和血清样本,按照本标准 5.4 的要求从抗凝血中检测牛流行热病毒核酸,应为阴性;按照牛流行热微量中和试验方法从血清中检测牛流行热病毒抗体,应为阴性。

C.2　牛流行热病毒攻毒试验

静脉接种 5 mL 含有牛流行热病毒的抗凝血,间隔 2 周后做第二次接种,以后每间隔 1 周接种一次,共接种 4 次。接种剂量分别为 5 mL、10 mL、15 mL、20 mL。

C.3　血清中和抗体效价的检测

在末次接种 2 周后采集血清,用牛流行热微量中和试验方法测定血清中和抗体效价,效价≥1∶128 符合要求。

C.4　标准阳性血清的收集

颈动脉放血直至牛死亡,收集全部血液至多个 250 mL 容量的离心管中,旋紧盖子,室温过夜,4 000 r/min 离心 15 min,取血清即为标准阳性血清,置于－40℃保存备用。

附 录 D
（规范性附录）
牛流行热病毒标准阴性血清的制备

D.1 实验用牛的选择

选取 1 头 1 岁～1.5 岁的健康黄牛，攻毒前采集其肝素抗凝血和血清样本，按照本标准 5.4 的规定从抗凝血中检测牛流行热病毒核酸，应为阴性；按照牛流行热微量中和试验方法从血清中检测牛流行热病毒抗体，应为阴性。

D.2 标准阴性血清的收集

颈动脉放血直至牛死亡，收集全部血液至多个 250 mL 容量的离心管中，旋紧盖子，室温过夜，4 000 r/min 离心 15 min，取血清即为标准阴性血清，置于－40℃保存备用。

附 录 E

（规范性附录）

间接 ELISA 试验溶液的配制

E.1 包被缓冲液

Na_2CO_3	0.318 g
$NaHCO_3$	0.588 g
去离子水	200 mL

将 Na_2CO_3 和 $NaHCO_3$ 加入去离子水中，完全溶解后，用 0.45 μm 一次性针头滤器过滤除菌，室温保存备用。

E.2 洗涤液

pH 7.4 PBS	1 000 mL
吐温-20	0.5 mL

将 0.5 mL 吐温-20 加入 1 000 mL pH 7.4 PBS 溶液中，混匀后使用。

E.3 封闭液

马血清	5 mL
pH 7.4 PBS	95 mL

将马血清加入 pH 7.4 PBS 中混匀，4℃保存。

E.4 终止液(2 mol/L H_2SO_4)

浓 H_2SO_4	11.1 mL
去离子水	88.9 mL

将浓 H_2SO_4 缓慢加入到去离子水中，混匀，冷却至室温。

ICS 11.220
B 42

中华人民共和国农业行业标准

NY/T 3075—2017

畜禽养殖场消毒技术

Disinfection techniques for animal breeding farm

2017-06-12 发布　　　　　　　　　　　2017-10-01 实施

中华人民共和国农业部 发布

前　言

本标准依据 GB/T 1.1—2009 给出的规则起草。

本标准由农业部兽医局提出。

本标准由全国动物卫生标准化技术委员会归口。

本标准起草单位：中国动物卫生与流行病学中心、中国动物疫病预防控制中心。

本标准主要起草人：孙淑芳、王媛媛、宋晓晖、刘陆世、魏荣、王岩、肖肖、庞素芬、宋健德。

畜禽养殖场消毒技术

1 范围

本标准规定了畜禽养殖场不同生产环节的消毒技术。

本标准适用于畜禽养殖场的消毒。

2 规范性引用文件

下列文件对于本文件的应用是必不可少的。凡是注日期的引用文件,仅注日期的版本适用于本文件。凡是不注日期的引用文件,其最新版本(包括所有的修改单)适用于本文件。

GB/T 25886 养鸡场带鸡消毒技术要求

GB 26367 胍类消毒剂卫生标准

GB 26369 季铵盐类消毒剂卫生标准

GB 26371 过氧化物类消毒剂卫生标准

NY/T 1551 禽蛋清选消毒分级技术规范

中华人民共和国农业部 农医发〔2013〕34 号 病死动物无害化处理技术规范

卫生部 卫法监发〔2002〕282 号 消毒技术规范

国家食品药品监督管理总局 2015 年公告第 67 号 中华人民共和国药典(2015 年版)(四部)

中华人民共和国农业部公告第 2438 号 中华人民共和国兽药典(2015 年版)(一部)

3 术语和定义

下列术语和定义适用本文件。

3.1

清洁 cleaning

去除场所、器具和物体上污物的全过程,包括清扫、浸泡、洗涤等方法。

3.2

清洁剂 detergent

清洁过程中帮助去除被处理物品上有机物、无机物和微生物的制剂。

3.3

消毒 disinfection

用物理、化学或生物学方法清除或杀灭环境(场所、饲料、饮水及畜禽体表皮肤、黏膜及浅表体)和各种物品中的病原微生物及其他有害微生物的处理过程。

3.4

消毒剂 disinfectant

能杀灭环境或物体等传播媒介(不包括生物媒介)上的微生物,达到消毒或灭菌要求的制剂。

3.5

灭菌 sterilization

用物理或化学方法杀灭物品和环境中一切微生物(包括致病性微生物和非致病性微生物及其芽孢、霉菌孢子等)的处理过程。

3.6

有效氯 available chlorine

有效氯是衡量含氯消毒剂氧化能力的标志,是指与含氯消毒剂氧化能力相当的氯量(非指消毒剂所含氯量),其含量用 mg/L 或%表示。

4 消毒方法及消毒剂选用原则

4.1 应使用符合《中华人民共和国药典(2015年版)》(四部)、《中华人民共和国兽药典(2015年版)》(一部)要求,并经卫生部或农业部批准生产、具有生产文号和生产厂家的消毒剂,严格按照说明在规定范围内使用。

4.2 应选择广谱、高效、杀菌作用强、刺激性低,对设备不会造成损坏,对人和动物安全,低残留毒性、低体内有害蓄积的消毒剂。

4.3 稀释药物用水应符合消毒剂特性要求,应使用含杂质较少的深井水、放置数小时的自来水或白开水,避免使用硬水;应根据气候变化,按产品说明书要求调整水温至适宜温度。

4.4 稀释好的消毒剂不宜久存,大部分消毒剂应即配即用。需活化的消毒剂,应严格按照消毒剂使用说明进行活化和使用。

4.5 用强酸、强碱及强氧化剂类消毒剂消毒过的畜禽舍,应用清水冲刷后再进畜禽,防止灼伤畜禽。

5 养殖场不同生产环节消毒技术

5.1 人员消毒

5.1.1 养殖场生产区入口应设消毒间或淋浴间。消毒间地面设置与门同宽的消毒池(垫),上方设置喷雾消毒装置。

5.1.2 喷雾消毒剂可选用 0.1%~0.2%的过氧乙酸(应符合 GB 26371 的规定)或 800 mg/L~1 200 mg/L 的季铵盐消毒液(应符合 GB 26369 的规定)。

5.1.3 消毒池(垫)内消毒剂可选择 2%~4%氢氧化钠溶液或 0.2%~0.3%过氧乙酸溶液,至少每 3 d 更换一次。

5.1.4 人员进入生产区应经过消毒间,更换场区工作鞋服并洗手后,经消毒池对靴鞋消毒 3 min~5 min,并进行喷雾消毒 3 min~5 min 后进入;或经淋浴、更换场区工作鞋服(衣、裤、靴、帽等)后进入。

5.1.5 每栋畜禽舍进、出口应设消毒池(垫)和洗手、消毒盆。消毒池或消毒垫内消毒剂要求同 5.1.3。

5.1.6 生产人员出入栋舍,可穿着长筒靴站入消毒池(垫)中消毒 3 min~5 min。

5.1.7 消毒盆内可选用有效含量为 400 mg/L~1 200 mg/L 的季胺类消毒液、2 g/L~45 g/L 的胍类消毒剂(应符合 GB 26367 的规定)或 0.2%过氧乙酸溶液。工作人员进出养殖栋舍,可将手和裸露胳膊于消毒盆内浸泡 3 min~5 min,也可选用浸有 0.5%碘伏溶液(含有效碘 5 000 mg/L)、0.5%氯己定醇溶液或 0.2%过氧乙酸的棉球或纱布块擦拭手和裸露胳膊 1 min~3 min,进行消毒。

5.1.8 用过的工作服可选用季铵盐类、碱类、0.2%~0.3%过氧乙酸或有效氯含量为 250 mg/L~500 mg/L 的含氯消毒剂浸泡 30 min,然后水洗;或用 15%的过氧乙酸 7 mL/m³~10 mL/m³ 熏蒸消毒 1 h~2 h;也可煮沸 30 min,或用流通蒸汽消毒 30 min,或进行高压灭菌。

5.2 出入车辆消毒

5.2.1 进出养殖区的车辆应在远离养殖区至少 50 m 外的区域实施清洁消毒。

5.2.2 用高压水枪等,清除车身、车轮、挡泥板等暴露处的泥、草等污物。

5.2.3 清空驾驶室、擦拭干净,再用干净布浸消毒剂消毒地面和/或地垫、脚踏板。车内密封空间,可用 15%的过氧乙酸,以 7 mL/m³~10 mL/m³ 的用量进行熏蒸消毒 1 h 或用 0.2%过氧乙酸气溶胶喷雾消毒 1 h。

5.2.4 所有从驾驶室拿出的物品都应清洗,并用季铵盐类、碱类、0.2%~0.3%过氧乙酸或

250 mg/L～500 mg/L 有效氯的含氯消毒剂浸泡 30 min 消毒,然后冲洗干净。

5.2.5 大中型养殖场可在大门口设置与门同宽的自动化喷雾消毒装置,小型养殖场可使用喷雾消毒器,对出入车辆的车身和底盘进行喷雾消毒。可选用有效氯含量为 10 000 mg/L 的含氯消毒剂、0.1% 新洁尔灭、0.03%～0.05%癸甲溴铵或 0.3%～0.5%过氧乙酸以及复合酚等任何一种消毒剂,从上往下喷洒至表面湿润,作用 60 min。

5.2.6 消毒后,用高压水枪把消毒剂冲洗干净。

5.2.7 轮胎消毒。养殖场办公区与养殖区入口大门应设与门同宽、长 4 m 以上、深 0.3 m～0.4 m,防渗硬质水泥结构的消毒池;池顶修盖遮雨棚,消毒液可选用 2%～4%氢氧化钠液或 3%～5%来苏儿溶液,每周至少更换 3 次。车辆进入养殖场应经消毒池缓慢驶入。

5.3 出入设备用具的消毒

5.3.1 保温箱、补料槽、饲料车和料箱等物品冲洗干净后,可用 0.1%新洁尔灭溶液或 0.2%～0.3%过氧乙酸或 2%的漂白粉澄清液(有效氯含量约 5 000 mg/L)进行喷雾、浸泡或擦拭消毒,或在紫外线下照射 30 min,或在密闭房间内进行熏蒸消毒。

5.3.2 进入生产区的设备用具在消毒后应将消毒液冲洗干净后才可使用。

5.4 场区道路、环境清洁消毒

5.4.1 道路清洁

场区道路应每日清扫,硬化路面应定期用高压水枪清洗,保持道路清洁卫生。

5.4.2 道路和环境消毒

5.4.2.1 进动物前,对畜禽舍周围 5 m 内地面和道路清扫后,用 0.3%～0.5%过氧乙酸或 2%～4%氢氧化钠溶液彻底喷洒,用药量为 300 mL/m²～400 mL/m²。

5.4.2.2 保持场区道路清洁卫生,每 1 周～2 周用 10%漂白粉液、0.3%～0.5%过氧乙酸或 2%～4%氢氧化钠等消毒剂对场区道路、环境进行一次喷雾消毒;每 2 周～3 周用 2%～4%氢氧化钠对畜禽舍周围消毒 1 次。

5.4.2.3 场内污水池、排粪坑、下水道出口,定期清理干净,用高压水枪冲洗,至少每月用漂白粉消毒 1 次。

5.4.2.4 被病畜禽的排泄物、分泌物污染的地面土壤,应先对表层土壤清扫后,与粪便、垃圾集中深埋或进行生物发酵和焚烧等无害化处理;然后,用消毒剂对地面喷洒消毒,可选用 5%～10%漂白粉澄清液、2%～4%氢氧化钠溶液、4%福尔马林溶液或 10%硫酸苯酚合剂,用药量为 1 L/m²;或撒漂白粉 0.5 kg/m²～2.5 kg/m²。

5.4.2.5 被传染病病畜污染的土壤,可首先用 10%～20%漂白粉乳剂或 5%～10%二氯异氰尿酸钠喷洒地面后,掘起 30 cm 深度的表层土壤,撒上干漂白粉与土混合,将此表土运出掩埋;或将表土深翻 30 cm后,每平方米表土撒 5 kg 漂白粉,混合后加水湿润,原地压平;若是水泥地,则用消毒剂仔细冲刷。

5.5 空畜禽舍内部清洁、消毒

5.5.1 空畜禽舍内部清洁

5.5.1.1 干扫

5.5.1.1.1 清除啮齿动物和昆虫,清除地面和裂缝中的有机物,铲除基石和地板上的结块粪便、饲料等。

5.5.1.1.2 彻底清洁畜禽舍及饲料输送装置、料槽、饲料储器、运输器、饮水器等设施设备,及地板、灯具、扇叶和百叶窗等。

5.5.1.1.3 将畜禽舍内无法清洗的设备拆卸至临时场地清洗,清洗废弃物应远离畜禽舍排放处理。

5.5.1.1.4 饲料、饲草及垫料等废弃物应运至无害化处理场所进行处理。

5.5.1.2 湿扫

5.5.1.2.1 用清洗剂对畜禽舍进行湿扫,清除在干扫清理过程中残留的粪便和其他有机物。清洁剂应与随后使用的消毒剂可配伍。按照浸泡、洗涤、漂洗和干燥步骤进行湿扫。首先,用≥90℃的热水或清洁剂浸泡,使污物容易冲刷掉;然后,用加洗衣粉的热水按照从后往前、先房顶后墙壁、最后是地面的顺序喷雾,水泥地面,用清洁剂浸润3 h以上;最后,用低压冷水冲洗掉清洁剂和难去除的有机物。

5.5.1.2.2 清洗消毒时严禁带电操作,清洁做好电源插头、插座等用电设施以及消毒设备本身的防水处理。

5.5.1.2.3 特别注意确保清洁剂深入连接点和墙面、屋顶的接缝处。

5.5.1.2.4 排空饮水、清洁饲喂系统。

5.5.1.2.5 封闭的乳头或杯形饮水系统,可先松开部分连接点确认内部污物性质。其中,有机污物(如细菌、藻类、霉菌等)可用碱性化合物或过氧化氢去除,无机污物(如盐类和钙化物)可用酸性化合物去除。

5.5.1.2.6 先用高压水枪冲洗,然后将对应的碱性/酸性化合物灌满整个系统。通过闻每个连接点的药物气味或测定pH确认是否被充满。浸泡24 h以上后排空系统,最后用清水或冷开水彻底冲洗干净。

5.5.1.2.7 开放的圆形和杯形饮水系统用清洁液浸泡2 h～6 h,冲洗干净。如果钙质过多,则必须刷洗。

5.5.1.2.8 天花板、风扇转轴和墙壁表面最好使用泡沫清洁剂,浸泡30 min后,用水自上向下冲洗。

5.5.1.2.9 清理供热和通风装置内部,注意水管、电线和灯管的清理。

5.5.1.2.10 检查清洁过的畜禽舍和设备是否有污物残留。重新安装好畜禽舍内设备,包括通风设备后,关闭并干燥房舍。

5.5.2 空畜禽舍消毒

5.5.2.1 新建畜禽舍

5.5.2.1.1 对畜禽舍地面和墙面进行清扫,对畜禽舍内设施设备进行擦拭清洁。

5.5.2.1.2 用2%～4%氢氧化钠或0.2%～0.3%过氧乙酸溶液进行全面、彻底的喷洒。

5.5.2.1.3 没有可燃物的畜禽舍,也可采用火焰消毒法,用火焰喷枪对地面和墙壁进行消毒。

5.5.2.2 排空畜禽舍

5.5.2.2.1 按照5.5.1步骤进行清洁。

5.5.2.2.2 畜禽舍清洁干燥后,选用3%～5%氢氧化钠溶液、0.2%～0.3%过氧乙酸溶液、500 mg/L～1 000 mg/L二溴海因溶液或1 000 mg/L～2 000 mg/L有效氯含氯消毒剂溶液任何一种喷洒地面、墙壁、门窗、屋顶、笼具、饲槽等2次～3次。泥土墙消毒剂用量为150 mL/m²～300 mL/m²,水泥墙、木板墙、石灰墙消毒剂用量为100 mL/m²,地面消毒剂用量为200 mL/m²～300 mL/m²。消毒处理时间应不少于1 h。

5.5.2.2.3 其他不易用水冲洗和氢氧化钠消毒的设备,可用250 mg/L～500 mg/L含氯消毒剂或0.5%新洁尔灭擦拭消毒。

5.5.2.2.4 移出的设备和用具,可放到指定地点,先清洗再消毒。可放入3%～5%氢氧化钠溶液或3%～5%福尔马林溶液的消毒池内浸泡,不能放入池内的可用3%～5%氢氧化钠溶液彻底全面喷洒,2 h～3 h后用清水冲洗干净。

5.5.2.2.5 能够密闭的畜禽舍,特别是幼畜舍,可将清洁后设备和用具移入舍内,进行密闭熏蒸消毒。

5.5.2.2.6 没有易燃物的畜禽舍,也可采用火焰消毒法,用火焰喷枪对地面、墙壁进行消毒。

5.6 畜禽舍外部清洁、消毒

5.6.1 畜禽舍外3 m范围内应定期进行清洁、消毒。

5.6.2 如果没有易燃物,可使用火焰消毒法。

5.6.3 通风设备和通风进气口用低压喷雾消毒。

5.6.4 室外污染表面用 1 000 mg/L～2 000 mg/L 含氯消毒剂喷洒,按照 500 mL/m² 剂量作用 1 h～2 h;或用 500 mg/L～1 000 mg/L 二溴海因喷洒,按照 500 mL/m² 药量作用 30 min;也可喷撒漂白粉,按照 20 g/m²～40 g/m² 剂量,作用 2 h～4 h。

5.7 饮水、饲喂设备用具消毒

5.7.1 饮水、饲喂用具每周至少洗刷消毒 1 次,炎热季节增加次数。

5.7.2 拌饲料的用具及工作服可每天用紫外线照射 1 次,20 min～30 min。

5.7.3 每周对料槽、水槽、饮水器以及所有饲喂用具进行彻底清洁、干燥,可选用 0.01%～0.05% 新洁尔灭、0.01%～0.05% 高锰酸钾、0.2%～0.3% 过氧乙酸、漂白粉或二氧化氯等溶液喷洒涂擦消毒 1 次～2 次,消毒后应将消毒剂冲洗干净。

5.8 带畜禽消毒

5.8.1 常用消毒剂。可选用 0.015%～0.025% 癸甲溴铵溶液、0.1%～0.2% 过氧乙酸溶液、0.1% 新洁尔灭溶液或 0.2% 次氯酸钠溶液。

5.8.2 选用 5.8.1 的消毒剂进行喷雾消毒,喷雾量为 50 mL/m³～80 mL/m³,以均匀湿润墙壁、屋顶、地面,畜禽体表稍湿为宜,不得直接喷向畜禽。

5.8.3 注意事项

5.8.3.1 带畜禽消毒宜在中午前后,冬季选择天气好、气温较高的中午进行。

5.8.3.2 日常带畜禽消毒可每周进行 2 次～3 次,发生疫情后每日 1 次。

5.8.3.3 免疫接种时慎行带畜禽消毒,免疫前后各 2 d,不得实施带畜禽消毒。

5.9 垫料消毒

5.9.1 可将垫草放在烈日下,暴晒 2 h～3 h,少量垫草可用紫外线灯照射 1 h～2 h。

5.9.2 在进动物前 3 d,对碎草、稻壳或锯屑等垫料用消毒液掺拌消毒,可选用 50% 癸甲溴铵溶液 2 000 倍液(或 10% 癸甲溴铵溶液 400 倍液)、0.1% 新洁尔灭溶液或 0.2% 过氧乙酸溶液等。

5.9.3 清除的垫料可与粪便集中堆放,按照 5.10.1 或 5.10.2 进行生物热消毒,或喷洒 10 000 mg/L 有效氯含氯消毒剂溶液,作用 60 min 以上后深埋。

5.10 粪尿、污水的处理消毒

5.10.1 堆粪生物热消毒法

5.10.1.1 适用于马粪、驴粪、羊粪、鸡粪等固体粪便的处理。

5.10.1.2 选择距离畜禽舍 100 m～200 m 外处,挖一宽 3 m、两侧深 25 cm 向中央稍倾斜的浅坑,坑的长度根据粪便量确定,坑底用黏土夯实。

5.10.1.3 用小树枝条或小圆棍横架于中央,进行空气流通。坑的两端冬天关闭,夏天打开。

5.10.1.4 在坑底铺一层 25 cm 厚的干草或健康畜禽粪便。然后,将要消毒的粪便堆积在上面,粪便堆放时应疏松,掺 10% 稻草;干粪需加水浸湿,冬天加热水。

5.10.1.5 粪堆高 1.5 m 左右,在粪堆表面覆盖厚 10 cm 的稻草或杂草;然后,在外面封盖一层 10 cm 厚的泥土或沙子。根据季节变化,堆放 3 周～10 周。

5.10.2 发酵池生物热消毒法

5.10.2.1 适用于大型养殖场猪、牛等稀薄粪便的发酵处理。

5.10.2.2 选择距离养殖场、居民区、河流、水池、水井 200 m 以外的地方挖方形或圆形发酵池,大小根据粪便数量确定。池内壁用水泥或坚实的黏土筑成,使其不透水。

5.10.2.3 堆粪之前,在坑底铺一层稻草或其他秸秆或畜禽干粪,然后在上方堆放待消毒的粪便。

5.10.2.4 快满时,在粪便表面铺一层稻草或健康畜禽粪便,上面盖一层 10 cm 厚的泥土或草泥。有条件时用木板盖上,利于发酵和卫生。

5.10.2.5 根据季节变化,堆放发酵处理 1 个月~3 个月。

注意:生物热处理可能引起自燃,发酵场所应远离人群及易燃物。

5.10.3 **无粪尿液的处理消毒**

每 1 000 mL 加入干漂白粉 5 g、次氯酸钙 1.5 g 或 10 000 mg/L 有效氯含氯消毒剂溶液 100 mL 任何一种,混匀放置 2 h。

5.10.4 **污水的处理消毒**

5.10.4.1 先将污水处理池出水管关闭,将污水引入污水池后,加入消毒剂进行消毒。

5.10.4.2 按有效氯 80 mg/L~100 mg/L 的量将含氯消毒剂投入污水中。搅拌均匀,作用 1 h~1.5 h。检查余氯在 4 mg/L~6 mg/L 时,即可排放。

5.10.4.3 发生疫情时,每 10 L 污水加 4 g~8 g 漂白粉或有效氯 10 000 mg/L 的含氯消毒剂 10 mL,搅匀放置 2 h,余氯为 4 mg/L~6 mg/L 时即可排放。

5.11 **兽医器械及用品消毒**

5.11.1 兽医诊室应保持日常清洁卫生,可采用紫外线照射或熏蒸消毒,或用 0.2%~0.5%过氧乙酸对地面、墙壁、棚顶喷洒消毒。每周至少进行 3 次。

5.11.2 兽医诊室进行过患病动物解剖或治疗,或进行过诊断实验后,应立即消毒。

5.11.3 诊疗器械及用品等应根据类型进行高压灭菌或浸泡、擦试灭菌处理。

5.12 **发生疫病时的消毒和无害化处理**

5.12.1 养殖场或周边区域发生地方政府认定的重大动物疫病疫情,被地方政府划定为疫点、划定在疫区或受威胁区内时,应按照县级以上兽医主管部门的规定程序及方法实施消毒和无害化处理。

5.12.2 养殖场发生国家规定无须扑杀的病毒、细菌或寄生虫病时,应及时采取隔离、淘汰或治疗措施,并加大场区道路、畜禽舍周围和带畜禽消毒频率。

5.12.3 养殖场病死、淘汰的畜禽尸体应按照农医发〔2013〕34 号的规定进行无害化处理和消毒。

5.13 养鸡场消毒具体措施按照 GB/T 25886 和 NY/T 1551 的规定执行。

6 消毒效果评价

按照卫法监发〔2002〕282 号的规定,对消毒后的理化指标、杀灭微生物效果指标和毒理学指标进行检验。

7 消毒记录

消毒记录应包括消毒日期、消毒场所、消毒剂名称、生产厂家、生产批号、消毒浓度、消毒方法、消毒人员签字等内容,至少保存 2 年。

8 消毒人员的防护

8.1 消毒操作人员应进行必要的防护教育培训,按使用说明正确使用消毒剂。

8.2 消毒时应佩戴必要的防护用具,如皮手套、面罩、口罩、防尘镜等。喷雾消毒时,操作人员应倒退逆风前进、顺风喷雾。

8.3 如果消毒液不慎溅入眼内或皮肤上,应用大量清水冲洗直至不适症状消失,严重者应迅速就医。

———————

ICS 03.100.30
A 18

中华人民共和国农业行业标准

NY/T 3124—2017

兽用原料药制造工

2017-12-22 发布

2018-06-01 实施

中华人民共和国农业部 发布

前　言

本标准由农业部人事劳动司提出并归口。

本标准起草单位：中国兽医药品监察所、农业部人力资源开发中心。

本标准主要起草人：郭晔、丁新仁、袁庆、刘凤祥、刘玉国、顾进华、刘业兵、王甲、何兵存。

本标准审定人员：高迎春、牛静、邹小军、杨伟强、李跃龙。

兽用原料药制造工

1 职业概况

1.1 职业名称
兽用原料药制造工

1.2 职业定义
使用兽药生产设备,将原辅料通过合成、发酵等方法制成动物用原料药的生产操作人员。

1.3 职业技能等级
本职业共设四个等级,分别为:中级技能(国家职业资格四级)、高级技能(国家职业资格三级)、技师(国家职业资格二级)、高级技师(国家职业资格一级)。

1.4 职业环境条件
室内、常温。

1.5 职业能力倾向
具有一定的学习和计算能力;具有一定的空间感和形体知觉;手指、手臂灵活,动作协调。

1.6 普通受教育程度
初中毕业及以上。

1.7 职业培训要求
1) 晋级培训期限

中级技能不少于 200 标准学时;高级技能不少于 160 标准学时;技师不少于 120 标准学时;高级技师不少于 80 标准学时。

2) 培训教师

培训中、高级技能的教师应具有本职业技师及以上职业资格证书或相关专业中级及以上专业技术职务任职资格;培训技师的教师应具有本职业高级技师职业资格证书或相关专业高级专业技术职务任职资格;培训高级技师的教师应具有本职业高级技师职业资格证书 2 年以上或相关专业高级专业技术职务任职资格。

3) 培训场所设备

满足教学需要的标准教室和具有兽用原料药制造设备及必要的工具、计量器具等辅助设施设备的场地。

1.8 职业技能鉴定要求
1) 申报条件

——具备以下条件之一者,可申报四级/中级技能:

(1) 连续从事本职业工作 3 年以上,经本职业四级/中级技能正规培训达到规定标准学时数,并取得结业证书。

(2) 连续从事本职业工作 5 年以上。

(3) 取得技工学校毕业证书;或取得经人力资源社会保障行政部门审核认定、以中级技能为培养目标的中等及以上职业学校本专业及相关专业毕业证书(含尚未取得毕业证书的在校应届毕业生)。

——具备以下条件之一者,可申报三级/高级技能:

(1) 取得本职业四级/中级技能职业资格证书后,连续从事本职业工作 4 年以上,经本职业三级/高级技能正规培训达到规定标准学时数,并取得结业证书。

（2）取得本职业四级/中级技能职业资格证书后，连续从事本职业工作5年以上。

（3）取得本职业四级/中级技能职业资格证书，并具有高级技工学校、技师学院毕业证书；或取得本职业四级/中级技能职业资格证书，并经人力资源社会保障行政部门审核认定、以高级技能为培养目标、具有高等职业学校本专业毕业证书（含尚未取得毕业证书的在校应届毕业生）。

（4）具有大专及以上本专业或相关专业毕业证书，并取得本职业四级/中级技能职业资格证书，连续从事本职业工作2年以上。

——具备以下条件之一者，可申报二级/技师：

（1）取得本职业三级/高级技能职业资格证书后，连续从事本职业工作4年以上，经本职业二级/技师正规培训达到规定标准学时数，并取得结业证书。

（2）取得本职业三级/高级技能职业资格证书后，连续从事本职业工作5年以上。

（3）取得本职业三级/高级技能职业资格证书的高级技工学校、技师学院本专业毕业生，连续从事本职业工作3年以上。

（4）具有大专及以上本专业或相关专业毕业证书，并取得本职业三级/高级技能职业资格证书，连续从事本职业工作2年以上。

——具备以下条件之一者，可申报一级/高级技师：

（1）取得本职业二级/技师职业资格证书后，连续从事本职业工作4年以上，经本职业一级/高级技师正规培训达到规定标准学时数，并取得结业证书。

（2）取得本职业二级/技师职业资格证书后，连续从事本职业工作5年以上。

2） 鉴定方式

分为理论知识考试和操作技能考核。理论知识考试采用闭卷笔试方式，操作技能考核采用现场实际操作、模拟和口试等方式。理论知识考试和操作技能考核均实行百分制，成绩皆达60分及以上者为合格。技师、高级技师还须进行综合评审。

3） 监考及考评人员与考生配比

理论知识考试中的监考人员与考生配比为1：20，每个标准教室不少于2名监考人员；操作技能考核中的考评人员与考生配比为1：3，且不少于3名考评人员；综合评审委员不少于5人。

4） 鉴定时间

理论知识考试时间不少于90 min；操作技能考核时间：中级技能不少于60 min，高级技能不少于90 min，技师不少于120 min，高级技师不少于150 min；综合评审时间不少于30 min。

5） 鉴定场所设备

理论知识考试在标准教室进行；操作技能考核在具有兽用原料药制造设备、必要的工具、计量器具等兽用原料药制造辅助设施设备的场所进行。

2 基本要求

2.1 职业道德

2.1.1 职业道德基本知识

2.1.2 职业守则

（1）遵纪守法，爱岗敬业。

（2）履行职责，安全生产。

（3）刻苦钻研，精益求精。

（4）团结协作，严守机密。

2.2 基础知识

2.2.1 兽用原料药相关知识

(1) 兽用原料药化学名称、通用名称、商品名称。

(2) 兽用原料药的分类(按作用与应用分)。

2.2.2 原辅料及包装材料相关知识

(1) 原料相关知识。

(2) 辅料相关知识。

(3) 包装材料相关知识。

2.2.3 生产工艺规程

(1) 生产工艺简介。

(2) 生产工艺过程及条件。

(3) 配料比及依据。

(4) 技术安全、工艺卫生及劳动防护。

(5) 半成品、成品质量标准和检查方法。

(6) 清洁生产和环境保护。

2.2.4 生产设备设施相关知识

(1) 生产设备相关知识。

(2) 生产设施相关知识。

2.2.5 相关法律、法规知识

(1)《中华人民共和国劳动法》的相关知识。

(2)《中华人民共和国劳动合同法》的相关知识。

(3)《中华人民共和国产品质量法》的相关知识。

(4)《兽药管理条例》的相关知识。

(5)《兽药生产质量管理规范》的相关知识。

(6)《兽药标签和说明书管理办法》的相关知识。

(7)《中华人民共和国环境保护法》的相关知识。

(8)《中华人民共和国安全生产法》的相关知识。

3 工作要求

本标准对中级、高级、技师和高级技师的技能要求依次递进,高级别涵盖低级别的要求。

3.1 中级技能

职业功能	工作内容	技能要求	相关知识要求
1 生产前准备	1.1 准备工作服	1.1.1 能按不同生产区域的要求准备相应工作服 1.1.2 能按要求完成清洗、整理、消毒、灭菌、干燥工作服操作并对其进行分类保管储藏	1.1.1 工作服清洗、消毒、灭菌岗位标准操作规程 1.1.2 不同生产区工作服的区别及各自的清洗、消毒、灭菌方法 1.1.3 干燥知识 1.1.4 消毒、灭菌知识
	1.2 准备文件	1.2.1 能根据生产指令准备待生产品种的岗位标准操作规程 1.2.2 能根据生产指令准备空白批生产记录及相关外围记录	1.2.1 文件管理相关知识 1.2.2 批生产记录相关知识
	1.3 检查生产环境、设施、设备	1.3.1 能按清洁规程要求检查环境卫生 1.3.2 能检查设备,确定无上次生产遗留物 1.3.3 能按设备状态标识管理要求检查设备状态标识	1.3.1 清洁规程的相关知识 1.3.2 设备清洁的相关知识 1.3.3 设备状态标识

表（续）

职业功能	工作内容	技能要求	相关知识要求
1 生产前准备	1.3 检查生产环境、设施、设备	1.3.4 能检查生产现场,处置与生产无关的物品 1.3.5 能按生产环境级别要求检查生产环境的温湿度	1.3.4 清场规程的相关知识 1.3.5 洁净厂房温湿度要求
	1.4 准备原辅料	1.4.1 能按生产指令单准备待生产品种所需原辅料 1.4.2 能按生产指令核对原辅料的品名、批号、含量、生产企业等信息	1.4.1 原辅料岗位标准操作规程 1.4.2 原辅料信息核对的基本知识 1.4.3 物料管理相关知识
	1.5 准备包装材料、标签	1.5.1 能按生产指令核对标签说明书的品名 1.5.2 能按要求对包装材料进行清洁 1.5.3 能按生产指令印制批号等内容	1.5.1 包装岗位标准操作规程相关知识 1.5.2 包装材料清洁等相关知识 1.5.3 批号管理相关知识 1.5.4 标签管理相关知识
2 反应	2.1 投料	2.1.1 能操作磅秤、电子秤、架盘天平称取物料 2.1.2 能按规程对原辅料进行脱包、清洁等处理 2.1.3 能按生产指令单进行投料 2.1.4 能使用上料机、打料泵等设备加原辅料 2.1.5 能按规程密封、存放原辅料 2.1.6 能按清场要求进行投料后的清场操作	2.1.1 计量器具管理相关知识 2.1.2 物料管理相关知识 2.1.3 投料岗位操作规程的相关知识
	2.2 反应参数控制	2.2.1 能按岗位操作规程进行温度控制 2.2.2 能按岗位操作规程进行压力控制 2.2.3 能使用变频设备对转速进行控制 2.2.4 能按岗位操作规程记录反应时间	2.2.1 升降温阀门温度控制的相关知识 2.2.2 压力、真空调节阀门控制的相关知识 2.2.3 变频设备转速控制的相关知识 2.2.4 反应时间记录的相关知识 2.2.5 岗位操作规程的相关知识
	2.3 反应中间控制	2.3.1 能使用取样工具进行取样操作 2.3.2 能按岗位操作规程自检相关测试项目 2.3.3 能对所取样品进行贴签、记录、送检	2.3.1 取样岗位操作规程的相关知识 2.3.2 取样操作的相关知识 2.3.3 样品送检的相关知识
3 纯化	3.1 分离	3.1.1 能使用分离设备进行液液分离和固液分离 3.1.2 能使用工具、设备对所需物料进行收集	3.1.1 分离设备相关知识 3.1.2 分离岗位操作规程的相关知识
	3.2 浓缩	3.2.1 能使用蒸馏设备进行溶剂回收 3.2.2 能使用计量设备确定回收溶剂数量	3.2.1 溶剂回收设备的相关知识 3.2.2 溶剂回收岗位操作规程的相关知识 3.2.3 溶剂体积、重量计算方法
	3.3 结晶	3.3.1 能按岗位操作规程进行温度控制 3.3.2 能按岗位操作规程进行压力控制 3.3.3 能使用变频设备对转速进行控制 3.3.4 能按岗位操作规程记录反应时间 3.3.5 能对所取样品进行贴签、记录、送检	3.3.1 升降温阀门温度控制的相关知识 3.3.2 压力、真空调节阀门控制的相关知识 3.3.3 变频设备转速控制的相关知识 3.3.4 反应时间记录的相关知识 3.3.5 岗位操作规程的相关知识 3.3.6 取样操作的相关知识 3.3.7 样品送检的相关知识

表（续）

职业功能	工作内容	技能要求	相关知识要求
4 干燥、混合、包装	4.1 干燥	4.1.1 能使用干燥设备、设施烘干产品 4.1.2 能使用取样工具对干燥后的产品进行取样 4.1.3 能对所取样品进行贴签、记录、送检	4.1.1 岗位操作规程的相关知识 4.1.2 取样操作的相关知识 4.1.3 取样岗位操作规程的相关知识 4.1.4 样品送检的相关知识
	4.2 粉碎、筛分	4.2.1 能检查筛网的完整性 4.2.2 能使用粉碎机、筛分机等设备对产品进行粉碎、筛分操作	4.2.1 粉碎、筛分操作规程的相关知识 4.2.2 粉碎、筛分安全操作规程的相关知识
	4.3 混合、包装	4.3.1 能使用混合设备进行混合物料 4.3.2 能使用包装工具、设备包装产品 4.3.3 能复核包装产品净重、毛重 4.3.4 能准确计算包装数量 4.3.5 能根据批生产信息核对标签数量、贴签	4.3.1 混合设备标准操作规程的相关知识 4.3.2 包装标准操作规程的相关知识 4.3.3 标签管理标准操作规程的相关知识
5 清场与清洁	5.1 清理生产现场	5.1.1 能按岗位操作规程清点剩余物料 5.1.2 能按操作规程整理文件 5.1.3 能按操作规程清理容器具	5.1.1 清场操作规程的相关知识 5.1.2 物料管理规程的相关知识
	5.2 清洁生产现场	5.2.1 能按清洁操作规程清洁生产区 5.2.2 能按消毒操作规程对现场进行消毒	5.2.1 清洁、消毒岗位标准操作规程的相关知识 5.2.2 清洁、消毒的相关知识

3.2 高级技能

职业功能	工作内容	技能要求	相关知识要求
1 生产前准备	1.1 检查生产环境、设施、设备	1.1.1 能检查生产环境的压差 1.1.2 能使用相关检测仪器对生产环境进行尘埃粒子等的监测	1.1.1 环境压差控制的相关知识 1.1.2 生产环境监测的相关知识
	1.2 准备原辅料	1.2.1 能识别常用原辅料的外观性状 1.2.2 能按生产指令核对原辅料 1.2.3 能按不同净化级别的要求传递原辅料	1.2.1 原辅料的含水量与吸湿性等相关知识 1.2.2 原辅料的色泽与外观性状的相关知识 1.2.3 原辅料内外包的相关知识 1.2.4 物料进出洁净区的相关知识
	1.3 准备包装材料	1.3.1 能按干燥设备操作规程对内包装材料进行干燥 1.3.2 能按消毒灭菌操作规程对内包装材料进行消毒灭菌	1.3.1 包装材料的相关知识 1.3.2 灭菌的相关知识
2 反应	2.1 投料	2.1.1 能按计量器具使用规程对磅秤、电子秤、架盘天平等进行校验 2.1.2 能按岗位操作规程对投料操作进行复核 2.1.3 能按岗位操作规程对所使用的物料进行平衡核算	2.1.1 计量器具校验管理规程的相关知识 2.1.2 计量器具自校的相关知识 2.1.3 投料操作控制要点 2.1.4 物料平衡核算的相关知识
	2.2 反应参数控制	2.2.1 能根据反应参数要求检查配套动力系统控制 2.2.2 能根据工艺控制要求对反应过程中出现的异常情况做出初步分析	2.2.1 动力系统检查要点 2.2.2 反应过程中关键工艺控制参数监控要点

表（续）

职业功能	工作内容	技能要求	相关知识要求
2 反应	2.3 反应中间控制	2.3.1 能根据工艺控制要求对反应终点进行判定 2.3.2 能对中间控制不符合要求的反应进行纠正处理	2.3.1 中间控制质量标准 2.3.2 生产工艺规程的相关知识
3 纯化	3.1 分离	3.1.1 能对分离终点进行判断 3.1.2 能对分离异常进行判断和分析处理	3.1.1 分离操作关键控制要点 3.1.2 分离设备相关性能知识 3.1.3 所分离物料相关理化性质
	3.2 浓缩	3.2.1 能根据工艺控制要求对浓缩终点进行判断 3.2.2 能对浓缩异常进行判断和分析处理	3.2.1 浓缩操作关键控制要点 3.2.2 浓缩设备相关性能知识 3.2.3 所浓缩物料相关理化性质
	3.3 结晶	3.3.1 能按操作规程对纯化水系统进行检查 3.3.2 能对结晶过程中出现的异常情况做出初步分析 3.3.3 能按工艺控制要求对结晶终点进行判定	3.3.1 结晶操作参数控制要求和方法 3.3.2 纯化水系统的相关知识 3.3.3 结晶过程中关键工艺控制参数监控要点 3.3.4 结晶中间控制质量标准
4 干燥、包装	4.1 干燥	4.1.1 能对烘干过程中出现的产品均匀性问题做出初步分析 4.1.2 能对烘干过程中出现的异常情况做出初步分析	4.1.1 干燥设备原理 4.1.2 干燥设备、设施维护保养的相关知识 4.1.3 干燥岗位质量监控要点 4.1.4 干燥岗位工艺参数控制
	4.2 包装	4.2.1 能按岗位操作规程进行物料核算 4.2.2 能按包装指令核对包装数 4.2.3 能按标签管理规程进行标签数量核算	4.2.1 物料平衡的相关知识 4.2.2 标签管理标准操作规程的相关知识
5 清场与清洁	5.1 清理生产现场	5.1.1 能按岗位操作规程盘存剩余物料 5.1.2 能按操作规程检查文件和记录 5.1.3 能按操作规程检查现场清理工作	5.1.1 清场操作规程的相关知识 5.1.2 物料管理规程的相关知识
	5.2 清洁生产现场	5.2.1 能按兽药质量管理规范检查清洁结果 5.2.2 能按洁净级别要求对现场消毒效果进行监测	5.2.1 清洁、消毒岗位标准操作规程的相关知识 5.2.2 清洁、消毒的相关知识

3.3 技师

职业功能	工作内容	技能要求	相关知识要求
1 反应	1.1 反应参数控制	1.1.1 能对反应过程中出现的异常情况进行分析，并解决问题 1.1.2 能对反应参数控制进行指导	1.1.1 反应设备的工作原理及一般故障分析 1.1.2 反应异常的原因分析 1.1.3 反应过程中关键参数对产品质量影响的相关知识
	1.2 反应中间控制	1.2.1 能对反应进程进行判定和分析 1.2.2 能对中间控制检测到的异常结果进行分析和处理	1.2.1 中间控制质量标准 1.2.2 生产工艺规程的相关知识
2 纯化	2.1 浓缩	2.1.1 能对浓缩操作过程进行指导 2.1.2 能对回收溶剂质量曲线进行趋势分析，并为回收工艺改进提供指导	2.1.1 回收设备工作原理 2.1.2 回收溶剂质量影响的相关知识 2.1.3 回收溶剂物化性质
	2.2 结晶	2.2.1 能对结晶操作过程进行指导 2.2.2 能对结晶过程中出现的异常情况进行分析，并解决问题	2.2.1 结晶设备的工作原理及一般故障分析 2.2.2 结晶异常的原因分析 2.2.3 结晶过程中关键参数对产品质量影响的相关知识

表（续）

职业功能	工作内容	技能要求	相关知识要求
3 干燥、混合	3.1 干燥	3.1.1 能对产品烘干过程进行指导 3.1.2 能根据产品性质的不同选择不同的干燥方法 3.1.3 能对干燥工序中出现的异常情况进行分析，并解决问题	3.1.1 温度对物料影响的相关知识 3.1.2 干燥设备的种类及工作原理 3.1.3 干燥设备的一般故障分析
	3.2 混合	3.2.1 能对物料混合过程中的含量均匀度做初步分析 3.2.2 能对混合过程中出现的异常情况进行分析和处理	3.2.1 混合岗位工艺知识 3.2.2 混合岗位质量监控要点
4 指导、培训	4.1 指导	4.1.1 能指导中级工、高级工进行实际操作 4.1.2 能编写操作规程	4.1.1 操作规程编写方法 4.1.2 操作规程编写内容要求
	4.2 培训	4.2.1 能汇总生产过程相关的专业知识 4.2.2 能讲授本专业技术知识	4.2.1 培训讲义编写方法 4.2.2 培训基本方法

3.4 高级技师

职业功能	工作内容	技能要求	相关知识要求
1 反应	1.1 反应参数控制	1.1.1 能对处方调整和工艺改进提供技术指导 1.1.2 能依据生产工艺原理，解决生产过程中的疑难问题及质量问题	1.1.1 产品生产的相关知识 1.1.2 影响产品产量、质量的相关知识
	1.2 反应中间控制	1.2.1 能指导新产品、新工艺的试生产 1.2.2 能制、修订生产工艺规程和岗位标准操作规程	1.2.1 产品反应机理的相关知识 1.2.2 工艺验证的相关知识 1.2.3 文件制、修订的相关知识
2 纯化	2.1 浓缩	2.1.1 能对浓缩工艺进行优化 2.1.2 能制、修订岗位标准操作规程	2.1.1 浓缩设备工作原理 2.1.2 溶剂回收的相关知识 2.1.3 文件制、修订的相关知识
	2.2 结晶	2.2.1 能依据结晶生产工艺，解决结晶过程中出现的疑难问题及质量问题 2.2.2 能对结晶工艺进行改进，并提供技术指导 2.2.3 能制、修订岗位标准操作规程	2.2.1 结晶技术的相关知识 2.2.2 验证的相关知识 2.2.3 文件制、修订的相关知识
3 指导、培训	3.1 指导	3.1.1 能指导本职业高级工、技师进行实际操作 3.1.2 能审核操作规程	3.1.1 操作规程编写方法 3.1.2 操作规程编写内容要求
	3.2 培训	3.2.1 能培训技师理论知识 3.2.2 能编写本专业培训讲义	3.2.1 培训讲义编写方法与注意事项 3.2.2 培训基本方法与技巧
4 质量管理	4.1 质量管理	4.1.1 能根据产品质量的影响因素确定生产工艺的关键控制点 4.1.2 能根据产品产量和质量偏差调查结果，制定整改措施 4.1.3 能验证生产工艺的可行性与设备的匹配性	4.1.1 生产质量管理规范知识 4.1.2 生产设备相关知识 4.1.3 影响产品产量与质量的各种因素
	4.2 质量文件的编写	4.2.1 能对生产过程中的相关数据进行分析 4.2.2 能编写产品质量文件	4.2.1 法律法规的相关知识 4.2.2 文件编写的相关知识

4 比重表

4.1 理论知识

项目 \ 技能等级		中级（%）	高级（%）	技师（%）	高级技师（%）
基本要求	职业道德	5	5	5	5
	相关知识	15	15	25	25
相关知识要求	生产前准备	15	10	—	—
	反应	20	25	30	30
	纯化	20	20	15	15
	干燥、混合、包装	15	15	10	—
	清场与清洁	10	10	—	—
	指导、培训	—	—	15	15
	质量管理	—	—	—	10
合　计		100	100	100	100
注:"—"表示不配分。					

4.2 操作技能

项目 \ 技能等级		中级（%）	高级（%）	技师（%）	高级技师（%）
技能要求	生产前准备	20	15	—	—
	反应	20	30	35	40
	纯化	20	25	25	25
	干燥、混合、包装	20	20	20	—
	清场与清洁	20	10	—	—
	指导、培训	—	—	20	20
	质量管理	—	—	—	15
合　计		100	100	100	100
注:"—"表示不配分。					

ICS 65.020.30
B 43

中华人民共和国农业行业标准

NY/T 5339—2017
代替 NY/T 5339—2006

无公害农产品　畜禽防疫准则

2017-06-12 发布
2017-10-01 实施

中华人民共和国农业部 发布

前　言

本标准按照 GB/T 1.1—2009 给出的规则起草。

本标准代替 NY/T 5339—2006《无公害农产品　畜禽饲养兽医防疫准则》。与 NY/T 5339—2006 相比，除编辑性修改外主要技术变化如下：

——标准名称改为《无公害农产品　畜禽防疫准则》；

——规范性引用文件中增加了新发布的相关动物卫生法律法规和部门规章；

——简化了畜禽饲养场防疫条件，按《动物防疫条件审查办法》执行；

——细化了引入动物的防疫要求，使其符合《动物检疫管理办法》；

——修改了饲养管理消毒防疫要求，使企业预防动物疫病措施更有效；

——修改了疫情报告内容，使其符合《重大动物疫情应急条例》要求；

——根据《中华人民共和国一、二、三类动物疫病名录》，修改了监测疫病清单。

本标准由中华人民共和国农业部提出并归口。

本标准起草单位：中国动物卫生与流行病学中心、农业部农产品质量安全中心、中国动物疫病预防控制中心。

本标准主要起草人：孙淑芳、刘陆世、廖超子、王媛媛、魏荣、张锋、王岩、宋晓晖、肖肖、曲志娜。

本标准所代替标准的历次版本发布情况为：

——NY/T 5339—2006。

无公害农产品　畜禽防疫准则

1　范围

本标准规定了生产无公害农产品的畜禽饲养场防疫基本条件、畜禽引入防疫要求、饲养管理防疫要求、疫病监测、预防免疫及控制扑灭、无害化处理要求以及畜禽标识与防疫档案要求等方面的防疫准则。

本标准适用于生产无公害农产品的畜禽饲养场实施动物疫病预防与控制。

2　规范性引用文件

下列文件对于本文件的应用是必不可少的。凡是注日期的引用文件，仅注日期的版本适用于本文件。凡是不注日期的引用文件，其最新版本（包括所有的修改单）适用于本文件。

GB 18596　畜禽养殖业污染物排放标准

NY/T 2843　动物及动物产品运输兽医卫生规范

中华人民共和国国务院令第450号　重大动物疫情应急条例

中华人民共和国农业部令2006年第67号　畜禽标识和养殖档案管理办法

中华人民共和国农业部令2010年第7号　动物防疫条件审查办法

中华人民共和国农业部　农医发〔2013〕34号　病死动物无害化处理技术规范

中华人民共和国农业部　农医发〔2016〕45号　无规定动物疫病区管理技术规范

3　畜禽饲养场防疫基本条件

3.1　选址、布局和设施设备应符合中华人民共和国农业部令2010年第7号的规定，按照地方政府规定程序，申请取得动物防疫条件合格证，并按规定维持合格证持续有效。

3.2　应配备满足器械消毒、兽药配制、病死畜禽解剖、诊断的兽医室。

3.3　应配备兽药、疫苗等防疫试剂的储存场所，具备相应的冷冻冷藏储存条件。

3.4　"自繁自养"的饲养场，种畜禽饲养场和商品畜禽饲养场在布局上应相对独立，场区间设有隔离屏障，防止疫病传播。

3.5　禽类饲养场孵化间与养殖区之间应设置隔离设施，并配备种蛋熏蒸消毒设施，孵化间的流程应当单向，不得交叉或者回流。

4　畜禽引入防疫要求

4.1　畜禽饲养场引入畜禽或畜禽冷冻精液、胚胎、种蛋等遗传材料，应来源于持有有效种畜禽生产经营许可证的种畜禽场或遗传材料经营机构。

4.2　猪、牛、羊等大中动物输出场至少在过去2年未发生附录A列入的动物疫病。

4.3　禽类及兔等小动物输出场至少在过去1年未发生附录A列入的动物疫病。

4.4　引入动物健康，经输出场所在地县级动物卫生监督机构检疫合格，并取得动物检疫合格证明。

4.5　跨省（自治区、直辖市）调入乳用、种用畜禽及其精液、胚胎、种蛋，引入场除满足4.1的要求外，还应当向输入地动物卫生监督机构申请办理审批手续，取得输入地地方政府签发的动物检疫合格证明。

4.6　引入动物进入饲养场后，应于相对独立的畜禽舍隔离饲养一段时间；猪、牛、羊等大中动物，应隔离饲养至少45 d；禽类及兔等小动物应隔离饲养至少30 d。

4.7　无规定动物疫病区内的畜禽饲养场，引入动物应符合农医发〔2016〕45号规定的有关健康要求。

在起运前,应向输入地省级动物卫生监督机构申报检疫,经产地检疫合格,并按输入地省级兽医行政主管部门要求,在规定的隔离场实施隔离检疫,经检疫合格后方可进入畜禽饲养场。

4.8 运输动物的车辆和器具在装运动物前后应彻底清洗、消毒,运输过程应符合 NY/T 2843 的要求。

4.9 从境外引入动物,按国家出入境检验检疫主管部门的有关规定进行。

5 饲养管理防疫要求

5.1 人员防疫要求

5.1.1 畜禽饲养场应当有与其养殖规模相适应的兽医。

5.1.2 从事饲养管理的工作人员和兽医应身体健康,患有人畜共患传染病的人员不得从事畜禽饲养与兽医防疫工作。

5.1.3 饲养管理人员和兽医进入饲养区,应通过消毒室或淋浴间,经洗手、消毒或沐浴后,更换场区工作服和鞋、帽进入;工作服及鞋、帽应保持清洁,并定期清洗、消毒。

5.1.4 应尽可能减少外来人员进入饲养区,如确需进入,应在消毒或洗浴后穿戴洁净工作服和鞋、帽,在兽医引导下进入。

5.1.5 畜禽饲养场应建立并实施饲养人员和兽医定期体检及培训制度。

5.2 防疫消毒要求

5.2.1 畜禽饲养场应针对5.2.2至5.2.8的要求,制定标准化清洁消毒操作程序并严格实施。

5.2.2 运输动物及投入品的车辆进入畜禽饲养场区时,应在场区入口外进行全面清洁及消毒后,经入口消毒池缓慢驶入。

5.2.3 应保持场区出入口处、生产区入口处的消毒池或消毒垫内的消毒液持续有效。

5.2.4 每天打扫畜禽舍卫生,保持笼具、料槽、水槽、用具、照明灯泡及舍内其他配套设施洁净,保持地面清洁。

5.2.5 定期对畜禽舍进行带畜禽喷雾消毒,对料槽、水槽等饲喂用具进行定期消毒,在疫病多发季节,适当加大消毒频率。

5.2.6 保持场内道路和畜禽周边环境清洁,道路及畜禽舍周围至少每周实施1次清洁消毒;场内污水池、排粪坑、下水道至少每半月消毒1次。

5.2.7 畜禽转舍、售出后,应对空舍和设施设备进行严格清洁和消毒,消毒后至少空舍1周后,再引入畜禽饲养。

5.2.8 保温箱、补料槽、饲料车、料箱等物品应冲洗干净并消毒后,将消毒液冲洗干净方可进入生产区使用。

5.2.9 对兽医室定期消毒,在实施剖检或诊断实验后应立即清洁并消毒。

6 疫病监测、预防及控制扑灭

6.1 疫病监测要求

6.1.1 畜禽饲养场应按照附录A所列疫病种类,结合当地疫病实际流行情况,制订并实施科学的疫病监测方案,并及时将监测结果报告当地兽医主管部门。

6.1.2 畜禽场应配合当地兽医主管部门实施本地区动物疫病监测及流行病学调查工作。

6.2 预防免疫要求

6.2.1 根据6.1的监测结果,制订实施本场动物疫病免疫预防计划;对县级以上兽医主管部门规定需强制免疫的疫病,畜禽免疫密度应达100%,免疫抗体合格率全年应保持在70%以上。

6.2.2 用于疫病诊断、预防及治疗的诊断试剂、疫苗及兽药应符合《中华人民共和国兽药典》要求,且具有国家兽药批准文号。实施强制免疫时,应使用农业部发布的《国家动物疫病强制免疫计划》规定的疫苗。

6.3 疫情报告及控制扑灭要求

6.3.1 畜禽饲养场应制定疫情报告制度及程序并严格实施。

6.3.2 饲养员和兽医应每日观察畜禽状况,发现畜禽沉郁、精神萎靡、发热或个体死亡等临床症状时,应立即将患病畜禽隔离饲养,将死亡畜禽移除;发现畜禽出现群体发病或者死亡的,应立即采取隔离、消毒等控制措施,并向所在地县(市)兽医主管部门、动物卫生监督机构或者动物疫病预防控制机构报告。

6.3.3 畜禽饲养场或周边区域发生地方政府认定的重大动物疫情,被地方政府划定为疫点、疫区或受威胁区时,应按照中华人民共和国国务院令第450号的规定,配合地方政府对发病畜禽群及养殖场采取严格的封锁、隔离、消毒和扑杀、销毁、无害化处理等生物安全措施。

6.3.4 发生国家规定无须扑杀的病毒、细菌或寄生虫病,要及时采取隔离、淘汰或治疗措施,并对未患病动物进行紧急免疫接种。

6.3.5 畜禽饲养场应按照国家和本省动物疫病净化计划,根据监测结果,制订并实施本场动物疫病净化方案。

7 无害化处理要求

7.1.1 病死、扑杀以及净化淘汰畜禽应按照农医发〔2013〕34号的规定进行无害化处理,或按照地方政府规定,由地方兽医主管部门统一收集处理。

7.1.2 畜禽饲养场应建立对畜禽粪便和污水的无害化处理设施和无害化处理机制,饲养过程中产生的动物饲料、饲草及垫料等废弃物,以及粪便等排泄物应进行无害化处理后方可利用或排放。

7.1.3 畜禽饲养场排放的污水、污物应符合GB 18596的要求。

8 畜禽标识与防疫档案要求

8.1 畜禽饲养场应按照中华人民共和国农业部令2006年第67号的规定,对畜禽进行标识,建立养殖档案。

8.2 畜禽饲养场应及时记录并保存每群畜禽的防疫信息,其内容包括:畜禽来源及去向、免疫接种信息(疫苗种类、生产厂家和生产批号)、日常消毒情况、发病及用药情况、实验室检查治疗及结果、监测抽样情况、死亡原因及死亡率、无害化处理情况等。所有记录档案应有相关生产负责人员签字并妥善保管,至少应在清群后保存3年以上。

附　录　A
（规范性附录）
畜禽饲养监测疫病清单

畜禽饲养监测疫病清单见表 A.1。

表 A.1　畜禽饲养监测疫病清单

畜禽品种	应监测的疫病
牛	口蹄疫、小反刍兽疫、炭疽、伪狂犬、蓝舌病、牛结核病、布鲁氏菌病、牛传染性鼻气管炎、牛白血病、牛梨形虫病、牛锥虫病、日本血吸虫病、包虫病
猪	口蹄疫、伪狂犬病、猪水泡病、猪瘟、猪繁殖与呼吸障碍综合征、猪乙型脑炎、猪丹毒、猪囊尾蚴病、猪旋毛虫病、猪链球菌病、猪细小病毒病、猪支原体肺炎、副猪嗜血杆菌病
羊	口蹄疫、小反刍兽疫、绵羊痘与山羊痘、山羊关节炎脑炎、包虫病
驴	口蹄疫、细颈囊尾蚴病、驴结核病
兔	兔病毒性出血病、兔黏液瘤病、野兔热、兔球虫病
鸡	禽流感、新城疫、鸡传染性支气管炎、鸡传染性喉气管炎、产蛋下降综合征、禽网状内皮增生症、马立克氏病、禽白血病、禽结核、禽霍乱、鸡白痢与伤寒
鸭	鸭瘟、鸭病毒性肝炎、鸭浆膜炎、禽霍乱
鹅	鹅副黏病毒病、小鹅瘟、鹅白痢与伤寒、鹅霍乱
鸽、火鸡、鹌鹑等经济禽类	禽流感、新城疫

第三部分
饲 料 类 标 准

ICS 65.120
B 46

中华人民共和国农业行业标准

NY/T 915—2017
代替 NY/T 915—2004

饲料原料 水解羽毛粉

Feed material—Hydrolyzed feather meal

2017-12-22 发布　　　　　　　　　　　2018-06-01 实施

中华人民共和国农业部 发布

NY/T 915—2017

前　言

本标准按照 GB/T 1.1—2009 给出的规则起草。

本标准代替 NY/T 915—2004《饲料用水解羽毛粉》。与 NY/T 915—2004 相比,除编辑性修改外主要变化如下:

——标准名称修改为《饲料原料　水解羽毛粉》;

——完善了标准的适用范围;

——删除了术语和定义;

——删除了原料要求;

——要求中将感官要求和其他要求合并为感官性状;

——要求中修改了技术指标;

——要求中修改了卫生指标;

——完善了检验方法;

——删除了附录 A。

本标准由农业部畜牧业司提出。

本标准由全国饲料工业标准化技术委员会(SAC/TC 76)归口。

本标准起草单位:山东新希望六和集团有限公司、中国饲料工业协会。

本标准主要起草人:王黎文、郭吉原、荣佳、刘士杰、朱正鹏、张雅惠、姜晓霞、李然。

本标准所代替标准的历次版本发布情况为:

——NY/T 915—2004。

饲料原料　水解羽毛粉

1　范围

本标准规定了饲料原料水解羽毛粉的要求、试验方法、检验规则及标签、包装、储存、运输和保质期要求。

本标准适用于以新鲜、无变质、无污染的家禽羽毛为原料,经水解(酶解、酸解、碱解、高温高压水解)、干燥、粉碎获得的饲料原料水解羽毛粉。

2　规范性引用文件

下列文件对于本文件的应用是必不可少的。凡是注日期的引用文件,仅注日期的版本适用于本文件。凡是不注日期的引用文件,其最新版本(包括所有的修改单)适用于本文件。

GB/T 6432　饲料中粗蛋白测定方法

GB/T 6433　饲料中粗脂肪的测定

GB/T 6435　饲料中水分的测定

GB/T 6438　饲料中粗灰分的测定

GB 10648　饲料标签

GB 13078　饲料卫生标准

GB/T 14698　饲料显微镜检查方法

GB/T 14699.1　饲料　采样

GB/T 15399　饲料中含硫氨基酸测定方法——离子交换色谱法

GB/T 17811　动物性蛋白质饲料　胃蛋白酶消化率的测定　过滤法

GB/T 18246　饲料中氨基酸的测定

3　要求

3.1　感官性状

黄色、黄褐色或褐色粉末状颗粒,具有水解羽毛粉正常气味,无结块、无异味,无霉变。

在显微镜下观察为黄色、黄褐色的半透明状颗粒以及少量的羽干、羽枝和羽根。

3.2　技术指标

应符合表1的规定。

表1　技术指标

单位为百分率

指标项目	指标	
	一级	二级
水分	≤10.0	
粗蛋白质	≥78.0	
粗脂肪	≤5.0	
胱氨酸	≥3.0	
粗灰分	≤2.0	≤5.0
赖氨酸	≥1.5	≥1.2
胃蛋白酶消化率	≥80.0	≥75.0
注:表中所列项目(除水分以原样为基础计算外)以干物质含量88%为基础计。		

3.3 卫生指标

应符合 GB 13078 的规定。

4 试验方法

4.1 感官检验

在自然光线下,对样品的外观、颜色、气味、性状进行检验。显微镜观察要求按 GB/T 14698 的规定执行。

4.2 水分

按 GB/T 6435 的规定执行。

4.3 粗蛋白质

按 GB/T 6432 的规定执行。

4.4 粗灰分

按 GB/T 6438 的规定执行。

4.5 粗脂肪

按 GB/T 6433 的规定执行。

4.6 胱氨酸

按 GB/T 15399 的规定执行。

4.7 赖氨酸

按 GB/T 18246 的规定执行。

4.8 胃蛋白酶消化率

按 GB/T 17811 的规定执行。

4.9 卫生指标

按 GB 13078 的规定执行。

5 检验规则

5.1 组批

以相同的原料、相同的设备、相同的工艺和工艺参数,一个连续生产的班次为一组批。

5.2 采样

按 GB/T 14699.1 的规定进行采样。

5.3 出厂检验

出厂检验项目:感官性状、水分、粗蛋白质、粗灰分和胃蛋白酶消化率。

5.4 型式检验

型式检验项目为第 3 章要求中的全部内容。产品正常生产时,每半年至少进行一次型式检验。当有下列情况之一时,应进行型式检验:

    a) 新产品投产时;

    b) 原料、设备、加工工艺有较大改变时;

    c) 产品停产三个月以上,重新恢复生产时;

    d) 出厂检验结果与上次型式检验结果有较大差异时;

    e) 当饲料行政管理部门提出进行型式检验要求时。

5.5 判定规则

5.5.1 所检项目检测结果均与本标准规定指标一致判定为合格产品。

5.5.2 检验结果中如有一项指标(除微生物指标外)不符合本标准规定时,可在原批中重新抽样,对不符合项进行复验,若复验结果仍不符合本标准规定,则判定该批产品为不合格。微生物指标出现不符合项目时,不得复验,即判定该批产品不合格。

6 标签、包装、储存和运输

6.1 标签
应符合 GB 10648 的有关规定。在标签的显著位置上标明"本产品不得饲喂反刍动物"。

6.2 包装
包装材料应清洁卫生、无毒、无污染。具有防潮、防泄漏的措施。

6.3 储存
储存的仓库应干燥、通风。
储存过程中应注意防雨淋、防暴晒、防虫蛀、防霉变。不应与有毒有害物质混储。

6.4 运输
运输工具应清洁卫生,运输中应防止暴晒、雨淋,避免包装破损。
不应与有毒有害物质混装混运。

7 保质期

在符合规定的储存和运输条件下,保质期为 90 d。

ICS 03.100.30
A 18

中华人民共和国农业行业标准

NY/T 3123—2017

饲 料 加 工 工

2017-12-22 发布   2018-06-01 实施

中华人民共和国农业部 发布

前　言

本标准由农业部人事劳动司提出并归口。

本标准起草单位:农业部人力资源开发中心、全国畜牧总站。

本标准主要起草人:王红英、田莉、李军国、牛智有、李建刚、宋真、何兵存。

本标准审定人员:严建刚、刘志强、陈强、吴莹。

饲 料 加 工 工

1 职业概况

1.1 职业名称
饲料加工工

1.2 职业定义
操作饲料加工设备,粉碎、混合饲用原料,生产成型饲料(草)的人员。

1.3 职业技能等级
本职业共设三个等级,分别为:初级技能(国家职业资格五级)、中级技能(国家职业资格四级)、高级技能(国家职业资格三级)。

1.4 职业环境条件
室内,常温。

1.5 职业能力倾向
具有一定的观察、判断、应变和计算能力,手指、手臂灵活,动作协调。

1.6 普通受教育程度
初中及以上文化程度。

1.7 职业培训要求

1) 晋级培训期限

全日制职业学校教育,根据其培养目标和教学计划确定。晋级培训期限:初级技能不少于180标准学时;中级技能不少于150标准学时;高级技能不少于120标准学时。

2) 培训教师

培训初级技能的教师应具有本职业高级职业资格证书或相关专业初级及以上专业技术职务任职资格;培训中、高级技能的教师应具有本职业高级职业资格证书2年以上或相关专业中级及以上专业技术职务任职资格。

3) 培训场所设备

满足教学需要的标准教室和具备必要工具设备的实际操作场所。

1.8 职业技能鉴定要求

1) 申报条件

——具备以下条件之一者,可申报五级/初级技能:

(1) 经本职业五级/初级技能正规培训达到规定标准学时数,并取得结业证书。

(2) 连续从事本职业工作1年以上。

——具备以下条件之一者,可申报四级/中级技能:

(1) 取得本职业五级/初级技能职业资格证书后,连续从事本职业工作1年以上,经本职业四级/中级技能正规培训达到规定标准学时数,并取得结业证书。

(2) 取得本职业五级/初级技能职业资格证书后,连续从事本职业工作3年以上。

(3) 连续从事本职业工作4年以上。

(4) 取得技工学校毕业证书;或取得经人力资源社会保障行政部门审核认定、以中级技能为培养目标的中等及以上职业学校本专业毕业证书(含尚未取得毕业证书的在校应届毕业生)。

——具备以下条件之一者,可申报三级/高级技能:

（1）取得本职业四级/中级技能职业资格证书后,连续从事本职业工作2年以上,经本职业三级/高级技能正规培训达到规定标准学时数,并取得结业证书。

（2）取得本职业四级/中级技能职业资格证书后,连续从事本职业工作3年以上。

（3）取得本职业四级/中级技能职业资格证书,并具有高级技工学校、技师学院毕业证书,且连续从事本职业工作1年以上;或取得本职业四级/中级技能职业资格证书,并经人力资源社会保障行政部门审核认定、以高级技能为培养目标、具有高等职业学校本专业毕业证书,且连续从事本职业工作1年以上。

（4）具有大专及以上本专业或相关专业毕业证书,连续从事本职业工作2年以上。

2）鉴定方式

分为理论知识考试和操作技能考核。理论知识考试采用闭卷笔试方式,操作技能考核采用现场实际操作、模拟和口试等方式。理论知识考试和操作技能考核均实行百分制,成绩皆达60分及以上者为合格。

3）监考及考评人员与考生配比

理论知识考试中的监考人员与考生配比为1∶20,每个标准教室不少于2名监考人员;操作技能考核中的考评人员与考生配比为1∶5,且不少于3名考评人员。

4）鉴定时间

理论知识考试时间为120 min,操作技能考核时间不少于90 min。

5）鉴定场所设备

理论知识考试在标准教室进行;操作技能考核在具有必要考核设备、设施的实践场所进行。

2 基本要求

2.1 职业道德
2.1.1 职业道德基本知识
2.1.2 职业守则

（1）遵纪守法,爱岗敬业。

（2）规范操作,注重安全。

（3）钻研业务,精益求精。

（4）诚实守信,团结协作。

2.2 基础知识
2.2.1 基础理论知识

（1）饲料原料与动物营养基础知识。

（2）饲料加工工艺基础知识。

（3）饲料加工设施、设备基础知识。

（4）饲料质量安全管理规范。

2.2.2 相关法律、法规知识

（1）《中华人民共和国安全生产法》的相关知识。

（2）《中华人民共和国劳动法》的相关知识。

（3）《中华人民共和国劳动合同法》的相关知识。

（4）《中华人民共和国职业病防治法》的相关知识。

（5）《饲料和饲料添加剂管理条例》的相关知识。

3 工作要求

本标准对初级、中级、高级的技能要求依次递进,高级别涵盖低级别的要求。

3.1 初级技能

职业功能	工作内容	技能要求	相关知识要求
1 原料接收与清理	1.1 操作准备	1.1.1 能鉴别大宗饲料原料(含饲草、液体原料)的感官性状 1.1.2 能检查判断原料接收与清理系统的运行状态	1.1.1 大宗饲料原料(含饲草、液体原料)基础知识 1.1.2 相关输送设备和清理设备的基本结构与工作原理
	1.2 设备操作	1.2.1 能操作清理筛、输送设备、除尘设备等设备 1.2.2 能完成清理筛、永磁筒等设备的清理 1.2.3 能完成脉冲除尘器滤袋的清理 1.2.4 能完成液体原料的接收操作	1.2.1 原料接收清理程序 1.2.2 相关设备的操作规程 1.2.3 相关设备的清理规程
	1.3 设备维护	1.3.1 能完成相关设备的维护保养 1.3.2 能完成液体原料接收系统的清理	1.3.1 相关设备维护保养的基本常识和方法
2 原料粉碎	2.1 操作准备	2.1.1 能根据粉碎工艺参数要求,正确选择与更换粉碎机的筛片 2.1.2 能清理粉碎机喂料磁选器杂质	2.1.1 粉碎机及相关设备的工作原理及基本结构 2.1.2 筛片选择原理及更换方法
	2.2 设备操作	2.2.1 能操作粉碎机及配套设备 2.2.2 能通过感官识别物料粉碎粒度范围 2.2.3 能检查判断粉碎机及配套设备的运行状态	2.2.1 粉碎系统操作规程 2.2.2 不同粉碎粒度和筛孔目数对应知识 2.2.3 粉碎机操作相关知识
	2.3 设备维护	2.3.1 能完成粉碎机及配套设备的定期清理 2.3.2 能完成粉碎机及配套设备的维护保养	2.3.1 粉碎机及相关设备日常维护保养知识 2.3.2 粉碎机主轴润滑的常识
3 配料混合	3.1 操作准备	3.1.1 能够识别常用小料原料感官性状 3.1.2 能正确复核小料原料 3.1.3 能完成配料秤、电子台秤的校验与核查 3.1.4 能检查判断称量器具、料仓、混合机等设施设备的清洁卫生状态 3.1.5 能检查判断配料混合系统的状态	3.1.1 常用小料原料相关感官性状知识 3.1.2 配料秤、电子台秤的工作原理和基本结构 3.1.3 配料秤、电子台秤的校验方法 3.1.4 相关设施设备的清洁卫生要求 3.1.5 配料混合工艺流程
	3.2 设备操作	3.2.1 能操作配料、混合系统 3.2.2 能操作液体添加系统 3.2.3 能使用计量器具,准确称量小料重量 3.2.4 能按照要求完成小料的预混合和添加	3.2.1 配料秤(微量配料秤)、混合机及相关设备的基本结构、工作原理及操作规程 3.2.2 油脂(液体)添加系统的基本结构、工作原理及操作规程 3.2.3 小料配料操作规程 3.2.4 液体添加系统添加精度调整及校验方法 3.2.5 配料秤精度调整及校验方法
	3.3 设备维护	3.3.1 能完成配料混合系统相关设备的维护保养 3.3.2 能完成配料混合系统相关设备的清理	3.3.1 配料混合系统相关设备的维护保养基本知识 3.3.2 润滑油(脂)的选择
4 饲料成型	4.1 操作准备	4.1.1 能检查判断制粒机及辅助设备的状态 4.1.2 能调整蒸汽压力及检查冷凝水的排放 4.1.3 能根据制粒工艺参数要求,选择并更换压模、分级筛筛网,调节冷却风机风门、冷却器料位器的位置及破碎机对辊间隙 4.1.4 能判别压模、压辊的磨损情况 4.1.5 能更换环模及压辊总成	4.1.1 饲料(草)制粒工艺流程及流程说明 4.1.2 饲料(草)制粒蒸汽系统组成 4.1.3 饲料(草)制粒工艺参数与产品质量 4.1.4 制粒机压模、压辊结构 4.1.5 制粒辅助设备调整

表（续）

职业功能	工作内容	技能要求	相关知识要求
4 饲料成型	4.2 设备操作	4.2.1 能操作制粒机及相关设备 4.2.2 能调节环模与压辊之间的间隙 4.2.3 能按制粒要求正确加注润滑油脂 4.2.4 能根据制粒质量、产量，调整喂料速度、蒸汽添加量、切刀位置等生产参数	4.2.1 制粒机及相关设备的基本结构、工作原理、性能及操作规程 4.2.2 蒸汽的基本知识 4.2.3 调质影响因素及调整 4.2.4 颗粒质量的判定、原因分析及工艺参数的调整
	4.3 设备维护	4.3.1 能完成制粒机及配套设备的清理 4.3.2 能完成制粒机及配套设备的维护保养	4.3.1 制粒机及配套设备的清理要求和方法 4.3.2 制粒机及配套设备的维护保养要求和方法
5 成品包装	5.1 操作准备	5.1.1 能检查判断成品包装系统的状态 5.1.2 能完成包装秤的校验与核查 5.1.3 能检查判断成品仓、包装秤等设施设备的清洁卫生状态 5.1.4 能使用产品标签、包装袋	5.1.1 包装秤的校验方法 5.1.2 成品仓、包装秤等设施设备的清洁要求 5.1.3 《GB 10648—2013 饲料标签》
	5.2 设备操作	5.2.1 能操作包装秤及相关设备 5.2.2 能调节电子定量包装秤的计量精度 5.2.3 能正确处理头尾料和不合格产品 5.2.4 能操作缝包机及更换消耗品 5.2.5 能进行饲料成品的感官检查	5.2.1 包装秤及相关设备的基本结构、工作原理及操作规程 5.2.2 电子定量包装秤的工作状态参数及调整方法 5.2.3 头尾料和不合格产品相关知识 5.2.4 饲料成品感官知识
	5.3 设备维护	5.3.1 能完成包装秤及相关设备的维护保养 5.3.2 能完成包装秤及相关设备的润滑操作	5.3.1 包装秤及相关设备的维护保养要求和方法 5.3.2 相关设备的润滑操作方法
6 辅助系统	6.1 压缩空气系统操作	6.1.1 能检查判断压缩空气系统的状态 6.1.2 能操作空气压缩机及辅助设备 6.1.3 能完成空气压缩机及辅助设备的维护保养	6.1.1 压缩空气系统的组成 6.1.2 压力容器安全相关知识 6.1.3 空气压缩机及辅助设备的维护保养
	6.2 通风除尘系统操作	6.2.1 能检查判断通风除尘系统的状态 6.2.2 能操作通风除尘系统 6.2.3 能完成通风除尘系统的维护保养	6.2.1 通风除尘系统的组成 6.2.2 除尘器、风机的基本结构、工作原理及操作规程 6.2.3 除尘器、风机等设备的维护保养知识

3.2 中级技能

职业功能	工作内容	技能要求	相关知识要求
1 原料接收与清理	1.1 操作准备	1.1.1 能鉴别饲料(草)原料 1.1.2 能检查判断原料立筒仓或房式仓接收系统的运行状态 1.1.3 能检查判断原料立筒仓测温通风系统的运行状态 1.1.4 能检查气力输送系统的运行状态	1.1.1 原料(含饲草、液体原料)的理化性质 1.1.2 原料立筒仓接收系统的组成 1.1.3 原料立筒仓温控系统的组成 1.1.4 气力输送系统的组成及原理
	1.2 设备操作	1.2.1 能操作原料立筒仓或房式仓接收系统 1.2.2 能操作原料立筒仓测温通风系统，判断工作状态	1.2.1 原料接收工段(含原料立筒仓)设备工作原理及基本结构 1.2.2 原料(含液体原料)接收与清理工艺

表（续）

职业功能	工作内容	技能要求	相关知识要求
1 原料接收与清理	1.2 设备操作	1.2.3 能估算原料立筒仓内储存物料的重量 1.2.4 能操作原料接收计量设备的校验 1.2.5 能更换脉冲除尘器滤袋	1.2.3 原料接收计量设备的校验方法 1.2.4 原料立筒仓内储存物料重量的估算原理和方法
	1.3 设备维护	1.3.1 能对原料立筒仓或房式仓接收系统进行维护保养 1.3.2 能判断易损件状态	1.3.1 相关设备维护保养知识 1.3.2 相关设备零配件的磨损规律及判断等相关知识
2 原料粉碎	2.1 操作准备	2.1.1 能判断筛片、锤片等易损件的磨损情况 2.1.2 能调整粉碎机转向 2.1.3 能选择并更换粉碎机锤片 2.1.4 能调整锤片粉碎机锤筛间隙	2.1.1 筛片、锤片磨损规律相关知识 2.1.2 粉碎机转子动平衡知识 2.1.3 粉碎机进料方式
	2.2 设备操作	2.2.1 能调整粉碎工段运行工艺参数 2.2.2 能判断粉碎机及相关设备的运行状态	2.2.1 粉碎系统效率影响相关知识 2.2.2 粉碎自动控制系统知识 2.2.3 粉碎机及相关设备正常运行相关知识
	2.3 设备维护	2.3.1 能协助排除粉碎工段相关故障 2.3.2 能制订粉碎工段设备的维护保养计划	2.3.1 粉碎系统故障相关知识 2.3.2 粉碎机日常保养及操作规程知识
3 配料混合	3.1 操作准备	3.1.1 能根据生产计划，确定生产顺序和清洗方案 3.1.2 能依据产品配方，安排进料计划与料仓分配 3.1.3 能根据配方比例要求，并依据原料特性，合理安排配料顺序	3.1.1 饲料交叉污染控制相关知识 3.1.2 料仓进料计划和料仓分配的基本原则 3.1.3 配料精度、混合均匀度影响相关知识 3.1.4 微量添加剂预混合要求
	3.2 设备操作	3.2.1 能够使用小料配料条码系统 3.2.2 能够正确使用自动配料系统 3.2.3 能够根据生产实际实施生产线清洗，并正确处置清洗料	3.2.1 计量秤的使用要求 3.2.2 生产线的清理知识 3.2.3 小料配料条码系统的组成、操作规程 3.2.4 自动配料系统的组成、工作原理、性能及操作规程
	3.3 设备维护	3.3.1 能够完成自动配料秤的校准并记录 3.3.2 能完成液体添加剂量系统的校准并记录 3.3.3 能制订配料混合系统相关设备的维护保养计划	3.3.1 配料秤的工作原理及基本结构 3.3.2 配料混合系统相关设备维护保养方案
4 饲料成型	4.1 操作准备	4.1.1 能根据产品工艺参数要求选配模孔长径比 4.1.2 能检查判断原料膨化机、膨胀器及辅助设备的状态 4.1.3 能根据原料膨化、膨胀工艺参数要求，选择并更换模板或调整出料环隙 4.1.4 能更换膨化机模板或模头 4.1.5 能正确使用新压模	4.1.1 饲料原料特性对制粒性能的影响 4.1.2 饲料原料膨化工艺流程 4.1.3 饲料膨胀工艺流程 4.1.4 制粒机压辊总成结构 4.1.5 膨化机模板或模头的结构 4.1.6 新压模特性及使用方法
	4.2 设备操作	4.2.1 能调整逆流冷却器中的布料结构 4.2.2 能调整蒸汽与水分添加比例	4.2.1 原料膨化机、膨胀器相关设备的基本结构、工作原理、性能及操作规程

表（续）

职业功能	工作内容	技能要求	相关知识要求
4 饲料成型	4.2 设备操作	4.2.3 能操作原料膨化机、膨胀器及相关设备 4.2.4 能调整膨化、膨胀加工参数 4.2.5 能操作后喷涂系统	4.2.2 冷却器中布料器的作用及调整 4.2.3 后喷涂系统相关设备的基本结构、工作原理、性能及操作规程
	4.3 设备维护	4.3.1 能制订制粒机、原料膨化机、膨胀器及配套设备的维护保养计划 4.3.2 能完成原料膨化机、膨胀器及配套设备的清理 4.2.3 能排除制粒、原料膨化、饲料膨胀等设备的常见故障	4.3.1 制粒机、原料膨化机、膨胀器及配套设备的保养管理 4.3.2 原料膨化机、膨胀器及相关设备的常见故障
5 成品包装	5.1 操作准备	5.1.1 能检查自动包装设备、自动码垛设备的状态 5.1.2 能设置自动包装设备、自动码垛设备的工作参数	5.1.1 自动包装设备、自动码垛设备的组成及基本原理 5.1.2 相关辅助设备结构及工作原理
	5.2 设备操作	5.2.1 能调整自动包装设备、自动码垛设备参数 5.2.2 能操作自动包装设备、自动码垛设备及辅助设备	5.2.1 自动包装设备、自动码垛设备的工作参数及设置调整方法 5.2.2 自动包装设备、自动码垛设备操作规程 5.2.3 相关辅助设备的结构与工作原理
	5.3 设备维护	5.3.1 能制订包装设备及相关设备的维护保养计划 5.3.2 能完成自动码垛设备的维护保养	5.3.1 自动包装设备维护保养知识 5.3.2 自动码垛设备的维护保养知识

3.3 高级技能

职业功能	工作内容	技能要求	相关知识要求
1 原料粉碎	1.1 操作准备	1.1.1 能鉴别饲料原料等级 1.1.2 能测定粉碎粒度 1.1.3 能统计分析粉碎系统的效率、能耗	1.1.1 饲料原料质量标准 1.1.2 粉碎粒度测定原理及方法 1.1.3 粉碎系统效率、能耗的统计分析方法
	1.2 设备操作	1.2.1 能操作超微粉碎机及配套设备 1.2.2 能调整超微粉碎工艺参数 1.2.3 能对粉碎工段(含超微粉碎)节能降耗提出建议	1.2.1 超微粉碎机及相关设备的基本结构、工作原理 1.2.2 饲料超微粉碎工艺流程 1.2.3 超微粉碎系统工艺参数及相关知识
	1.3 设备维护	1.3.1 能测定噪声、粉尘浓度 1.3.2 能提出降噪、防尘的措施方法	1.3.1 粉碎机噪声、粉尘浓度测定方法 1.3.2 粉碎机降噪、防尘的措施方法
2 配料混合	2.1 操作准备	2.1.1 能理解配方分解表 2.1.2 能统计分析配料精度	2.1.1 预混合知识 2.1.2 统计分析知识
	2.2 设备操作	2.2.1 能操作自动配料系统并完成数据录入及导出 2.2.2 能调整配料精度	2.2.1 自动配料系统数据处理 2.2.2 配料系统精度控制原理

表（续）

职业功能	工作内容	技能要求	相关知识要求
3 饲料成型	3.1 操作准备	3.1.1 能检查判断产品膨化机及相关设备的状态 3.1.2 能根据膨化工艺参数要求,配置螺杆,选择与更换模板、切刀,设置干燥机和后喷涂机工作参数 3.1.3 能调整调质器桨叶的角度	3.1.1 饲料产品膨化工艺流程 3.1.2 膨化机、干燥机、后喷涂机工作参数相关知识 3.1.3 调质器桨叶角度调整方法
	3.2 设备操作	3.2.1 能操作产品膨化机及相关设备 3.2.2 能依据产品质量调整膨化加工、干燥、后喷涂工作参数 3.2.3 能排除产品膨化、干燥和后喷涂设备常见故障 3.2.4 能测定颗粒饲料粉化率	3.2.1 膨化机及相关设备的基本结构、工作原理及操作规程 3.2.2 颗粒饲料粉化率的测定原理
	3.3 设备维护	3.3.1 能制订膨化机及配套设备的维护保养计划 3.3.2 能完成膨化机及配套设备的清理、维护保养	3.3.1 膨化机、干燥机、后喷涂设备的维护保养计划管理 3.3.2 膨化机、干燥机、后喷涂设备等的维护保养常识
4 技术管理与培训	4.1 技术管理	4.1.1 能制订岗位操作规程 4.1.2 能提出合理的加工工艺参数 4.1.3 能提出合理的技术改造建议	4.1.1 饲料加工工初级、中级培训相关知识 4.1.2 饲料产品加工工艺参数知识
	4.2 技术培训	4.2.1 能制订本职业初、中级培训计划 4.2.2 能进行本职业初、中级技术指导、培训和考核	4.2.1 培训活动组织方式、方法 4.2.2 饲料加工领域新技术、新知识

4 比重表

4.1 理论知识

项目	技能等级	初级（%）	中级（%）	高级（%）
基本要求	职业道德	5	5	5
	基础知识	30	30	30
相关知识要求	原料接收与清理	15	10	—
	原料粉碎	10	15	20
	配料混合	15	10	5
	饲料成型	15	20	30
	成品包装	5	10	—
	辅助系统	5	—	—
	技术管理与培训	—	—	10
合　计		100	100	100

注:"—"表示不配分。

4.2 操作技能

项目	技能等级	初级（%）	中级（%）	高级（%）
技能要求	原料接收与清理	15	10	—
	原料粉碎	20	25	30
	配料混合	15	20	10
	饲料成型	25	35	40

表（续）

项目 \ 技能等级		初级 （%）	中级 （%）	高级 （%）
技能要求	成品包装	10	10	—
	辅助系统	15	—	—
	技术管理与培训	—	—	20
合　计		100	100	100
注:"—"表示不配分。				

ICS 65.120
B 25

中华人民共和国农业行业标准

NY/T 3131—2017

豆科牧草种子生产技术规程 红豆草

Technical code of practice for seed production of forage legumes—
Onobrychis viciaefolia

2017-12-22 发布

2018-06-01 实施

中华人民共和国农业部 发布

前　言

本标准按照 GB/T 1.1—2009 给出的规则起草。

本标准由农业部畜牧业司提出。

本标准由全国畜牧业标准化技术委员会(SC/TC 274)归口。

本标准起草单位:西北农林科技大学。

本标准主要起草人:程积民、金晶炜、杨培志、杨云贵。

豆科牧草种子生产技术规程 红豆草

1 范围

本标准规定了红豆草(*Onobrychis viciaefolia*)种子田的设置、整地要求、种子准备、播种技术、田间管理、种子收获和种子管理等环节的技术要点。

本标准适用于我国干旱、半干旱地区的红豆草种子生产。

2 规范性引用文件

下列文件对于本文件的应用是必不可少的。凡是注日期的引用文件,仅注日期的版本适用于本文件。凡是不注日期的引用文件,其最新版本(包括所有的修改单)适用于本文件。

GB 4285 农药安全使用标准

GB 6141 豆科草种子质量分级

NY/T 1210 牧草与草坪草种子认证规程

NY/T 1577 草籽包装与标识

3 术语和定义

下列术语和定义适用于本文件。

3.1

原种 original seed

用育种家种子直接繁殖的1代~2代种子。

3.2

隔离带 isolation belt

种子生产中防止混杂的空间或障碍物。

4 种子田的设置

4.1 种子田应选择在地势平坦、开阔通风、光照充足、土层深厚、肥力适中、排灌良好、无检疫性病害的地段。

4.2 种子田的隔离带应按照 NY/T 1210 的规定执行。

4.3 种子田要求为一年以上没有种植豆科牧草的轮作田。

5 整地要求

5.1 种子田在生产播种前宜进行翻耕土壤,耕地深度25 cm~30 cm,清除地面石块、杂物和灭茬灭杂草。

5.2 播种前进行耙平、耱实土壤,使土层疏松、蓄水保墒。

6 种子准备

6.1 种子生产使用的种子应是原种,种子纯度≥95%、净度≥90%、发芽率≥85%。

6.2 播种前对种子进行根瘤菌接种。接种后的种子应立即播种。

7 播种技术

7.1 播种期

春季播种应在日平均温度稳定在5℃以上时进行,秋季播种应保证幼苗在越冬前有2个月的有效生长期。

7.2 播种量

45 kg/hm²～60 kg/hm²(带荚)。

7.3 播种方法

条播,行距40 cm～60 cm。

7.4 播种深度

3 cm～4 cm,播种后应镇压保墒。

8 田间管理

8.1 施肥

播种前结合整地宜施用磷酸二铵基肥。返青期应根据土壤养分情况施用氮、磷、钾肥。根据土壤情况补充相应的微量元素。

8.2 灌溉

8.2.1 灌水期

在越冬前、返青期、现蕾期、结荚期等关键时期适时灌溉。

8.2.2 灌水量

根据降水和土壤水分状况适时调整灌溉量,每667 m² 总需水量越冬前和返青期为60 m³～80 m³,现蕾期为20 m³～30 m³,结荚期为20 m³～30 m³。

8.3 杂草防除

苗期应及时除草。在种子整个生育期内,注意控制杂草,随时清除检疫性杂草。

8.4 病虫害防治

6月～8月,主要利用化学药剂,对红豆草茎叶喷雾,防治蚜虫、蓟马的侵害,其药剂使用量和方法等按照GB 4285的规定执行。

8.5 去杂去劣

分别在现蕾期和成熟期进行。植株进入现蕾期后即可根据植株表现特征拔除不符合品种特征的杂株、劣株。

8.6 辅助授粉

每公顷种子田应放置0.3箱～0.5箱蜜蜂,辅助授粉。

9 种子收获

9.1 收获期

70%～80%的荚果变成褐色时收获。

9.2 收获方法

宜在清晨有雾或有露水时,采用机械或人工进行收获。

9.3 种子晾晒

选择晴好天气,将收获的种子在采光和通风良好的晒场晾晒干燥至种子含水量低于13%。

10 种子管理

10.1 种子清选

采用人工或机械清选。

10.2 种子质量分级

按照 GB 6141 的规定进行种子质量分级。

10.3 种子包装

种子包装按照 NY/T 1577 的规定执行。

10.4 种子储藏

种子储藏库要求通风、干燥、防水、防火、防虫、防鼠,相对湿度不超过45％,温度不高于25℃,专人管理,定期检查。

_____

ICS 65.120
B 46

中华人民共和国农业行业标准

NY/T 3133—2017

饲用灌木微贮技术规程

Code of practice for forage shrub ensilage with microbial ensilage

2017-12-22 发布

2018-06-01 实施

中华人民共和国农业部 发布

前　言

本标准按照GB/T 1.1—2009给出的规则起草。

本标准由农业部畜牧业司提出。

本标准由全国畜牧业标准化技术委员会(SAC/TC 274)归口。

本标准起草单位:内蒙古草原勘察规划院、内蒙古农牧业科学院、云南省草山饲料工作站、内蒙古乌兰察布市草原工作站。

本标准主要起草人:张大柱、金海、刘爱军、薛树媛、邢旗、郭艳玲、王志伟、王跃东、吉亚太、王庆国、于强、李克夫、张喜再。

饲用灌木微贮技术规程

1 范围

本标准规定了饲用灌木的微贮技术要求、微贮操作、发酵温度与时间、品质鉴定、开封与取用。
本标准适用于饲用灌木的微贮,也可供农作物秸秆微贮时参考。

2 规范性引用文件

下列文件对于本文件的应用是必不可少的。凡是注日期的引用文件,仅注日期的版本适用于本文件。凡是不注日期的引用文件,其最新版本(包括所有的修改单)适用于本文件。

GB 13078 饲料卫生标准

中华人民共和国农业部公告第2045号 饲料添加剂品种目录

3 术语和定义

下列术语和定义适用于本文件。

3.1

饲用灌木 forage shrub

枝条和茎叶可作为家畜饲料的灌木。

3.2

微贮 microbial ensilage

在原料中按一定比例添加有益微生物菌剂,在厌氧条件下,通过微生物发酵生产饲料的过程。

3.3

微贮菌剂 silage inoculants

由一种或多种微生物组成用于发酵调制饲料的菌剂。

3.4

有效活菌数 count of viable microbes

指微贮菌剂中含有的能够在微贮原料中大量繁殖,并对被贮的饲用灌木产生发酵作用的活菌数量。

4 技术要求

4.1 微贮灌木原料

4.1.1 表观品质要求

原料应清洁、无发霉、变质和异味,应不含不可作为饲料利用的植物和有害杂质。

4.1.2 水分含量

原料含水量宜为60%~70%,水分不足应加水补充到适宜水分。

4.1.3 含糖量

原料(鲜重)含糖量不低于3%。在含糖量不能满足的情况下,可按比例加入糖渣、糖蜜等含糖量高的物质调节,或加入其他含糖量高的饲料作物,调节到所需量。

4.2 微贮菌剂

4.2.1 菌剂的选用

选择的菌剂应为《饲料添加剂品种目录》中批准使用的微生物菌种中的单一或复合有效菌剂。

在使用新微贮菌剂或首次进行饲用灌木微贮时,应选择多个菌剂进行少量微贮试验。方法是,每个菌剂分别取 50 kg～100 kg 粉碎好的微贮原料,按比例加入水和菌剂,充分混合,装入塑料袋或其他容器中,压实后密封。在 15℃～35℃下发酵 7 d～20 d,启封观察微贮质量。选择试验效果好的微贮菌剂用于大量微贮。

4.2.2 添加量

微贮菌剂的添加量要根据微贮原料的品种和含水量来确定,具体添加量按照产品说明添加,但添加在原料中有效活菌数应不低于 $5×10^{10}$ CFU/T。

4.3 微贮的主要形式

4.3.1 单一灌木微贮

单一灌木直接微贮,不外加任何其他原料。适用于含糖量较高的或比较细软的灌木原料。

4.3.2 混合型微贮

饲用灌木与农作物秸秆、饲草、农副产品等原料混合起来微贮,可提高微贮效果和质量。豆科灌木与禾本科农作物饲料混合微贮,既可弥补糖分,又可使灌木饲料变得柔软适口。粗硬的灌木与柔软的饲草混合微贮,可改善其适口性。

4.3.3 窖贮

将灌木微贮原料揉碎切短,分层装入窖内,喷洒菌液,调节水分,压实。重复上述操作,直到装满。窖顶盖上聚乙烯塑料薄膜后压实、密封。

4.3.4 地面堆贮

在硬化的地面上将加工好的原料直接堆积压实,再用聚乙烯塑料膜盖顶,压实、封闭。

4.3.5 袋贮

将灌木微贮原料揉碎切短,喷洒菌液,调节水分,直接装入具有足够厚度的聚乙烯塑料袋内,压实、密封。

5 微贮操作

5.1 原料加工要求

5.1.1 选择灌木营养价值较高时期进行刈割,注意留茬高度。

5.1.2 刈割后的原料应揉搓切碎。用于喂牛的原料揉切至长度不大于 5 cm,细度不大于 2 mm;用于喂羊的原料揉切至长度为 1 cm～2 cm,细度在 1.5 mm 以下。

5.2 菌剂活化与稀释

5.2.1 活化

将选用的菌剂置入 10 倍～20 倍的 35℃～40℃的温水中充分搅拌,在常温下放置 1 h～2 h,活化菌种,形成菌液。可在菌液中加适量蔗糖或糖蜜,以提高菌种的活化率。活化好的菌液应在当天用完,不可隔夜使用。

5.2.2 稀释

5.2.2.1 将活化好的菌液加水,稀释至菌剂量的 50 倍以上。如果微贮料的水分不足,可加大菌液的稀释倍数,直到微贮料的水分满足微贮条件为止;如果微贮料自身的水分已比较高,应减少菌液的稀释倍数。

5.2.2.2 大型微贮窖需配备较大容量的水箱,用来配制稀释菌液。水箱容积根据窖的大小而定,一般以 500 L～2 000 L 为宜,最好有 2 个水箱交替使用。

5.3 操作要求

5.3.1 窖贮

5.3.1.1 原料填装

揉切粉碎后的微贮原料应边入窖边喷洒经活化并稀释好的菌液,同时边加水边压实。应分层微贮,每层厚 20 cm～30 cm,特别要注意每层的水分与菌液应均匀一致,切忌干湿不均。装窖尽可能在短时间内完成,小型窖应当天完成,中型窖不应超过 3 d,大型窖也不应超过 7 d。当天未装满的窖,必须盖上塑料薄膜压严,第 2 d 揭开薄膜继续装窖。

5.3.1.2 喷洒菌液与水分调节

第一层喷洒菌液、水分调节和压实工序完成后,再铺放 20 cm～30 cm 厚的原料,重复进行喷洒菌液、调节水分与压实的工序。如此反复操作,直到压实后原料高于窖深 20%时,准备封口。

5.3.1.3 贮料面处理

原料高出窖深的 20%左右时,应在窖面的微贮原料上面铺 20 cm～30 cm 厚的麦秸或柔软的饲草并压实。

5.3.1.4 覆盖塑料薄膜

在处理好的贮料上面铺盖聚乙烯塑料薄膜,薄膜的厚度应在 8 dmm～12 dmm。当原料装到距窖面 50 cm 左右时,在窖壁的一侧先铺好塑料薄膜,塑料薄膜要深入窖内壁 50 cm 以上并拉平。然后继续装料,直到原料高出窖深的 20%左右。待处理好贮顶料面后,把塑料薄膜自窖壁的一端顺拉到另一端,压好。

5.3.1.5 封窖

封窖可用盖土或其他材料进行。盖土时,应从窖的最里面开始盖,逐渐向窖口方向延伸。覆盖土层的厚度要达到 50 cm 左右,边覆盖边拍实,顶部呈半圆形。压土后的表面应平整,并有一定的坡度,无明显的凸凹。

5.3.1.6 留排气孔

200 m³ 以上的大中型窖,在封顶盖土的同时,应在窖的顶部留出排气孔,尽快形成厌氧条件。排气孔要留在窖顶的中线上,根据窖的大小,一般每隔 4 m～5 m 留一个排气孔,排气孔的直径为 20 cm～30 cm。留排气孔时,要将顶部的塑料薄膜剪开一个 20 cm～30 cm 的洞,然后将灌木枝条扎成捆插在上面,并在周围培土。

5.3.1.7 封排气孔

封顶后 3 d～5 d,要将排气孔封死。先将灌木枝条周围的土挖开,抽出窖顶的灌木枝条,用大于排气孔径 2 倍的塑料薄膜将排气孔盖好,覆土,压实拍平。必须做到不漏气、不漏水。

5.3.2 地面堆贮

5.3.2.1 将加工好的原料直接在硬化的地面上堆积微贮,分层喷洒菌液,调节水分,压实。重复上述操作,直到适宜的堆积高度。

5.3.2.2 用厚度 8 dmm 以上的聚乙烯塑料膜盖顶。压封时以盖土为宜,先从一边向另一边压实,以排出空气,封闭保存。

5.3.2.3 盖土厚度为原料高度的 20%左右。最后将塑料膜与地面接触部分用泥土封闭,或在四周垒上矮墙封严。

5.3.3 袋贮

5.3.3.1 微贮袋应由厚度 7 dmm 以上的聚乙烯膜制成。

5.3.3.2 在光滑干净的地面上,将待贮原料揉碎切短,喷洒菌液,调好水分,充分翻搅均匀后装袋。

5.3.3.3 为了防止微贮袋变形、破裂,可采用模具。将微贮袋放入与袋大小、体积相同的耐压模具中,装入原料、压实,将袋口扎紧密封。脱出模具后,再套一层编织袋保存。

5.3.3.4 在没有模具的情况下,将原料小心装入袋内分层压实,或用抽气的方式排出空气,将塑料袋口扎紧保存。压实时,应注意保持微贮袋的完好,不可漏气。

5.3.3.5 在有液压机械的情况下,根据液压机的不同,可将原料先压缩成块后,再装入微贮袋中密封后套外包装袋贮存。也可先装袋再压缩。

5.3.3.6 每袋适于微贮 30 kg～50 kg。

5.3.4 糖分调节

在微贮糖分不足的原料时,可根据实际情况,加入含糖量较高的物质进行调节。亦可在贮存过程中添加一定比例的玉米面、淀粉、糖蜜、蔗糖等物放入稀释后的菌液或水中,向原料中均匀喷洒。

5.3.5 原料水分检查与判断

灌木原料在加水、喷洒菌液和压实过程中,要随时检查原料的含水量是否均匀一致。特别要注意层与层之间水分的衔接,不应出现夹干层或过湿层。现场判断水分的方法是:抓取经粉碎的原料,双手用力挤压后慢慢松开,指缝见水不滴、手掌沾满水为含水量适宜;指缝成串滴水则含水量偏高;指缝不见水滴、手掌有干的部位则含水量偏低。

5.4 微贮管理

5.4.1 微贮窖管理

5.4.1.1 检查补漏

微贮初期,窖内贮料会慢慢下沉,必须对微贮窖进行检查和管理。正常情况下,15 d 后窖顶基本与窖口持平,应及时加盖土使它高出窖面,保证微贮窖不漏水、不漏气。对微贮窖应经常检查,发现窖顶有裂纹或漏洞时,应及时覆土压实,防止透气和进水。

5.4.1.2 防水

距窖四周 1 m 处挖排水沟,防止雨水向窖内渗入。

5.4.1.3 防鼠害

窖顶上面不可堆放柴草,以防老鼠停留打洞。如发现有老鼠洞要及时填堵,以防进水、进气、进鼠,影响微贮质量。

5.4.2 堆贮管理

5.4.2.1 堆贮的贮料在初期也会慢慢下沉,使上面的覆土出现裂纹,应及时添加盖土,修复裂纹,保证微贮堆不漏水、不漏气。应经常检查堆贮情况,发现有裂纹或漏洞时,应及时修复。

5.4.2.2 注意防水、防鼠。

5.4.3 袋贮管理

5.4.3.1 袋贮的饲用灌木应贮存在避光、避风、环境温度在 10℃以上的场所。堆放高度不超过 10 层。

5.4.3.2 袋贮料应注意防止微贮袋氧化变质,并防鼠、防止袋子被刮破。

5.4.3.3 发现微贮袋出现细孔或开裂,应及时用适当大小的薄膜不干胶带进行修补,保证不漏气。

6 发酵温度与时间

6.1 发酵温度

饲用灌木微贮适宜的环境温度为 25℃～30℃。

6.2 发酵时间

在正常情况下,饲用灌木微贮所需的最短发酵时间如下:

   a)　15℃～20℃的环境下需要发酵 15 d～25 d;

   b)　20℃～25℃的环境下需要发酵 10 d～15 d;

   c)　25℃～35℃的环境下需要发酵 5 d～10 d。

7 品质鉴定

7.1 感观指标

灌木微贮料的感官指标见表1。

表 1 灌木微贮料的感官指标

色泽	色泽接近原料入窖时色泽的为优质;若比入窖时色泽稍发黄或稍深则为良好;如果呈暗黄色或黄褐色为质量较差;颜色呈黑黄色、黑绿色或褐色则为劣质品
气味	气味具有醇香或果香味,并具有弱酸味,气味柔和,为品质优良;若酸味较强,略刺鼻,稍有酒味和香味的品质为中等;若酸味刺鼻,或带有腐臭味、发霉味,手抓后长时间仍有臭味,不易用水洗掉,为劣等,不能饲喂
质地	品质好的灌木微贮料在窖里压得坚实紧密,但拿到手中比较松散、柔软湿润,无黏滑感;品质低劣的微贮料结块,发黏,有的虽然松散但质地粗硬、干燥

7.2 卫生指标

应符合 GB 13078 的规定。

8 开封与取用

8.1 开封

8.1.1 窖贮

8.1.1.1 灌木微贮饲料开窖使用应在微贮发酵完成以后进行。随取随喂,取后及时盖好封口。

8.1.1.2 启封时,要先从窖口开始向内延伸,由上到下垂直取用。窖顶不宜开得很大,切忌窖顶全部启封,以防顶部的微贮料暴露在空气中,发生好氧变质,使微贮料发热、发霉。

8.1.1.3 启封时,应避免污染。将启封口表面清理干净,去除污物,防止污染物透入下层,造成微贮料霉烂扩散。

8.1.2 堆贮

以堆贮形式发酵的饲用灌木开封方式与窖贮形式基本相似。应从背风的一侧启封,掌握用多少取多少、随用随开口、开口不宜过大的原则。

8.1.3 袋贮

袋贮料开封即可饲喂,用多少袋开多少袋。

8.2 取用

窖贮、堆贮料应根据每天微贮料的用量,计算取料面的大小。每天的刨面取料厚度不应小于15 cm,刨取时要直取到底,从上到下垂直取用。取出的料必须在当天用掉,防止好氧变质。发霉变质的微贮料应及时剔除。

ICS 65.120
B 46

中华人民共和国农业行业标准

NY/T 3135—2017

饲料原料 干啤酒糟

Feed material—Brewers dried grain

2017-12-22 发布

2018-06-01 实施

中华人民共和国农业部 发布

前　言

本标准按照 GB/T 1.1—2009 给出的规则起草。

本标准由农业部畜牧业司提出。

本标准由全国饲料工业标准化技术委员会(SAC/TC 76)归口。

本标准起草单位:广东海大集团股份有限公司、中国饲料工业协会。

本标准主要起草人:沙玉圣、钱雪桥、武玉波、姜瑞丽、张雅惠、甄恕綮、卞国志、陈华林、黄家明、赵敏。

饲料原料　干啤酒糟

1　范围

本标准规定了饲料原料干啤酒糟的要求、试验方法、检验规则、标签、包装、运输和储存、保质期。

本标准适用于以大麦等谷物为主要原料生产啤酒的过程中,经糖化工艺后过滤获得的残渣,再经干燥获得的饲料原料干啤酒糟。

2　规范性引用文件

下列文件对于本文件的应用是必不可少的。凡是注日期的引用文件,仅注日期的版本适用于本文件。凡是不注日期的引用文件,其最新版本(包括所有的修改单)适用于本文件。

GB/T 6432　饲料中粗蛋白测定方法

GB/T 6433　饲料中粗脂肪的测定

GB/T 6434　饲料中粗纤维的含量测定　过滤法

GB/T 6435　饲料中水分的测定

GB/T 6438　饲料中粗灰分的测定

GB 10648　饲料标签

GB 13078　饲料卫生标准

GB/T 14699.1　饲料　采样

3　要求

3.1　感官性状

黄色、黄褐色或褐色的颗粒及粉末,具有特有的气味,无霉变,无结块。

3.2　技术指标

应符合表1的规定。

表 1　技术指标

单位为百分率

指标项目	指　标	
	一级	二级
粗蛋白质	≥25.0	≥20.0
粗纤维	≤19.0	
粗灰分	≤4.0	
粗脂肪	≥6.0	
水分	≤12.0	

3.3　卫生指标

应符合 GB 13078 的规定。

4　试验方法

4.1　感官检验

取样品放在白瓷盘中,在自然光下目视、鼻嗅、触摸等进行感官检验。

4.2 粗蛋白质

按 GB/T 6432 的规定执行。

4.3 粗纤维

按 GB/T 6434 的规定执行。

4.4 粗灰分

按 GB/T 6438 的规定执行。

4.5 粗脂肪

按 GB/T 6433 的规定执行。

4.6 水分

按 GB/T 6435 的规定执行。

5 检验规则

5.1 组批

以相同材料、相同的生产工艺、连续生产或同一班次生产的产品为一批。

5.2 采样

按 GB/T 14699.1 的规定进行采样。

5.3 出厂检验

出厂检验项目为感官性状、粗蛋白质、粗灰分和水分。

5.4 型式检验

型式检验项目为第 3 章的全部要求。产品正常生产时,每半年至少进行一次型式检验,但有下列情况之一时,应进行型式检验:

    a) 新产品投产时;

    b) 原料、配方、加工工艺有较大改变;

    c) 产品停产 3 个月以上,恢复生产时;

    d) 出厂检验结果与上次型式检验结果有较大差异时;

    e) 当饲料管理部门提出进行型式检验要求时。

5.5 判定规则

5.5.1 所检项目检测结果均符合本标准的规定判定为合格。

5.5.2 检验结果中如有一项指标(除微生物指标外)不符合本标准规定时,可在原批中重新抽样对不符合项进行复验,若复验结果仍不符合本标准规定,则判定该批产品为不合格。微生物指标出现不符合项目时,不得复验,即判定该批产品不合格。

6 标签、包装、运输和储存

6.1 标签

按 GB 10648 的规定执行。

6.2 包装

包装材料应清洁、卫生,并能防污染、防潮湿、防泄漏。

6.3 运输

运输工具应清洁卫生、防暴晒、防雨淋,不应与有毒有害的物质混装混运。

6.4 储存

应储存于通风、干燥、能防暴晒、防雨淋、有防虫、防鼠设施处，不应与有毒有害物质混储。

7 保质期

符合规定的运输和储存条件下，保质期为 60 d。

ICS 65.120
B 46

NY

中华人民共和国农业行业标准

NY/T 3136—2017

饲用调味剂中香兰素、乙基香兰素、肉桂醛、桃醛、乙酸异戊酯 、γ-壬内酯、肉桂酸甲酯、大茴香脑的测定　气相色谱法

Determination of vanillin,ethyl vanillin, cinnamaldehyde, peach aldehyde,
isoamyl acetate,gamma-nonanolactone,methyl cinnamate
and anethole in feed flavor—Gas chromatography

2017-12-22 发布

2018-06-01 实施

中华人民共和国农业部 发布

NY/T 3136—2017

前　言

本标准按照 GB/T 1.1—2009 给出的规则起草。

本标准由农业部畜牧业司提出。

本标准由全国饲料工业标准化技术委员会(SAC/TC 76)归口。

本标准起草单位：山东省饲料质量检验所。

本标准主要起草人：李会荣、宫玲玲、张玮、朱良智、莫贞峰、冯鑫磊、李祥明。

饲用调味剂中香兰素、乙基香兰素、肉桂醛、桃醛、乙酸异戊酯、γ-壬内酯、肉桂酸甲酯、大茴香脑的测定 气相色谱法

1 范围

本标准规定了饲用调味剂中香兰素、乙基香兰素、肉桂醛、桃醛、乙酸异戊酯、γ-壬内酯、肉桂酸甲酯、大茴香脑测定的气相色谱法。

本标准适用于饲用调味剂中香兰素、乙基香兰素、肉桂醛、桃醛、乙酸异戊酯、γ-壬内酯、肉桂酸甲酯、大茴香脑的测定。

本标准方法的检出限为 25 mg/kg,定量限为 50 mg/kg。

2 规范性引用文件

下列文件对于本文件的应用是必不可少的。凡是注日期的引用文件,仅注日期的版本适用于本文件。凡是不注日期的引用文件,其最新版本(包括所有的修改单)适用于本文件。

GB/T 14699.1 饲料 采样

GB/T 20195 动物饲料 试样的制备

3 原理

试样中的香兰素、乙基香兰素、肉桂醛、桃醛、乙酸异戊酯、γ-壬内酯、肉桂酸甲酯、大茴香脑经乙醇提取,提取液过膜后,用配有氢火焰检测器(FID)的气相色谱仪进行测定。

4 试剂和材料

除非另有说明,所有试剂均为分析纯。

4.1 无水乙醇。

4.2 标准品:香兰素、乙基香兰素、肉桂醛、桃醛、乙酸异戊酯、γ-壬内酯、肉桂酸甲酯、大茴香脑的纯度≥98.5%。

4.3 混合标准储备溶液:分别称取香兰素、乙基香兰素、肉桂醛、桃醛、乙酸异戊酯、γ-壬内酯、肉桂酸甲酯、大茴香脑标准品 100 mg(精确至 0.1 mg),置于同一 10 mL 棕色容量瓶中,用无水乙醇(4.1)溶解并定容,配成浓度为 10 mg/mL 的标准储备溶液。2℃~8℃密封保存,有效期为 3 个月。

4.4 混合标准中间溶液:准确移取混合标准储备溶液(4.3)1 mL 置于 10 mL 棕色容量瓶中,用无水乙醇(4.1)定容至刻度。该溶液的浓度为 1 mg/mL。2℃~8℃密封保存,有效期为 1 个月。

4.5 混合标准工作溶液:准确移取混合标准中间溶液(4.4)适量,用无水乙醇(4.1)稀释成浓度分别为 1.00 μg/mL、5.00 μg/mL、10.0 μg/mL、50.0 μg/mL、100 μg/mL、500 μg/mL 的标准工作溶液。现用现配。

5 仪器和设备

5.1 分析天平:感量为 0.1 mg。

5.2 气相色谱仪:配氢火焰检测器(FID)和程序升温的柱温箱。

5.3 微孔滤膜:0.45 μm,有机相。

5.4 氮气纯度:≥99.999%。

6 试样制备

按 GB/T 14699.1 的规定,抽取有代表性的饲料样品,用四分法缩减取样,按 GB/T 20195 的规定制备试样,粉碎过 0.45 mm 孔径筛,充分混匀,装入磨口瓶中备用。

7 分析步骤

7.1 提取

称取试样 1 g(精确至 0.1 mg),置于 25 mL 棕色容量瓶中,加 15 mL 无水乙醇,振摇提取 5 min,用无水乙醇定容至刻度,混匀后静置。取上清溶液,溶液过 0.45 μm 的微孔滤膜,供上机测定。

7.2 气相色谱参考条件

色谱柱:固定相为(5%苯基)甲基聚硅氧烷的毛细管柱,长 60 m,内径 0.25 mm,膜厚 0.25 μm,或性能类似的分析柱;

载气:氮气,1.0 mL/min;

分流比:10:1;

进样口温度:270℃;

检测器温度:290℃;

柱温箱温度:起始温度 90℃,保持 2 min,以 15℃/min 升至 200℃,保持 15 min;

进样量:1 μL。

7.3 测定

7.3.1 定性测定

在仪器最佳工作条件下,样品中待测物的保留时间与混合标准工作溶液中组分对应的保留时间相对偏差在±2.5%之内,则可判定为样品中存在对应的待测物。

7.3.2 定量测定

在仪器最佳工作条件下,取混合标准工作溶液(4.5,从低浓度到高浓度)和试样溶液分别上机测定,以混合标准工作溶液中香兰素、乙基香兰素、肉桂醛、桃醛、乙酸异戊酯、γ-壬内酯、肉桂酸甲酯、大茴香脑峰面积为纵坐标,浓度为横坐标绘制标准工作曲线,对样品进行定量。试样溶液中香兰素、乙基香兰素、肉桂醛、桃醛、乙酸异戊酯、γ-壬内酯、肉桂酸甲酯、大茴香脑的响应值应在混合标准工作曲线测定的线性范围内。超出线性范围的,用无水乙醇适当稀释后再进样分析。8 种香味剂混合标准工作溶液色谱图参见附录 A。

8 结果计算

试样中香兰素、乙基香兰素、肉桂醛、桃醛、乙酸异戊酯、γ-壬内酯、肉桂酸甲酯或大茴香脑的含量 X_i,以质量分数表示,单位为毫克每千克(mg/kg),分别按式(1)计算。

$$X_i = \frac{C_i \times V}{m} \times n \quad \cdots\cdots\cdots\cdots\cdots\cdots\cdots\cdots\cdots\cdots\cdots\cdots\cdots\cdots (1)$$

式中:

C_i ——标准曲线上查得的试样中香兰素、乙基香兰素、肉桂醛、桃醛、乙酸异戊酯、γ-壬内酯、肉桂酸甲酯、大茴香脑的浓度,单位为微克每毫升(μg/mL);

m ——试样的质量,单位为克(g);

n ——样品溶液稀释倍数;

V ——样品溶解定容体积,单位为毫升(mL)。

测定结果用平行测定算术平均值表示,结果保留 3 位有效数字。

9　重复性

在重复性条件下获得的 2 次独立测定结果的绝对差值不大于这 2 个测定值的算术平均值的 20%。

附 录 A

（资料性附录）

8 种香味剂混合标准溶液的色谱图

8 种香味剂混合标准溶液的色谱图见图 A.1。

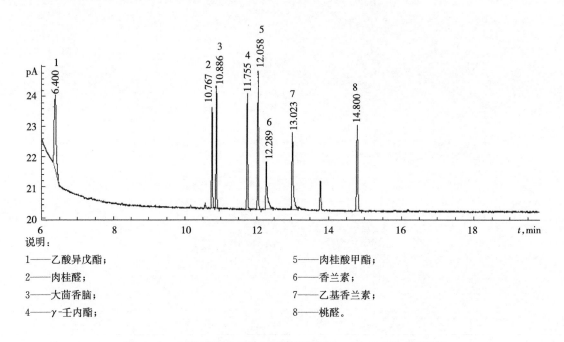

说明：

1——乙酸异戊酯；   5——肉桂酸甲酯；

2——肉桂醛；   6——香兰素；

3——大茴香脑；   7——乙基香兰素；

4——γ-壬内酯；   8——桃醛。

图 A.1　8 种香味剂混合标准溶液（5 μg/ mL）的色谱图

ICS 65.120
B 46

中华人民共和国农业行业标准

NY/T 3137—2017

饲料中香芹酚和百里香酚的测定
气相色谱法

Determination of carvacrol and thymol in feeds—
Gas chromatography

2017-12-22 发布

2018-06-01 实施

中华人民共和国农业部 发布

前　言

本标准按照 GB/T 1.1—2009 给出的规则起草。

本标准由农业部畜牧业司提出。

本标准由全国饲料工业标准化技术委员会(SAC/TC 76)归口。

本标准起草单位:上海市农业科学院农产品质量标准与检测技术研究所、上海市饲料质量监督检验站。

本标准主要起草人:赵志辉、董茂锋、杨海锋、韩薇、白冰、饶钦雄。

饲料中香芹酚和百里香酚的测定　气相色谱法

1　范围

本标准规定了饲料中香芹酚和百里香酚含量测定的气相色谱检测方法。

本标准适用于配合饲料、浓缩饲料、添加剂预混合饲料、混合型饲料添加剂中香芹酚和百里香酚的测定。

本标准方法中香芹酚和百里香酚的定量限均为 5 mg/kg。

2　规范性引用文件

下列文件对于本文件的应用是必不可少的。凡是注日期的引用文件，仅注日期的版本适用于本文件。凡是不注日期的引用文件，其最新版本（包括所有的修改单）适用于本文件。

GB/T 6682　分析实验室用水规格和试验方法

GB/T 14699.1　饲料　采样

GB/T 20195　动物饲料　试样的制备

3　原理

试样中香芹酚和百里香酚经乙酸乙酯提取后，经无水硫酸钠、N-丙基乙二胺和石墨化炭黑分散固相萃取净化，带火焰离子化检测器的气相色谱仪检测，外标法定量。

4　试剂

除非另有说明，所有试剂均为分析纯和符合 GB/T 6682 中规定的一级用水。

4.1　乙酸乙酯。

4.2　乙酸乙酯：色谱纯。

4.3　无水硫酸钠：在 100℃烘箱内，烘 8 h，密封保存。

4.4　N-丙基乙二胺（PSA）：40 μm～60 μm。

4.5　石墨化炭黑（GCB）：40 μm～100 μm。

4.6　香芹酚对照品：纯度≥98%。

4.7　百里香酚对照品：纯度≥99.5%。

4.8　香芹酚和百里香酚标准储备溶液（10.0 mg/mL）：分别准确称取香芹酚（4.6）和百里香酚（4.7）0.25 g（精确至 0.000 1 g，视其含量，换算成 100%再称样），置于 25 mL 容量瓶中，用乙酸乙酯（4.2）溶解，定容至刻度，摇匀。使香芹酚和百里香酚浓度为 10.0 mg/mL，储存于 4℃冰箱中，有效期为 3 个月。

4.9　标准中间溶液（1 000.0 μg/mL）：准确量取标准储备溶液 5.0 mL，置于 50 mL 容量瓶中，用乙酸乙酯（4.2）定容至刻度，摇匀，配制成香芹酚和百里香酚浓度为 1 000.0 μg/mL 的标准中间溶液，有效期为 2 周。

4.10　标准工作溶液：准确量取标准中间溶液 0.010 mL、0.10 mL、0.50 mL、1.0 mL、4.0 mL，置于 10 mL 容量瓶中，用乙酸乙酯（4.2）定容至刻度，摇匀，配制成香芹酚和百里香酚浓度为 1.0 μg/mL、10.0 μg/mL、50.0 μg/mL、100.0 μg/mL 和 400.0 μg/mL 的标准工作溶液，临用现配。

5　仪器和设备

5.1　实验室常用仪器设备。

5.2 分析天平:感量 0.000 1 g。

5.3 分析天平:感量 0.01 g。

5.4 离心机:转速 4 000 r/min 及以上。

5.5 样品筛:孔径 0.45 mm。

5.6 超声仪。

5.7 涡动混合器。

5.8 微孔滤膜:0.45 μm,有机相。

5.9 气相色谱仪(配有火焰离子化检测器)。

6 采样和试样制备

按 GB/T 14699.1 的规定抽取有代表性的样品,四分法缩减取样。按 GB/T 20195 的规定磨碎,通过 0.45 mm 孔筛,混匀,装入密闭容器中,避光低温保存备用。

7 分析步骤

7.1 提取

称取一定量的试样(配合饲料、浓缩饲料和添加剂预混合饲料 6.00 g,混合型饲料添加剂 1.00 g),置于 50 mL 离心管中,加 20.0 mL 乙酸乙酯(4.1),超声波(5.6)提取 90 min(不超过 30 ℃),其间用手摇动 2 次,以 4 000 r/min 离心 1 min(5.4),待净化。

7.2 净化

取 1.0 mL 提取液于存有 50 mg 无水硫酸钠(4.3)、50 mg PSA(4.4)、50 mg GCB(4.5)的 2 mL 离心管,涡旋混合 30 s,经滤膜(5.8)过滤,待测。

7.3 测定

7.3.1 气相色谱参考条件

色谱柱:毛细管色谱柱(5%二苯基/95%二甲基聚硅氧烷),30.0 m×0.25 mm×0.25 μm,或性能相当者;

升温程序:80 ℃保持 1 min,以 10 ℃/min 升至 120 ℃,再以 5 ℃/min 升至 145 ℃,最后以 35 ℃/min 升至 250 ℃,保持 2 min;

载气流速:1.0 mL/min(恒流模式);

进样体积:1 μL(不分流进样);

进样口温度:250 ℃;

检测器温度:300 ℃;

氢气流量:30 mL/min;

空气流量:300 mL/min;

尾吹气流量:30 mL/min;

色谱图:参见附录 A 中图 A.1。

7.3.2 标准曲线绘制

按气相色谱条件(7.3.1),向基线平稳的气相色谱仪(5.9)连续注入标准工作溶液,浓度由低到高,以浓度为横坐标、峰面积为纵坐标作图,得到标准曲线回归方程。

7.3.3 定量测定

分别取适量的标准工作溶液和试样溶液,按上述列出参考条件进行气相色谱分析测定。按照保留时间进行定性,以标准工作溶液作单点或多点校准,并用色谱峰面积定量。待测样溶液中香芹酚和百里香酚的响应值应在标准曲线范围内,超过线性范围则应由乙酸乙酯(4.2)稀释后再进样分析。并在试样溶液分析间适当穿插标准工作溶液,以确保定量的准确性。

8 结果计算

试样中香芹酚或百里香酚的含量 X_i 以质量分数表示,单位为克每千克(g/kg),按式(1)计算。

$$X_i = \frac{C_i \times V \times n \times 10^{-6}}{m_i \times 10^{-3}} \quad\cdots\cdots\cdots\cdots\cdots\cdots\cdots\cdots\cdots\cdots\cdots\cdots (1)$$

式中:

C_i ——试样溶液中对应的香芹酚或百里香酚浓度,单位为微克每毫升(μg/mL);

V ——定容体积,单位为毫升(mL);

n ——稀释倍数;

m_i ——试样质量,单位为克(g)。

测定结果用平行测定的算术平均值表示,计算结果保留 3 位有效数字。

9 重复性

混合型饲料添加剂:在重复性条件下,获得的 2 次独立测定结果的绝对差值应不大于这 2 个测定值的算术平均值的 5%;配合饲料、浓缩饲料和添加剂预混合饲料:在重复性条件下,获得的 2 次独立测定结果的绝对差值应不大于这 2 个测定值的算术平均值的 20%。

附　录　A
（资料性附录）
百里香酚和香芹酚标准溶液气相色谱图

百里香酚和香芹酚标准溶液气相色谱图见图 A.1。

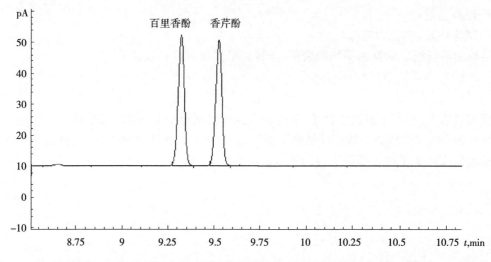

图 A.1　百里香酚和香芹酚标准溶液(10 μg/ mL)气相色谱图

ICS 65.120
B 46

中华人民共和国农业行业标准

NY/T 3138—2017

饲料中艾司唑仑的测定
高效液相色谱法

Determination of estazolam in feeds—
High performance liquid chromatography

2017-12-22 发布

2018-06-01 实施

中华人民共和国农业部 发布

前　言

本标准按照 GB/T 1.1—2009 给出的规则起草。

本标准由农业部畜牧业司提出。

本标准由全国饲料工业标准化技术委员会(SAC/TC 76)归口。

本标准起草单位:农业部饲料质量监督检验测试中心(广州)。

本标准主要起草人:肖田安、方秋华、廖雁平、江庆娣、陈运勤、伍宏凯、胡苑玲。

饲料中艾司唑仑的测定　高效液相色谱法

1　范围

本标准规定了饲料中艾司唑仑测定的高效液相色谱法。

本标准适用于配合饲料、浓缩饲料、添加剂预混合饲料以及精料补充料中艾司唑仑的测定。

本标准中艾司唑仑的检出限为 0.10 mg/kg，定量限为 0.25 mg/kg。

2　规范性引用文件

下列文件对于本文件的应用是必不可少的。凡是注日期的引用文件，仅注日期的版本适用于本文件。凡是不注日期的引用文件，其最新版本（包括所有的修改单）适用于本文件。

GB/T 6682　分析实验室用水规格和试验方法

GB/T 14699.1　饲料　采样

GB/T 20195　动物饲料　试样的制备

3　原理

试样中的艾司唑仑在碱性条件下用正己烷-二氯甲烷提取，固相萃取柱净化，高效液相色谱法检测，外标法定量。

4　试剂与材料

除另有说明，所用试剂均为分析纯，实验用水符合 GB/T 6682 中一级水的规定。

4.1　艾司唑仑对照品：≥99.7%。

4.2　乙腈：色谱纯。

4.3　甲醇：色谱纯。

4.4　氯化钠。

4.5　碳酸钠。

4.6　磷酸二氢钾。

4.7　二氯甲烷。

4.8　正己烷。

4.9　甲酸。

4.10　氨水。

4.11　10%碳酸钠水溶液：取碳酸钠 100 g，用水溶解并稀释至 1 000 mL。

4.12　2%甲酸水溶液：取甲酸 2 mL，用水稀释至 100 mL。

4.13　5%氨水甲醇溶液：取氨水 10 mL，加甲醇至 200 mL，混匀。

4.14　0.4%磷酸二氢钾溶液：取磷酸二氢钾 4 g，用水溶解并稀释至 1 000 mL。

4.15　提取液：取二氯甲烷与正己烷以体积比 1:1 的比例混匀。

4.16　艾司唑仑标准储备溶液（1.0 mg/mL）：准确称取艾司唑仑标准品 50.00 mg，于 50 mL 容量瓶中，用甲醇（4.3）溶解并稀释至刻度，配制成浓度为 1.0 mg/mL 的标准储备溶液。4℃保存，保存期 6 个月。

4.17　艾司唑仑标准工作溶液（50 μg/mL）：准确量取艾司唑仑标准储备溶液（4.16）1 mL，于 20 mL 容量瓶中,用甲醇(4.3)稀释并定容,配制成浓度为 50 μg/mL 的标准工作溶液。4℃保存,保存期 3 个月。

4.18 固相萃取柱:混合型阳离子交换柱,60 mg/3mL;或相当者。

5 仪器设备

5.1 高效液相色谱仪:配二极管阵列检测器。

5.2 分析天平:感量 0.01 mg。

5.3 天平:感量 0.001 g。

5.4 离心机:转速为 5 000 r/min 及以上。

5.5 水平振荡器。

5.6 涡旋混合器。

5.7 旋转蒸发仪。

5.8 固相萃取装置。

5.9 氮吹仪。

5.10 微孔滤膜:0.45 μm,有机相。

6 试样制备

按照 GB/T 14699.1 的规定抽取有代表性的饲料样品,用四分法缩减取样。按照 GB/T 20195 的规定制备样品,粉碎后过 0.45 mm 孔径的分析筛,充分混匀,装入磨口瓶中,密闭备用。

7 分析步骤

7.1 提取

称取试料 2 g(精确到 0.001 g),于 50 mL 聚丙烯离心管中。加入水 20 mL,用 10%碳酸钠水溶液(4.11)调 pH 至 8.5～9.0,加入氯化钠 1 g。加入提取液(4.15)15 mL,中速振荡 10 min 后,5 000 r/min 离心 5 min,将上层有机相转入梨形瓶中。残渣再用提取液(4.15)15 mL 重复提取一次,合并提取液,在(35±2)℃下旋转蒸发至干。用 5 mL 甲醇(4.3)溶解梨形瓶中的残留物,备用。

7.2 净化

MCX 固相萃取柱用 3 mL 甲醇(4.3)、3 mL 水活化,取备用液(7.1)过柱,用 3 mL 2%甲酸水溶液(4.12)、3 mL 甲醇(4.3)淋洗,用 5%氨水甲醇溶液(4.13)6 mL 洗脱,收集洗脱液,45℃下氮气吹干,准确加入 1.0 mL 甲醇(4.3)溶解残渣,过 0.45 μm 的滤膜,供高效液相色谱测定。

7.3 标准曲线的制备

精密量取艾司唑仑标准工作溶液(4.17)适量,用甲醇(4.3)稀释,配制成浓度为 0.20 μg/mL、0.50 μg/mL、1.0 μg/mL、2.0 μg/mL、5.0 μg/mL、10.0 μg/mL、20.0 μg/mL 的系列标准溶液,供高效液相色谱分析。以色谱峰面积为纵坐标、对应的标准溶液浓度为横坐标,绘制标准曲线,求回归方程。

8 测定

8.1 液相色谱参考条件

色谱柱:C₁₈柱,柱长 250 mm,内径 4.6 mm,粒径 5 μm;或性能相当者;

流动相 A 为乙腈,流动相 B 为 0.4%磷酸二氢钾溶液,梯度洗脱程序见表1;

流速:1.0 mL/min;

检测波长:222 nm;

进样量:20 μL;

柱温:30℃。

表1 艾司唑仑梯度洗脱程序表

时间,min	流动相 A,%	流动相 B,%
0.0	44	56
10	44	56
11	75	25
15	75	25
16	44	56
20	44	56

8.2 定性测定

在仪器最佳工作条件下,试样中待测物的保留时间与艾司唑仑标准溶液中对应的保留时间相对偏差在±2.5%之内,且二者光谱图一致,则可判定试样中存在对应的待测物。光谱图参见附录 A 中的图 A.1。

8.3 定量测定

按照上述液相色谱条件测定试样溶液和标准溶液,以色谱峰面积进行单点或多点校正定量,试样溶液中待测物的响应值应在仪器测定的线性范围内。标准溶液的高效液相色谱图参见图 A.2。

9 结果计算与表示

9.1 结果计算

9.1.1 单点校准

试样中艾司唑仑的含量 X,以质量分数表示,单位为毫克每千克(mg/kg),按式(1)计算。

$$X = \frac{A \times C_S \times V}{A_S \times m} \times f \quad\cdots\cdots\cdots\cdots\cdots\cdots\cdots\cdots\cdots\cdots\cdots\cdots \quad (1)$$

式中:

X ——试样中艾司唑仑的含量,单位为毫克每千克(mg/kg);

C_S ——标准溶液中艾司唑仑的浓度,单位为微克每毫升(μg/mL);

A ——试样溶液中艾司唑仑的峰面积;

A_S ——标准溶液中艾司唑仑的峰面积;

V ——净化后定容的体积,单位为毫升(mL);

m ——试样的质量,单位为克(g);

f ——稀释倍数。

9.1.2 多点校准

试样中艾司唑仑的含量 X,以质量分数表示,单位为毫克每千克(mg/kg),按式(2)计算。

$$X = \frac{C_x \times V}{m} \times f \quad\cdots\cdots\cdots\cdots\cdots\cdots\cdots\cdots\cdots\cdots\cdots\cdots \quad (2)$$

式中:

C_x ——由标准曲线得出的试样溶液中艾司唑仑的浓度,单位为微克每毫升(μg/mL)。

9.2 结果表示

测定结果用平行测定的算术平均值表示,保留3位有效数字。

10 重复性

在重复性条件下获得的2次独立测定结果的绝对差值不大于这2个测定值的算术平均值的20%。

附 录 A

（资料性附录）

艾司唑仑标准溶液光谱图和色谱图

A.1 艾司唑仑标准溶液光谱图

见图 A.1。

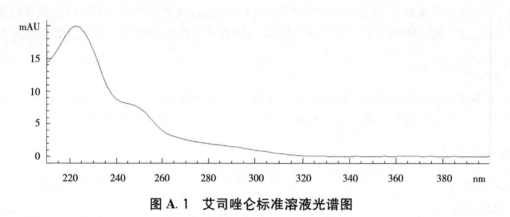

图 A.1 艾司唑仑标准溶液光谱图

A.2 艾司唑仑标准溶液色谱图

见图 A.2。

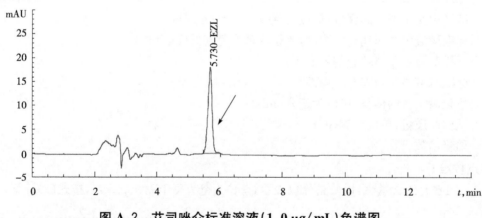

图 A.2 艾司唑仑标准溶液（1.0 μg/mL）色谱图

ICS 65.120
B 46

中华人民共和国农业行业标准

NY/T 3139—2017

饲料中左旋咪唑的测定
高效液相色谱法

Determination of levamisole in feeds—
High performance liquid chromatography

2017-12-22 发布

2018-06-01 实施

中华人民共和国农业部 发布

前　言

本标准按照 GB/T 1.1—2009 给出的规则起草。

本标准由农业部畜牧业司提出。

本标准由全国饲料工业标准化技术委员会(SAC/TC 76)归口。

本标准起草单位:农业部饲料质量监督检验测试中心(广州)。

本标准主要起草人:林海丹、吴荔琴、廖雁平、江庆娣、陈运勤、伍宏凯、邓国东。

饲料中左旋咪唑的测定　高效液相色谱法

1 范围

本标准规定了饲料中左旋咪唑含量测定的高效液相色谱法。

本标准适用于配合饲料、浓缩饲料、精料补充料及添加剂预混合饲料中左旋咪唑的测定。

本标准中左旋咪唑在配合饲料中的检出限为 0.2 mg/kg,定量限为 0.5 mg/kg;在浓缩饲料、精料补充料、添加剂预混合饲料中的检出限为 0.4 mg/kg,定量限为 1.0 mg/kg。

2 规范性引用文件

下列文件对于本文件的应用是必不可少的。凡是注日期的引用文件,仅注日期的版本适用于本文件。凡是不注日期的引用文件,其最新版本(包括所有的修改单)适用于本文件。

GB/T 6682　分析实验室用水规格和试验方法

GB/T 14699.1　饲料　采样

GB/T 20195　动物饲料　试样的制备

3 原理

饲料中左旋咪唑在碱性环境下,用乙酸乙酯提取,取部分提取液氮气吹干,流动相定容,正己烷净化,高效液相色谱仪测定,外标法定量。

4 试剂与材料

除非另有说明,所用试剂均为分析纯,实验用水符合 GB/T 6682 中一级水的规定。

4.1 盐酸左旋咪唑对照品:纯度≥98.5%。

4.2 乙腈:色谱纯。

4.3 甲醇:色谱纯。

4.4 乙酸乙酯。

4.5 正己烷。

4.6 5 mol/L 氢氧化钠溶液:称取氢氧化钠 40 g,用水溶解并稀释至 200 mL,混匀即得。

4.7 0.02 mol/L 磷酸二氢钠溶液:称取无水磷酸二氢钠 2.40 g,用水溶解并稀释至 1 000 mL,混匀即得。

4.8 流动相:0.02 mol/L 磷酸二氢钠溶液+乙腈=75+25(V+V)。

4.9 左旋咪唑标准储备溶液:准确称取盐酸左旋咪唑对照品(4.1)11.78 mg(相当于左旋咪唑 10 mg,精确至 0.01 mg),置于 10 mL 容量瓶中,用甲醇(4.3)溶解并定容至刻度,配制成 1 mg/mL 标准储备溶液。该储备溶液于 2℃~8℃保存,保存期 6 个月。

4.10 左旋咪唑标准工作溶液:准确量取左旋咪唑标准储备溶液(4.9)1 mL,置于 10 mL 容量瓶中,用甲醇(4.3)溶解并定容至刻度,配制成 0.1 mg/mL 标准工作溶液。该工作溶液于 2℃~8℃保存,保存期 3 个月。

4.11 pH 试纸:范围 9~14。

5 仪器设备

5.1 高效液相色谱仪:配二极管阵列检测器。

NY/T 3139—2017

5.2 分析天平:感量 0.001 g;感量 0.01 mg。

5.3 天平:感量 0.01 g。

5.4 氮吹仪。

5.5 超声波清洗器。

5.6 振荡器。

5.7 涡旋混合器。

5.8 高速离心机:转速为 12 000 r/min 及以上。

5.9 微孔滤膜:0.45 μm,有机相。

6 采样和试样的制备

按照 GB/T 14699.1 的规定抽取有代表性的样品,四分法缩减取样。按照 GB/T 20195 的规定制备试样,粉碎后过 0.45 mm 孔径筛,充分混匀,装入密闭容器中备用。

7 分析步骤

7.1 样品提取

称取配合饲料 2 g(浓缩饲料、精料补充料、添加剂预混合饲料 1 g,精确到 0.001 g)样品于 50 mL 离心管中,加水 10 mL,用 5 mol/L 氢氧化钠溶液(4.6)调 pH 至 12~13。涡旋混匀 1 min,超声 20 min,准确加入乙酸乙酯(4.4)20.0 mL,振荡 30 min,以 6 500 r/min 离心 5 min。准确移取上清液 5.0 mL 于试管中,置于 50℃氮气吹干。准确加入流动相(4.8)2.00 mL 超声溶解,加入正己烷(4.5)2 mL,涡旋 1 min,静置分层。取下层液,高速离心 12 000 r/min 离心 10 min,过滤膜(5.9)作为试样溶液,上机测定。

7.2 标准曲线制备

准确量取左旋咪唑标准工作溶液(4.10)适量,用流动相(4.8)逐级稀释配制成浓度为 0.05 μg/mL、0.10 μg/mL、0.20 μg/mL、0.50 μg/mL、1.00 μg/mL、5.00 μg/mL 和 10.0 μg/mL 的系列标准溶液,供高效液相色谱分析。以色谱峰面积为纵坐标、对应的标准溶液浓度为横坐标,绘制标准曲线,求回归方程。

8 测定

8.1 液相色谱参考条件

色谱柱:SCX柱(强阳离子交换柱),柱长 250 mm,内径 4.6 mm,粒径 5 μm;或性能相当者;

流动相:0.02 mol/L 磷酸二氢钠溶液＋乙腈＝75＋25(V＋V);

流速:1.0 mL/min;

检测波长:215 nm;

进样量:20 μL;

柱温:30℃。

8.2 定性测定

在仪器最佳工作条件下,试样中待测物的保留时间与左旋咪唑标准溶液中对应的保留时间相对偏差在±2.5%之内,且二者光谱图一致,则可判定试样中存在对应的待测物。光谱图参见附录 A 中的图 A.1。

8.3 定量测定

按照上述液相色谱条件测定试样溶液和标准溶液,以色谱峰面积进行单点或多点校正定量,试样溶液中待测物的响应值应在仪器测定的线性范围内。标准溶液的高效液相色谱图参见图 A.2。

9 结果计算与表示

9.1 结果计算

9.1.1 单点校准

试样中左旋咪唑的含量 X，以质量分数表示，单位为毫克每千克(mg/kg)，按式(1)计算。

$$X = \frac{A \times C_S \times V}{A_S \times m} \times f \quad\cdots\cdots (1)$$

式中：

X——试样中左旋咪唑的含量，单位为毫克每千克(mg/kg)；

C_S——标准溶液中左旋咪唑的浓度，单位为微克每毫升(μg/mL)；

A——试样溶液中左旋咪唑的峰面积；

A_S——标准溶液中左旋咪唑的峰面积；

V——净化后定容的体积，单位为毫升(mL)；

m——试样的质量，单位为克(g)；

f——稀释倍数。

9.1.2 多点校准

试样中左旋咪唑的含量 X，以质量分数表示，单位为毫克每千克(mg/kg)，按式(2)计算。

$$X = \frac{C_x \times V}{m} \times f \quad\cdots\cdots (2)$$

式中：

C_x——由标准曲线得出的试样溶液中左旋咪唑的浓度，单位为微克每毫升(μg/mL)。

9.2 结果表示

测定结果以平行测定的算术平均值表示，结果保留 3 位有效数字。

10 重复性

在重复性条件下获得的 2 次独立测定结果的绝对差值不大于这 2 个测定值的算术平均值的 20%。

附 录 A
（资料性附录）
左旋咪唑标准溶液光谱图和色谱图

A.1 左旋咪唑标准溶液光谱图

见图 A.1。

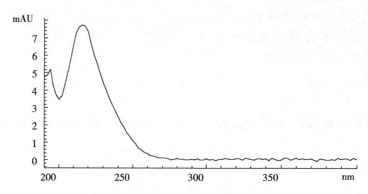

图 A.1 左旋咪唑标准溶液光谱图

A.2 左旋咪唑标准溶液色谱图

见图 A.2。

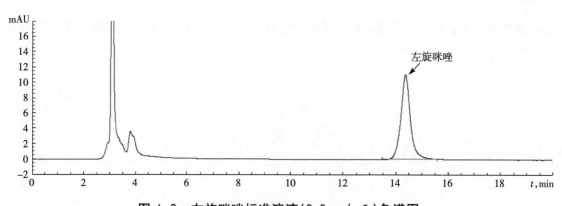

图 A.2 左旋咪唑标准溶液（2.0 μg/mL）色谱图

ICS 65.120
B 46

中华人民共和国农业行业标准

NY/T 3140—2017

饲料中苯乙醇胺A的测定
高效液相色谱法

Determination of phenylethanolamine A in feeds—
High performance liquid chromatography

2017-12-22 发布

2018-06-01 实施

中华人民共和国农业部 发布

前　言

本标准按照 GB/T 1.1—2009 给出的规则起草。

本标准由农业部畜牧业司提出。

本标准由全国饲料工业标准化技术委员会(SAC/TC 76)归口。

本标准起草单位:农业部饲料质量监督检验测试中心(成都)。

本标准主要起草人:张静、赵立军、程传民、陈红、高庆军、王宇萍、李云。

饲料中苯乙醇胺 A 的测定　高效液相色谱法

1　范围

本标准规定了饲料中苯乙醇胺 A 的高效液相色谱测定法。

本标准适用于配合饲料、浓缩饲料、精料补充料和添加剂预混合饲料中苯乙醇胺 A 的测定。

本标准方法的检出限为 1.0 mg/kg,定量限为 2.0 mg/kg。

2　规范性引用文件

下列文件对于本文件的应用是必不可少的。凡是注日期的引用文件,仅注日期的版本适用于本文件。凡是不注日期的引用文件,其最新版本(包括所有的修改单)适用于本文件。

GB/T 6682　分析实验室用水规格和试验方法

GB/T 14699.1　饲料　采样

GB/T 20195　动物饲料　试样的制备

农业部 1486 号公告—1—2010　饲料中苯乙醇胺 A 的测定　高效液相色谱—串联质谱法

3　术语和定义

下列术语和定义适用于本文件。

3.1

苯乙醇胺 A　phenylethanolamine A

化学名称为 2-[4-(4-硝基苯基)丁基-2-基氨基]-1-(4-甲氧基苯基)乙醇,俗称克伦巴胺。分子量为 344.17,分子式 $C_{19}H_{24}N_2O_4$,英文名称 2-[4-(nitrophenyl)butan-2-ylamino]-1-(4-methoxyphenyl) ethanol。化学结构式如下:

4　原理

试样中的苯乙醇胺 A 经甲酸甲醇溶液提取、固相萃取柱净化后,用高效液相色谱仪进行测定,外标法定量。

5　试剂和材料

除非另有说明,所有试剂均为分析纯,实验室用水符合 GB/T 6682 中一级水的规定。

5.1　乙腈:色谱纯。

5.2　甲醇。

5.3　甲酸:优级纯。

5.4　苯乙醇胺 A 对照品:纯度≥95%。

5.5　0.1%甲酸溶液:取甲酸 1.0 mL 加水定容至 1 000 mL,摇匀即得。

5.6 甲酸甲醇溶液:取甲酸 0.1 mL,加入甲醇定容至 100 mL,摇匀即得。

5.7 稀释液:取 0.1% 甲酸溶液(5.6)80 mL,加乙腈至 100 mL,摇匀即得。

5.8 氨化甲醇溶液:取氨水 5 mL,加入甲醇至 100 mL,摇匀即得。

5.9 标准储备溶液:100 μg/mL,准确称取苯乙醇胺 A 50 mg(精确到 0.1 mg),用甲醇配制成 100 μg/mL 的标准储备溶液,−18℃避光保存备用,有效期为 6 个月。

5.10 标准工作溶液:用稀释液(5.7)稀释标准储备溶液(5.9),配制成浓度范围为 1.00 μg/mL、2.00 μg/mL、5.00 μg/mL、10.0 μg/mL、25.0 μg/mL、50.0 μg/mL 的标准工作溶液,4℃避光保存,有效期 1 个月。

5.11 混合型阳离子固相萃取柱:3 mL,60 mg;或相当的分析柱。

5.12 微孔滤膜:0.45 μm,有机相。

6 仪器和设备

6.1 高效液相色谱仪:配紫外检测器或二极管阵列检测器。

6.2 天平:感量 1 mg。

6.3 分析天平:感量 0.1 mg。

6.4 离心机:转速为 5 000 r/min 及以上。

6.5 超声水浴。

6.6 涡旋混合器。

6.7 固相萃取装置。

6.8 氮吹装置。

7 试样制备

按照 GB/T 14699.1 的规定,抽取有代表性的饲料样品,用四分法缩减取样。按照 GB/T 20195 的规定制备样品,全部通过 0.28 mm 孔筛,混匀,装入密闭容器中,避光常温保存,备用。

8 测定步骤

8.1 提取

称取饲料试样 2 g(精确到 0.001 g),置于 50 mL 离心管中,准确加入甲酸甲醇溶液(5.6)20.0 mL,涡旋混合 30 s,超声提取 20 min,期间摇动 2 次;取出后,于离心机上 5 000 r/min 离心 5 min,取上清液,备用。

8.2 净化

固相萃取柱(5.11)分别用甲醇 3 mL、水 3 mL 活化,准确移取上清液(8.1)5.0 mL 过柱,分别用水 3 mL、甲醇 3 mL 淋洗,近干后用氨化甲醇溶液(5.8)3 mL 洗脱。收集洗脱液,在氮吹装置上 50℃下用氮气吹干。准确加入稀释液(5.7)1.0 mL 溶解,过 0.45 μm 微孔滤膜,供高效液相色谱仪测定。

8.3 测定

8.3.1 高效液相色谱条件

色谱柱:C18柱,柱长 250 mm,内径 4.6 mm,粒度 5 μm;或性能相当的分析柱;

柱温:30℃;

流动相 A 为 0.1% 甲酸溶液,流动相 B 为乙腈,梯度洗脱,梯度见表 1;

流速:1.0 mL/min;

进样量:20 μL;

检测波长：276 nm。

表 1　流动相梯度洗脱条件

时间,min	流动相 A,%	流动相 B,%
0.00	80	20
10.00	60	40
10.10	80	20
18.00	80	20

8.3.2　定性测定

在仪器最佳工作条件下,样品中待测物的保留时间与苯乙醇胺 A 标准工作溶液中对应的保留时间相对偏差在±2.5%之内,则可判定样品中存在对应的待测物。如需进一步确认,可按农业部 1486 号公告—1—2010 的规定检测。

8.3.3　定量测定

按照上述液相色谱条件测定样品溶液和标准工作溶液,以色谱峰面积进行单点或多点校正定量,样品溶液中待测物的响应值应在仪器测定的线性范围内。苯乙醇胺 A 标准工作溶液色谱图参见附录 A。

9　结果计算

试样中苯乙醇胺 A 的含量 X,以质量分数表示,单位为毫克每千克(mg/kg),单点校正按式(1)计算。

$$X = \frac{P_i \times C_s \times V \times n}{P_s \times m} \quad\cdots\cdots\cdots\cdots\cdots\cdots\cdots\cdots\cdots\cdots\cdots\cdots\cdots (1)$$

式中：

X ——试样中苯乙醇胺 A 的含量,单位为毫克每千克(mg/kg);

P_i ——试样溶液峰面积值;

C_s ——标准工作溶液浓度,单位为微克每毫升(μg/mL);

P_s ——标准工作溶液峰面积值;

m ——称取试样的质量,单位为克(g);

V ——上机前定容体积,单位为毫升(mL);

n ——稀释倍数。

测定结果用平行测定的算术平均值表示,结果保留 3 位有效数字。

多点校正按式(2)计算。

$$X = \frac{C_x \times V \times n}{m} \quad\cdots\cdots\cdots\cdots\cdots\cdots\cdots\cdots\cdots\cdots\cdots\cdots\cdots (2)$$

式中：

C_x ——标准曲线上查得的试样中苯乙醇胺 A 的浓度,单位为微克每毫升(μg/mL)。

测定结果用平行测定的算术平均值表示,结果保留 3 位有效数字。

10　重复性

在重复性条件下获得的 2 次独立测定结果的绝对差值不大于这 2 个测定值的算术平均值的 20%。

附　录　A
（资料性附录）
苯乙醇胺 A 标准工作溶液的高效液相色谱图

苯乙醇胺 A 标准工作溶液色谱图见图 A.1。

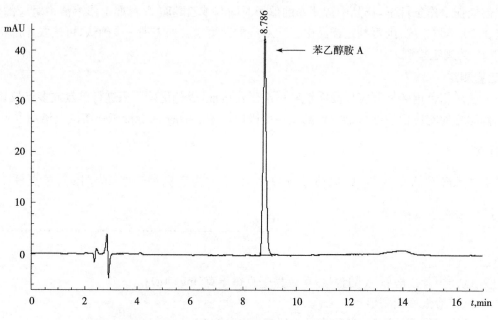

图 A.1　苯乙醇胺 A 标准工作溶液（10 μg/mL）的高效液相色谱图

ICS 65.120
B 46

中华人民共和国农业行业标准

NY/T 3141—2017

饲料中2,6-二甲基-3,5-二乙酯基-1,4-
二氢吡啶的测定　液相色谱-串联质谱法

Determination of 1,4-dihydro-2,6-dimethyl-3,5-pyridinedicarboxylic acid diethyl
ester in feeds—Liquid chromatography-tandem mass spectrometry

2017-12-22 发布

2018-06-01 实施

中华人民共和国农业部 发布

前　言

本标准按照 GB/T 1.1—2009 给出的规则起草。

本标准由农业部畜牧业司提出。

本标准由全国饲料工业标准化技术委员会(SAC/TC 76)归口。

本标准起草单位:农业部饲料质量监督检验测试中心(成都)。

本标准主要起草人:赵立军、张静、李宏、林顺全、廖峰、曾晓芳、魏敏、李云。

饲料中 2,6-二甲基-3,5-二乙酯基-1,4-二氢吡啶的测定 液相色谱-串联质谱法

1 范围

本标准规定了饲料中 2,6-二甲基-3,5-二乙酯基-1,4-二氢吡啶含量测定的液相色谱-串联质谱法。

本标准适用于配合饲料、浓缩饲料、精料补充料和添加剂预混合饲料中 2,6-二甲基-3,5-二乙酯基-1,4-二氢吡啶的测定。

本标准方法的检出限为 0.1 mg/kg,定量限为 0.5 mg/kg。

2 规范性引用文件

下列文件对于本文件的应用是必不可少的。凡是注日期的引用文件,仅注日期的版本适用于本文件。凡是不注日期的引用文件,其最新版本(包括所有的修改单)适用于本文件。

GB/T 6682　分析实验室用水规格和试验方法

GB/T 14699.1　饲料　采样

GB/T 20195　动物饲料　试样的制备

3 原理

试样中的 2,6-二甲基-3,5-二乙酯基-1,4-二氢吡啶经提取,固相萃取柱净化后用高效液相色谱-串联质谱仪测定,外标法定量。

4 试剂和材料

除非另有说明,所有试剂均为分析纯和符合 GB/T 6682 规定的一级水。

4.1　甲醇:色谱纯。

4.2　乙腈:色谱纯。

4.3　乙酸铵:色谱纯。

4.4　甲酸:色谱纯。

4.5　95%甲醇溶液:取甲醇(4.1)95 mL 加水定容至 100 mL,摇匀,即得。

4.6　90%乙腈溶液:取乙腈(4.2)90 mL 加水定容至 100 mL,摇匀,即得。

4.7　2,6-二甲基-3,5-二乙酯基-1,4-二氢吡啶对照品:纯度大于 98.0%。

4.8　标准储备溶液:准确称取适量 2,6-二甲基-3,5-二乙酯基-1,4-二氢吡啶对照品(精确到 0.1 mg),用乙腈溶解、定容,配成储备溶液浓度为 1 mg/mL,转移至棕色瓶。-20℃冰箱内保存,有效期为 3 个月。

4.9　标准中间溶液:准确吸取 2,6-二甲基-3,5-二乙酯基-1,4-二氢吡啶储备溶液(4.8)0.2 mL,用乙腈稀释、定容至 100 mL,使之浓度为 2.0 μg/mL,转移至棕色瓶。-20℃冰箱内保存,有效期为 1 个月。

4.10　0.1%甲酸+5 mmol/L 乙酸铵水溶液:称取乙酸铵(4.3)0.385 g 加水定容至 1000 mL,加入甲酸(4.4)1 mL,摇匀,即得。

4.11　固相萃取柱:C18固相萃取柱(200 mg/3 mL);或性能相当的分析柱。

NY/T 3141—2017

4.12 微孔滤膜:0.22 μm,有机相。

4.13 密封盖塑料离心管:50 mL。

5 仪器和设备

5.1 高效液相色谱—串联质谱仪(配电喷雾离子源)。

5.2 分析天平:感量为0.1 mg和0.01 g各1台。

5.3 离心机:转速为8 000 r/min及以上。

5.4 超纯水器。

5.5 涡旋混合器。

5.6 振荡器。

5.7 固相萃取装置。

6 采样和试样制备

按照GB/T 14699.1的规定抽取有代表性的饲料样品,用四分法缩减取样。按GB/T 20195的规定制备试样,全部通过0.28 mm孔筛,充分混匀,装入密闭容器中,避光低温保存,备用。

7 分析步骤

7.1 提取

7.1.1 配合饲料、浓缩饲料或精料补充料:准确称取2 g(精确到0.01 g),置于250 mL具塞锥形瓶中,加入95%甲醇(4.5)50 mL。置于振荡器上中速振荡30 min,静置2 min。移取适量上清液于离心管中,以8 000 r/min离心5 min。准确吸取上清液0.2 mL,用95%甲醇(4.5)定容至10 mL,作为备用液。

7.1.2 添加剂预混合饲料:准确称取1 g(精确到0.01 g),置于250 mL具塞锥形瓶中,加入90%乙腈(4.6)50 mL。置于振荡器上中速振荡30 min,静置2 min。移取适量上清液于离心管中,以8 000 r/min离心5 min。准确吸取上清液0.1 mL,用90%乙腈(4.6)定容至10 mL,作为备用液。

7.2 净化

7.2.1 配合饲料、浓缩饲料或精料补充料:固相萃取柱依次用甲醇3 mL、水3 mL活化(活化后萃取柱内水相液面高于柱筛板1 mm～2 mm),取备用液(7.1.1)3.0 mL过柱,收集流出液至10 mL试管内,涡旋混匀,过0.22 μm滤膜。

7.2.2 添加剂预混合饲料:取适量备用液(7.1.2),过0.22 μm滤膜。

7.3 标准曲线的制备

根据测定试样种类不同,按7.1和7.2步骤分别制备配合饲料、浓缩饲料、精料补充料和添加剂预混合饲料空白试样备用液。精密量取适量2,6-二甲基-3,5-二乙酯基-1,4-二氢吡啶标准中间溶液(4.9),用上述空白试样备用液稀释定容,制得0.000 4 μg/mL、0.002 μg/mL、0.005 μg/mL、0.01 μg/mL、0.02 μg/mL、0.05 μg/mL、0.1 μg/mL各系列工作溶液,供高效液相色谱—串联质谱测定。

7.4 测定

7.4.1 液相色谱参考条件

色谱柱:C$_{18}$柱,柱长100 mm,内径2.1 mm,粒径2.4 μm;或性能相当的分析柱;

流动相A为乙腈,流动相B为0.1%甲酸+5 mmol/L乙酸铵水溶液,梯度洗脱条件见表1;

柱温:30℃;

进样量:10 μL。

表 1　流动相梯度洗脱参考条件

时间,min	流动相 A,%	流动相 B,%	流速,mL/min
0	20.0	80.0	0.20
2.00	80.0	20.0	0.20
5.00	80.0	20.0	0.20
5.01	95.0	5.00	0.40
12.00	95.0	5.00	0.40
12.01	20.0	80.0	0.20
15.00	20.0	80.0	0.20

7.4.2　质谱参考条件

离子源:电喷雾离子源;

扫描方式:正离子扫描;

检测方式:多反应监测;

毛细管电压、碰撞能量等参数应优化至最佳灵敏度;

定性离子对、定量离子对等参数见表 2。

表 2　2,6-二甲基-3,5-二乙酯基-1,4-二氢吡啶的定性、定量离子对及碰撞能量参考值

名称	定性离子对,m/z	定量离子对,m/z	碰撞能量,V
2,6-二甲基-3,5-二乙酯基-1,4-二氢吡啶	254/208	254/208	6
	254/108		22

7.4.3　定性测定

在相同试验条件下,试样中待测物的保留时间与标准工作溶液的保留时间偏差在±2.5%以内,且试样谱图中各组分定性离子的相对离子丰度与浓度接近的标准工作溶液中对应的定性离子相对离子丰度进行比较,若偏差不超过表 3 规定的范围,则可判定试样中存在对应的待测物。

表 3　定性确证时相对离子丰度的最大允许误差

单位为百分率

相对离子丰度	>50	20~50(含)	10~20(含)	≤10
允许的最大偏差	±20	±25	±30	±50

7.4.4　定量测定

取试样制备液(7.2.1 或 7.2.2)和相应浓度的标准工作溶液(7.3),作单点或多点校准,以色谱峰面积定量。当待测物浓度超出线性范围时,应适当调整稀释倍数后测定。2,6-二甲基-3,5-二乙酯基-1,4-二氢吡啶标准工作溶液多反应监测(MRM)色谱图参见附录 A。

8　结果计算

试样中 2,6-二甲基-3,5-二乙酯基-1,4-二氢吡啶的含量 X,以质量分数表示,单位为毫克每千克(mg/kg),单点校正按式(1)计算。

$$X = \frac{A_i \times C_s \times V_s \times V \times n}{A_s \times m \times V_i} \quad\cdots\cdots (1)$$

式中:

X——试样中 2,6-二甲基-3,5-二乙酯基-1,4-二氢吡啶含量,单位为毫克每千克(mg/kg);

A_i——试样溶液峰面积值;

C_s——标准工作溶液浓度,单位为微克每毫升(μg/mL);

V_s——标准工作溶液进样体积,单位为微升(μL);

V ——定容体积,单位为毫升(mL);

A_S——标准工作溶液峰面积值;

m ——称取试样的质量,单位为克(g);

V_i——试样溶液进样体积,单位为微升(μL);

n ——稀释倍数。

测定结果用平行测定的算术平均值表示,结果保留 3 位有效数字。

多点校正按式(2)计算。

$$X = \frac{C_X \times V \times n}{m} \quad\text{...} \quad (2)$$

式中:

C_X ——标准曲线上查得的试样中 2,6 -二甲基- 3,5 -二乙酯基- 1,4 -二氢吡啶的浓度,单位为微克每毫升(μg/mL)。

测定结果用平行测定的算术平均值表示,结果保留 3 位有效数字。

9 重复性

在重复性条件下获得的 2 次独立测定结果的绝对差值不大于这 2 个测定值的算术平均值的 20%。

附　录　A

（资料性附录）

2,6-二甲基-3,5-二乙酯基-1,4-二氢吡啶标准溶液多反应监测(MRM)色谱图

2,6-二甲基-3,5-二乙酯基-1,4-二氢吡啶标准溶液多反应监测(MRM)色谱图见图 A.1。

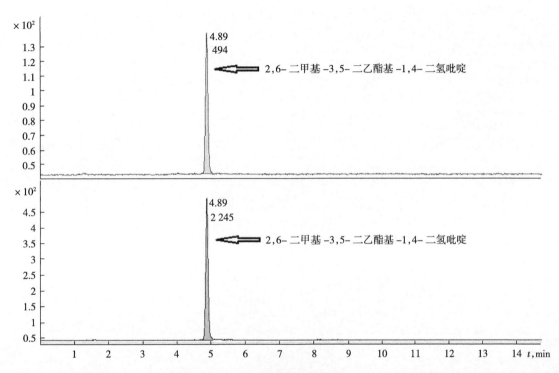

图 A.1　2,6-二甲基-3,5-二乙酯基-1,4-二氢吡啶标准溶液(5.0 ng/mL)多反应监测(MRM)色谱图

ICS 65.120
B 46

中华人民共和国农业行业标准

NY/T 3142—2017

饲料中溴吡斯的明的测定
液相色谱-串联质谱法

Determination of pyridostigmine bromide in feeds—
Liquid chromatography–tandem mass spectrometry

2017-12-22 发布

2018-06-01 实施

中华人民共和国农业部 发布

NY/T 3142—2017

前　言

本标准按照 GB/T 1.1—2009 给出的规则起草。

本标准由农业部畜牧业司提出。

本标准由全国饲料工业标准化技术委员会(SAC/TC 76)归口。

本标准起草单位:广东省农业科学院农产品公共监测中心。

本标准主要起草人:何绮霞、王威利、张展、续倩、吴维煇、林雪贤、殷秋妙。

饲料中溴吡斯的明的测定 液相色谱-串联质谱法

1 范围

本标准规定了饲料中溴吡斯的明含量测定的液相色谱-串联质谱法。

本标准适用于配合饲料、浓缩饲料、精料补充料和添加剂预混合饲料中溴吡斯的明的测定。

本标准检出限为 1 µg/kg,定量限为 2 µg/kg。

2 规范性引用文件

下列文件对于本文件的应用是必不可少的。凡是注日期的引用文件,仅注日期的版本适用于本文件。凡是不注日期的引用文件,其最新版本(包括所有的修改单)适用于本文件。

GB/T 6682 分析实验室用水规格和试验方法

GB/T 14699.1 饲料 采样

GB/T 20195 动物饲料 试样的制备

3 原理

试样中溴吡斯的明经甲醇或乙腈超声提取,提取液氮气吹干,超纯水溶解,WCX 固相萃取柱净化,液相色谱-串联质谱仪测定,内标法定量。

4 试剂

除非另有说明,本方法所用试剂均为分析纯试剂,水为符合 GB/T 6682 规定的一级水。

4.1 乙腈:色谱纯。

4.2 甲醇:色谱纯。

4.3 甲酸:色谱纯。

4.4 甲酸铵:色谱纯。

4.5 正己烷:分析纯。

4.6 1%甲酸甲醇溶液:取 1 mL 甲酸,用甲醇定容至 100 mL。

4.7 5 mmol/L 甲酸铵甲酸溶液:取甲酸铵 0.315 g 和甲酸 1.0 mL,用水定容至 1 000 mL。

4.8 复溶液:甲酸铵甲酸溶液(4.7)+乙腈=90+10。

4.9 复溶液饱和的正己烷:在正己烷中加入复溶液(4.8),直至分层,振荡后静置待用。

4.10 溴吡斯的明标准品:纯度≥98.0%。

4.11 溴吡斯的明-D_6 标准品(同位素内标物):纯度≥98.0%。

4.12 溴吡斯的明标准储备液(1 mg/mL):准确称取适量溴吡斯的明标准品,用色谱纯甲醇配制成 1 000 µg/mL 的标准储备液,−20℃储藏,有效期 6 个月。

4.13 溴吡斯的明标准工作液(0.1 µg/mL):准确量取溴吡斯的明标准储备液(4.12),用色谱纯甲醇稀释成溴吡斯的明浓度为 0.1 µg/mL 的标准工作液,4℃储藏,有效期 1 个月。

4.14 溴吡斯的明-D_6(4.11)标准储备液(1 mg/mL):准确称取适量溴吡斯的明-D_6 标准品,用色谱纯甲醇配制成 1 000 µg/mL 的标准储备液,−20℃储藏,有效期 6 个月。

4.15 溴吡斯的明-D_6 标准工作液(0.1 µg/mL):准确量取溴吡斯的明-D_6 标准储备液(4.14),用色谱纯甲醇稀释成溴吡斯的明浓度为 0.1 μg/mL 的标准工作液,4℃储藏,有效期 1 个月。

5 仪器和设备

5.1 液相色谱-串联质谱联用仪:配电喷雾离子源(ESI)。

5.2 分析天平:感量 0.1 mg。

5.3 分析天平:感量 0.01 mg。

5.4 涡旋振荡器。

5.5 超声水浴。

5.6 离心机:最高转速 12 000 r/min 或以上。

5.7 氮吹仪。

5.8 固相萃取装置。

5.9 滤膜:0.22 μm。

5.10 固相萃取小柱:混合型弱阳离子交换柱(WCX),150 mg/3 mL;或相当者。

6 试样制备

按照 GB/T 14699.1 的规定抽取有代表性的饲料样品,用四分法缩减取样,按照 GB/T 20195 的规定制备样品,粉碎后过 0.45 mm 孔径的分析筛,混匀,装入磨口瓶中,备用。

7 测定步骤

7.1 提取

7.1.1 配合饲料、浓缩饲料、精料补充料

称取试样约 2 g(精确至 0.1 mg),准确加入溴吡斯的明-D_6 标准工作液(4.15)100 μL,加入甲醇(4.2)20 mL,涡旋 30 s,超声提取 10 min,10 000 r/min 离心 5 min,准确取上清液 10 mL,置于水浴锅中 50℃氮气吹干,准确加水 10 mL 溶解,加入 10 mL 正己烷(4.5),涡旋 30 s,10 000 r/min 离心 5 min,准确取下层液体 5 mL,为样品提取液。

7.1.2 添加剂预混合饲料

称取试样约 2 g(精确至 0.1 mg),准确加入溴吡斯的明-D_6 标准工作液(4.15)100 μL,加入乙腈(4.1)20 mL,涡旋 30 s,超声提取 10 min,10 000 r/min 离心 5 min,准确取上清液 10 mL,置于水浴锅中 50℃氮气吹干,准确加水 10 mL 溶解,加入 10 mL 正己烷(4.5),涡旋 30 s,10 000 r/min 离心 5 min,准确取下层液体 5 mL,为样品提取液。

7.2 净化

取混合型弱阳离子交换柱(WCX),依次用甲醇 6 mL、水 6 mL 活化,取样品提取液(7.1)过柱,弃去流出液,再依次用水 6 mL、甲醇 6 mL 淋洗,减压抽干,用 1%甲酸甲醇溶液(4.6)10 mL 洗脱,洗脱液于水浴锅中 50℃氮气吹干,用复溶液(4.8)0.5 mL 超声溶解,加入 0.5 mL 复溶液饱和的正己烷(4.9),涡旋 30 s,12 000 r/min 离心 5 min,取下层液体,过 0.22 μm 滤膜,供液相色谱-串联质谱仪测定。

7.3 标准曲线的制备

精密吸取溴吡斯的明标准工作液(4.13)和溴吡斯的明-D_6 标准工作液(4.15),用复溶液稀释成 0.5 ng/mL、1 ng/mL、2 ng/mL、5 ng/mL、10 ng/mL、20 ng/mL、50 ng/mL、100 ng/mL 的系列标准溶液(溴吡斯的明-D_6 均为 5 ng/mL),供液相色谱-串联质谱法测定。

7.4 测定

7.4.1 色谱参考条件

色谱柱:C₁₈柱,柱长 150 mm,内径 3.0 mm,粒径 3 μm;或相当者;

流动相 A:5 mmol/L 甲酸铵/0.1‰甲酸水溶液(4.7);流动相 B:乙腈,梯度洗脱程序见表1;

流速:0.3 mL/min;

柱温:40℃;

进样量:5 μL。

表 1 梯度洗脱程序

时间,min	流动相 A,%	流动相 B,%
0.0	97	3
1.2	85	15
5.8	85	15
6.5	50	50
8.0	50	50
8.5	97	3
12.0	97	3

7.4.2 质谱参考条件

离子源:电喷雾离子源;

扫描方式:MRM;

电离模式:正离子模式;

检测方式:多反应监测(MRM);

电离电压:4.5 kV;

雾化温度:400℃;

脱溶剂温度:250℃;

雾化气流速:3.0 L/min;

干燥气流速:15.0 L/min。

溴吡斯的明和溴吡斯的明-D₆定性离子对、定量离子对及碰撞能量参数见表2。

表 2 溴吡斯的明和溴吡斯的明-D₆的定性离子对、定量离子对及碰撞能量

化合物	定性离子对 m/z	定量离子对 m/z	碰撞能量 eV
溴吡斯的明	181.15/72.10	181.15/72.10	21
	181.15/124.20		16
溴吡斯的明-D₆	187.10/78.20	187.10/78.20	21

7.4.3 定性测定

在相同试验条件下,待测物在样品中的保留时间与标准溶液中的保留时间偏差在±2.5%之内,并且色谱图中各组分定性离子对的相对丰度与浓度接近标准液中相应定性离子对的相对丰度进行比较,若偏差不超过表3规定的范围,则可判断为样品中存在对应的待测物。

表 3 定性测定时相对离子丰度的最大允许误差

单位为百分率

相对离子丰度	>50	20～50(含)	10～20(含)	≤10
允许的相对偏差	±20	±25	±30	±50

7.4.4 定量测定

取试样溶液和标准溶液上机测定,以色谱峰保留时间和离子对定性,以溴吡斯的明和溴吡斯的明-D₆的色谱峰面积比做单点或标准曲线校准,用内标法定量。试样溶液中目标物与内标的峰面积比均应

在仪器检测的线性范围内。在上述色谱-质谱条件下,溴吡斯的明标准溶液特征离子的质量色谱图参见附录A。按以上步骤对同一试样进行平行测定。

8 结果计算

试样中溴吡斯的明的含量(X)以质量分数表示,单位为微克每千克(μg/kg),按式(1)或式(2)计算。

单点校准: $X = \dfrac{A \times A_{is} \times C_i \times C_s \times V \times 1000}{A_s \times A_i \times C_{is} \times m \times 1000} \times N$ $\cdots\cdots\cdots\cdots\cdots\cdots\cdots\cdots\cdots\cdots\cdots\cdots\cdots\cdots$ (1)

式中:

A ——试样溶液中溴吡斯的明的峰面积;

A_{is} ——标准溶液中内标溴吡斯的明-D$_6$的峰面积;

C_i ——试样溶液中内标溴吡斯的明-D$_6$的浓度,单位为纳克每毫升(ng/mL);

C_s ——标准溶液中溴吡斯的明的浓度,单位为纳克每毫升(ng/mL);

V ——最终定容体积,单位为毫升(mL);

A_s ——标准溶液中溴吡斯的明的峰面积;

A_i ——试样溶液中内标溴吡斯的明-D$_6$的峰面积;

C_{is} ——标准溶液中内标溴吡斯的明-D$_6$的浓度,单位为纳克每毫升(ng/mL);

m ——试样质量,单位为克(g);

N ——提取液稀释倍数。

测定结果用平行测定的算术平均值表示,保留3位有效数字。

或标准曲线校准: $X = \dfrac{\rho \times V \times 1000}{m \times 1000} \times N$ $\cdots\cdots\cdots\cdots\cdots\cdots\cdots\cdots\cdots\cdots\cdots\cdots\cdots$ (2)

式中:

ρ ——由标准曲线得出的试样溶液中相应的溴吡斯的明浓度,单位为纳克每毫升(ng/mL)。

测定结果用平行测定的算术平均值表示,保留3位有效数字。

9 重复性

在重复性条件下获得的2次独立测定结果的绝对值不大于这2个测定值算术平均值的25%。

附 录 A

（资料性附录）

溴吡斯的明标准溶液色谱图

溴吡斯的明标准溶液色谱图参见图 A.1。

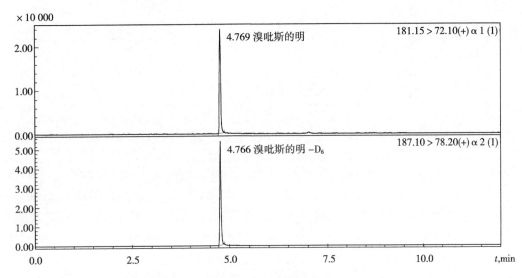

图 A.1　溴吡斯的明标准溶液色谱图（溴吡斯的明浓度为 2.0 ng/mL，

溴吡斯的明-D_6 浓度为 5.0 ng/mL）

ICS 65.120
B 46

中华人民共和国农业行业标准

NY/T 3143—2017

鱼粉中脲醛聚合物快速检测方法

Rapid detection of urea–formaldehydepolymer in fishmeal

2017-12-22 发布

2018-06-01 实施

中华人民共和国农业部 发布

前　言

本标准按照 GB/T 1.1—2009 给出的规则起草。

本标准由农业部畜牧业司提出。

本标准由全国饲料工业标准化技术委员会(SAC/TC 76)归口。

本标准起草单位:中国饲料工业协会、山东新希望六和集团有限公司。

本标准主要起草人:郭吉原、王黎文、荣佳、丁健、朱正鹏、隋莉、姜晓霞、张雅惠、杨青。

鱼粉中脲醛聚合物快速检测方法

1 范围

本标准规定了鱼粉中脲醛聚合物的快速检测方法。

本标准适用于鱼粉中脲醛聚合物的快速检测。

2 规范性引用文件

下列文件对于本文件的应用是必不可少的。凡是注日期的引用文件,仅注日期的版本适用于本文件。凡是不注日期的引用文件,其最新版本(包括所有的修改单)适用于本文件。

GB/T 6682　分析实验用水规格和试验方法

GB/T 14698　饲料显微镜检查方法

GB/T 14699.1　饲料　采样

3 原理

脲醛聚合物在浓硫酸的作用下分解,释放出的甲醛与变色酸(1,8-二羟基萘-3,6二磺酸)溶液一起共热,形成稳定的紫色至紫红色化合物。

4 试剂与材料

除非另有说明,在分析中仅使用确认为分析纯的试剂和符合 GB/T 6682 规定的三级水。

4.1　石油醚:沸程 60℃~90℃。

4.2　硫酸。

4.3　变色酸溶液:2 g/L。称取 0.2 g(精确至 0.01 g)变色酸于 200 mL 干燥的烧杯中,缓缓加入 100 mL 的硫酸(4.2),电炉上加热至 70℃,搅拌使之溶解,待溶液冷却至室温后,转移至棕色滴瓶中保存。

4.4　定性滤纸。

5 仪器与设备

5.1　立体显微镜:放大 7 倍~40 倍,可连续变倍。

5.2　水浴锅:可控温 90℃,控温精度±1℃。

5.3　索氏抽提器:150 mL~250 mL。

5.4　可调温电炉。

5.5　镊子:不锈钢,长 5 cm~8 cm,尖头。

5.6　干燥箱:可调温至 70℃。

5.7　天平:感量 0.01 g。

6 样品的制备

按 GB/T 14699.1 的规定采集鱼粉样品,经四分法分样,获得有代表性样品至少 100 g。

7 测定步骤

7.1 样品脱脂

将制备好的样品进行脱脂处理。脱脂方法按下述方法之一进行：

a) 快速脱脂法。取 5 g 鱼粉试样置于 100 mL 高型烧杯中，加入 50 mL 石油醚(4.1)，搅拌 10 s，静置沉降 2 min，小心倾倒出石油醚，再重复操作 1 次~2 次。将烧杯置于通风柜内或通风处待石油醚挥发后，再将烧杯放入干燥箱(5.6)内，在 60℃~70℃下干燥 10 min~20 min。将脱脂后的样品置于培养皿内待检。

b) 索氏抽提法。取鱼粉试样 2 g~3 g 于定性滤纸(4.4)中，按测定粗脂肪的方法包好，放入索氏抽提器(5.3)中，回流 30 min。取出滤纸包，待滤纸包表面石油醚挥发后，再放入干燥箱(5.6)内，在 60℃~70℃下干燥 10 min~20 min。将滤纸包冷却至室温，打开滤纸包将脱脂后的样品置于培养皿内待检。

警告：以上实验均需在通风条件下进行，实验中注意防火防爆。

7.2 夹出可疑物

按 GB/T 14698 的规定，将装有脱脂后待检样品的培养皿置于立体显微镜(5.1)下，调整显微镜放大倍数为 10 倍~20 倍，用镊子(5.5)小心翻动样品，镜下查找脲醛聚合物疑似颗粒并夹取 2 粒~5 粒至 50 mL 烧杯中。

脲醛聚合物疑似颗粒的形态为无定形、易碎、不透明的白色至浅黄色固体颗粒，在立体显微镜下的形态特征参见附录 A。

7.3 显色反应

向装有疑似颗粒的烧杯内，对准夹出的颗粒物加入 1 mL 变色酸溶液(4.3)，将烧杯置于电炉(5.4)上小火加热至刚产生微烟，立即取下，马上沿烧杯壁慢慢加入 30 mL 水，观察其颜色。

脲醛聚合物与变色酸反应，溶液呈稳定的紫色至紫红色。溶液颜色参见附录 B。

警告：显色反应时，要沿烧杯壁缓慢加水，防止爆沸。

8 结果判定

若水溶液呈现稳定的紫色至紫红色，并保持 2 min 以上不褪色，则样品内含有脲醛聚合物；若加水的瞬间产生紫红色，但水溶液不能呈现稳定的紫色至紫红色，则样品中不含脲醛聚合物。

附　录　A
（资料性附录）
显微镜下脲醛聚合物的形态

A.1 脱脂后掺假鱼粉中的脲醛聚合物

见图 A.1。

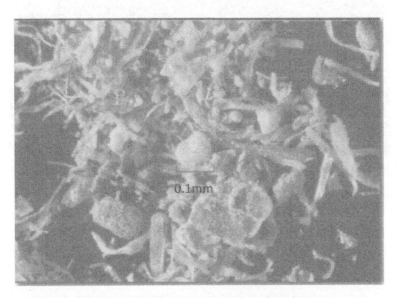

图 A.1　脱脂后掺假鱼粉中的脲醛聚合物（放大 20×）

A.2 脲醛聚合物（粉末状）

见图 A.2。

图 A.2　脲醛聚合物（粉末状）（放大 20×）

A.3 脲醛聚合物(微粒状)

见图 A.3。

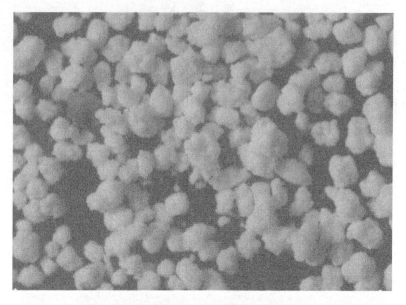

图 A.3 脲醛聚合物(微粒状)(放大 20×)

附　录　B
（资料性附录）
脲醛聚合物与变色酸反应后的溶液

脲醛聚合物与变色酸反应后的溶液见图 B.1。

图 B.1　脲醛聚合物与变色酸反应后的溶液

ICS 65.120
B 46

中华人民共和国农业行业标准

NY/T 3144—2017

饲料原料 血液制品中18种β-受体激动剂的测定 液相色谱-串联质谱法

Determination of 18 β-agonists in blood products feedstuff—
Liquid chromatography–tandem mass spectrometry(LC–MS/MS)

2017-12-22 发布　　　　　　　　　　　　　　　2018-06-01 实施

中华人民共和国农业部 发布

前　言

本标准按照 GB/T 1.1—2009 给出的规则起草。

本标准由农业部畜牧业司提出。

本标准由全国饲料工业标准化技术委员会(SAC/TC 76)归口。

本标准起草单位:中国农业科学院农业质量标准与检测技术研究所〔国家饲料质量监督检验中心(北京)〕。

本标准主要起草人:索德成、王培龙、李阳、王瑞国、苏晓鸥、樊霞、周炜、冯三令、李宏。

饲料原料 血液制品中 18 种 β-受体激动剂的测定 液相色谱-串联质谱法

1 范围

本标准规定了饲料原料血液制品中 18 种 β-受体激动剂测定的液相色谱-串联质谱法。

本标准适用于血球蛋白粉、水解血粉、血球蛋白粉、血粉、发酵血粉中克仑特罗（Clenbuterol）、沙丁胺醇(Salbutamol)、莱克多巴胺（Ractopamine）、齐帕特罗（Zilpaterol）、氯丙那林（Clorprenaline）、特布他林(Terbutaline)、西马特罗（Cimaterol）、西布特罗（Cimbuterol）、马布特罗（Mabuterol）、溴布特罗(Brombuterol)、班布特罗（Bambuterol）、克仑普罗（Clenproperol）、妥布特罗（Tulobuterol）、利托君(Ritodrine)、沙美特罗(Salmeterol)、克仑塞罗福莫特罗（Formoterol）、苯乙醇胺 A（Phenylethanolamine A)18 种 β-受体激动剂的测定。

本标准方法检出限为 1 μg/kg，定量限为 5 μg/kg。

2 规范性引用文件

下列文件对于本文件的应用是必不可少的。凡是注日期的引用文件，仅注日期的版本适用于本文件。凡是不注日期的引用文件，其最新版本（包括所有的修改单）适用于本文件。

GB/T 6682 分析实验室用水规格和试验方法

GB/T 14699.1 饲料 采样

GB/T 20195 动物饲料 试样的制备

3 原理

饲料原料血液制品经酶解处理后，用混合型阳离子固相萃取小柱净化，吹干，稀释液溶解，液相色谱-串联质谱仪检测，基质添加校正、外标法定量。

4 试剂

除非另有说明，本方法所用试剂均为分析纯试剂，实验室用水符合 GB/T 6682 中一级水的规定。

4.1 甲醇：色谱纯。

4.2 甲酸：色谱级。

4.3 乙酸铵提取液(pH＝5.2)：取乙酸铵 15.4 g，用 1 000 mL 水溶解，用乙酸调 pH 至 5.2。

4.4 样品稀释溶液：取甲酸 0.1 mL，乙腈 10 mL，加水 90 mL，混匀。

4.5 氨水甲醇溶液：取 5 mL 氨水与 95 mL 甲醇混合。

4.6 高氯酸溶液：取 30 mL 高氯酸与 70 mL 水混合。

4.7 克仑特罗、沙丁胺醇、莱克多巴胺、齐帕特罗、氯丙那林、特布他林、西马特罗、西布特罗、马布特罗、溴布特罗、班布特罗、克仑普罗、妥布特罗、利托君、沙美特罗、克仑塞罗、福莫特罗和苯乙醇胺 A 对照品：纯度≥98％。

4.8 β-受体激动剂标准储备液：分别精密称取各种 β-受体激动剂对照品至棕色容量瓶中，用甲醇配成浓度为 1 mg/mL 的标准储备液，2℃～8℃冷藏保存，有效期 12 个月。

4.9 β-受体激动剂标准工作液：分别精密吸取各种 β-受体激动剂储备液(4.8)，用样品稀释溶液稀释

NY/T 3144—2017

成浓度为 1 μg/mL 的标准工作液。2℃~8℃冷藏保存,有效期 3 个月。

4.10 β-葡萄糖苷酸酶/芳基硫酸酯酶:β-盐酸葡萄糖醛苷酶≥85 000 u/mL。

4.11 氮气:纯度 99.9%。

4.12 固相萃取小柱:混合型阳离子交换柱(3 mL,60 mg),或其他性能相当的小柱。

4.13 滤膜:0.22 μm,有机材质。

5 仪器和设备

5.1 液相色谱串联质谱仪:配有电喷雾电离源。

5.2 氮吹仪。

5.3 离心机:转速不低于 8 000 r/min。

5.4 粉碎机。

5.5 涡旋振荡器。

5.6 恒温水浴振荡摇床。

5.7 固相萃取装置。

5.8 天平:感量 0.01 g;感量 0.000 01 g。

6 采样和试样的制备

按 GB/T 14699.1 的规定抽取有代表性的样品,用四分法缩减取样,按照 GB/T 20195 的规定制备样品,粉碎过 0.45 mm 孔径筛,混合均匀,装入磨口瓶中备用。

7 分析步骤

7.1 提取

称取 2 g(精确至 0.01 g)样品于 50 mL 离心管中,准确加入 20 mL 乙酸铵提取液(4.3)和 50 μL β-葡萄糖苷酸酶/芳基硫酸酯酶,37℃水解过夜(应大于 16 h),然后于 8 000 r/min 离心 5 min,将 10 mL 上清液转移至另一离心管中,加入 1.0 mL 高氯酸溶液,涡旋混合 30 s,然后于 8 000 r/min 离心 5 min,上清液备用。

7.2 净化

固相萃取小柱依次用 3 mL 甲醇、3 mL 水活化。取适量或全部上清液过柱,用 3 mL 水和 3 mL 甲醇淋洗,抽干,用氨水甲醇溶液 3 mL 洗脱,收集洗脱液,用氮吹仪在 50℃条件下吹干或用旋转蒸发仪蒸干,用 1.0 mL 样品稀释液(4.4)溶解,过 0.22 μm 滤膜。如果检测含量超出线性范围(1 μg/L~100 μg/L),应适当减少称样量重新处理或减少过固相萃取小柱的溶液量,将上机溶液所含药物的浓度稀释至线性范围内上样。

7.3 空白基质曲线的制备

选取待测样品类型相同的空白血粉样品,称取 6 份或 2 份双平行,每份 2 g(精确至 0.01 g),于 50 mL 离心管中,按 7.1 和 7.2 步骤处理,在净化、吹干后的残渣中,分别添加适量的混合标准工作溶液,配制成不同浓度(1 μg/L~100 μg/L)的基质添加标准曲线或双平行单点标准溶液,供液相色谱-串联质谱测定,进行定量。

7.4 参考液相色谱条件

色谱柱:C₁₈柱,柱长 150 mm,内径 4.6 mm,粒径 1.7 μm(或其他效果等同的 C₁₈柱)。

柱温:30℃。

进样量:10 μL。

流动相及参考梯度洗脱程序见表1。

表 1　流动相及参考梯度洗脱程序

时间,min	流速,mL/min	0.1%甲酸溶液,%	乙腈,%	曲线
0	0.3	95	5	6
1.0	0.3	95	5	6
2.0	0.3	80	20	6
6.0	0.3	70	30	6
7.0	0.3	10	90	6
8.0	0.3	10	90	6
9.1	0.3	95	5	6
10	0.3	95	5	6

7.5　参考质谱条件

离子源:电喷雾离子源。

扫描方式:正离子模式。

检测方式:多反应监测。

脱溶剂气、锥孔气、碰撞气均为高纯氮气及其他合适气体,使用前应调节各气体流量以使质谱灵敏度达到检测要求。

毛细管电压、锥孔电压、碰撞能量等电压值应优化至最佳灵敏度。

定性离子对、定量离子对及对应的锥孔电压和碰撞能量见表2。

表 2　18 种 β-受体激动剂的定性离子对、定量离子对及锥孔电压、碰撞能量的参考值

被测物名称	定性离子对,m/z	定量离子对,m/z	锥孔电压,V	碰撞能量,eV
西马特罗	220.1＞202.1	220.1＞202.1	16	10
	220.1＞160.1			16
马布特罗	311.1＞237.1	311.1＞237.1	26	16
	311.1＞217.1			25
西布特罗	234.2＞162.0	234.2＞162.0	23	16
	234.2＞216.2			10
溴布特罗	367.0＞293.0	367.0＞293.0	25	19
	367.0＞349.0			12
莱克多巴胺	302.4＞164.4	302.4＞164.4	26	17
	302.4＞284.4			13
氯丙那林	214.0＞154.1	214.0＞154.1	25	17
	214.0＞196.1			12
特布他林	226.3＞152.3	226.3＞152.3	25	17
	226.3＞170.3			12
齐帕特罗	262.3＞244.3	262.3＞244.3	24	13
	262.3＞185.3			24
沙丁胺醇	240.3＞148.3	240.3＞148.3	22	20
	240.3＞222.3			10
克仑特罗	277.0＞203.0	277.0＞203.0	25	17
	277.0＞259.0			11
克仑普罗	262.8＞244.9	262.8＞202.8	19	14
	262.8＞202.8			16
妥布特罗	227.8＞153.7	227.8＞153.7	19	14
	227.8＞171.7			9
班布特罗	367.9＞71.7	367.9＞294.0	25	30
	367.9＞294.0			17

表 2（续）

被测物名称	定性离子对，m/z	定量离子对，m/z	锥孔电压，V	碰撞能量，eV
苯乙醇胺 A	345.1>150.0 345.1>327.0	345.1>150.0	22	30 17
福莫特罗	345.2>149.0 345.2>327.0	345.2>149.0	22	30 17
利托君	288.2>270.1 288.2>121	288.2>270.1	20	12 24
克仑塞罗	319.1>202.9 319.1>301.1	319.1>202.9	22	20 13
沙美特罗	416.2>380.3 416.2>398.3	416.2>380.3	30	18 15

7.6 定性测定

每种被测组分选择 1 个母离子，2 个以上子离子，在相同试验条件下，样品中待测物质的保留时间与混合标准溶液中对应的保留时间偏差在±0.5 之内，且样品谱图中各组分定性离子的相对丰度与浓度接近的标准溶液中对应的定性离子的相对丰度进行比较，若偏差不超过表 3 规定的范围，则可判定为样品中存在对应的待测物。

表 3　定性确证时相对离子丰度的最大允许误差

单位为百分率

相对离子丰度	>50	20～50（含）	10～20（含）	≤10
允许的最大偏差	±20	±25	±30	±50

7.7 定量测定

在仪器最佳工作条件下，取试样溶液和基质标准溶液分别进样，以标准溶液中被测组分峰面积为纵坐标，被测组分浓度为横坐标，用标准系列进行单点或多点校准。采用基质添加校正、外标法对样品进行定量。样品溶液中待测物的响应值均应在仪器测定的线性范围内。上述色谱和质谱条件下，18 种 β-受体激动剂标准溶液的液相色谱-串联质谱离子流色谱图参见附录 A。

8　计算

试样中待测激动剂的质量分数 X_i 以毫克每千克（mg/kg）表示，测定结果可由计算机外标法自动计算，也可按式（1）计算。

$$X_i = \frac{P_i \times V_1 \times c_i \times V_3 \times 1000}{P_{st} \times m \times V_2 \times 1000} \quad\cdots\cdots\cdots\cdots\cdots\cdots\cdots\cdots\cdots\cdots\cdots\cdots\cdots（1）$$

式中：

P_i——试样溶液中待测激动剂的峰面积；

V_1——试样提取液体积，单位为毫升（mL）；

c_i——待测激动剂标准溶液浓度，单位为微克每毫升（μg/mL）；

V_3——上机前定容体积，单位为毫升（mL）；

P_{st}——标准溶液峰面积平均值；

m——试样质量，单位为克（g）；

V_2——净化时分取溶液的体积，单位为毫升（mL）。

测定结果用平行测定的算术平均值表示，结果保留 3 位有效数字。

9　重复性

在重复性条件下，获得的 2 次独立测定结果与其算术平均值的绝对差值不大于这 2 个值算术平均值的 20%。

附 录 A

（资料性附录）

18 种 β-受体激动剂标准溶液的液相色谱-串联质谱离子流色谱图

18 种 β-受体激动剂标准溶液的液相色谱-串联质谱离子流色谱图见图 A.1。

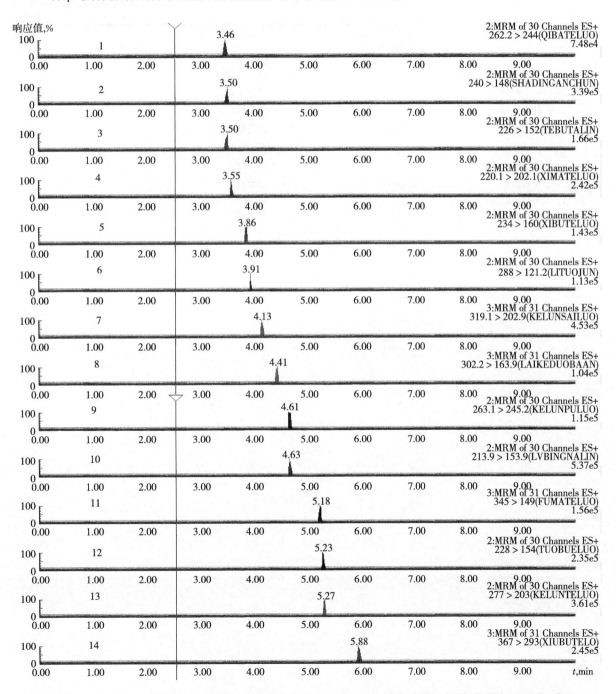

图 A.1　18 种 β-受体激动剂标准溶液(浓度为 10μg/L)的液相色谱-串联质谱离子流色谱图

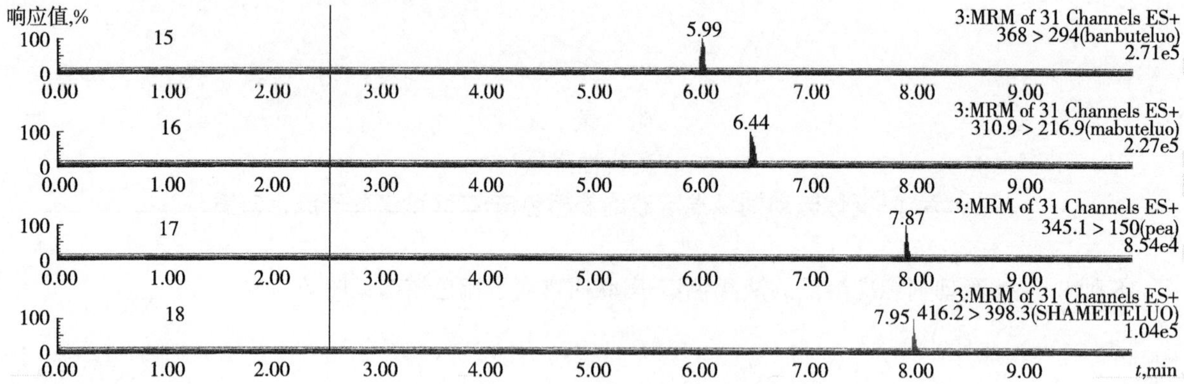

说明：

1——齐帕特罗；

2——沙丁胺醇；

3——特布他林；

4——西马特罗；

5——溴布特罗；

6——利托君；

7——克仑塞罗；

8——莱克多巴胺；

9——克仑普罗；

10——氯丙那林；

11——福莫特罗；

12——妥布特罗；

13——克仑特罗；

14——西布特罗；

15——班布特罗；

16——马布特罗；

17——苯乙醇胺 A；

18——沙美特罗。

图 A.1 （续）

ICS 65.120
B 46

中华人民共和国农业行业标准

NY/T 3145—2017

饲料中22种β-受体激动剂的测定 液相色谱-串联质谱法

Determination of 22 β-agonists in feeds—
Liquid chromatography–tandem mass spectrometry(LC–MS/MS)

2017-12-22 发布

2018-06-01 实施

中华人民共和国农业部 发布

前　言

本标准按照 GB/T 1.1—2009 给出的规则起草。

本标准由农业部畜牧业司提出。

本标准由全国饲料工业标准化技术委员会(SAC/TC 76)归口。

本标准起草单位:中国农业科学院农业质量标准与检测技术研究所[国家饲料质量监督检验中心(北京)]。

本标准主要起草人:王培龙、索德成、李阳、王瑞国、程劼、张苏、赵根龙、苏晓鸥、李宏、周炜、冯三令、黄士新。

饲料中 22 种 β-受体激动剂的测定　液相色谱-串联质谱法

1　范围

本标准规定了饲料中 22 种 β-受体激动剂含量测定的液相色谱-串联质谱方法。

本标准适用于配合饲料、浓缩饲料、添加剂预混合饲料及精料补充料中克仑特罗（Clenbuterol）、沙丁胺醇（Salbutamol）、莱克多巴胺（Ractopamine）、齐帕特罗（Zilpaterol）、氯丙那林（Clorprenaline）、特布他林（Terbutaline）、西马特罗（Cimaterol）、西布特罗（Cimbuterol）、马布特罗（Mabuterol）、溴布特罗（Brombuterol）、班布特罗（Bambuterol）、克仑普罗（Clenproperol）、妥布特罗（Tulobuterol）、利托君（Ritodrine）、沙美特罗（Salmeterol）、喷布特罗（Penbuterol）、马喷特罗（Mapenterol）、福莫特罗（Formoterol）、苯乙醇胺 A（Phenylethanolamine A）、异克舒令（Isoxsuprine）、克伦塞罗（Clencyclohexerol）、拉贝特罗（Labetalol）22 种 β-受体激动剂的测定。

本标准方法检出限为 5 μg/kg，定量限为 10 μg/kg。

2　规范性引用文件

下列文件对于本文件的应用是必不可少的。凡是注日期的引用文件，仅注日期的版本适用于本文件。凡是不注日期的引用文件，其最新版本（包括所有的修改单）适用于本文件。

GB/T 6682　分析实验室用水规格和试验方法

GB/T 14699.1　饲料　采样

GB/T 20195　动物饲料　试样的制备

3　原理

饲料样品经提取液提取后，用混合型阳离子固相萃取小柱净化，吹干，稀释液溶解，液相色谱-串联质谱仪检测，基质添加校正、外标法定量。

4　试剂和材料

除非另有说明，本方法所用试剂均为分析纯试剂，实验室用水符合 GB/T 6682 中一级水的规定。

4.1　甲醇：色谱纯。

4.2　甲酸：色谱纯。

4.3　0.1 mol/L 盐酸溶液：将 9 mL 盐酸用水定容至 1 000 mL。

4.4　盐酸甲醇提取液：取 0.1 mol/L 盐酸 20 mL，加入甲醇 80 mL 混匀。

4.5　氨水甲醇溶液：取 5 mL 氨水与 95 mL 甲醇混匀。

4.6　样品稀释溶液：取甲酸 0.1 mL，乙腈 10 mL，与 90 mL 水混匀。

4.7　克仑特罗、沙丁胺醇、莱克多巴胺、齐帕特罗、氯丙那林、特布他林、西马特罗、西布特罗、马布特罗、溴布特罗、班布特罗、克仑普罗、妥布特罗、利托君、沙美特罗、喷布特罗、马喷特罗、福莫特罗、苯乙醇胺 A、异克舒令、克伦塞罗、拉贝特罗对照品：纯度≥95%。

4.8　β-受体激动剂储备液：分别精密称取各种 β-受体激动剂对照品至棕色容量瓶中，用甲醇（4.1）配成浓度各为 1 mg/mL 的储备液，2℃～8℃冷藏保存，有效期 12 个月。

4.9　混合标准品工作液：分别吸取各种 β-受体激动剂储备液（4.8），用样品稀释溶液（4.6）稀释成浓度为 1 μg/mL 的标准品工作液。2℃～8℃冷藏保存，有效期 3 个月。

4.10 氮气:纯度99.9%。

4.11 滤膜:0.22 μm,有机系。

4.12 固相萃取小柱:混合型阳离子交换柱(3 mL,60 mg),或其他性能类似的小柱。

5 仪器和设备

5.1 液相色谱串联质谱仪:配有电喷雾电离源。

5.2 氮吹仪。

5.3 离心机:转速不低于8 000 r/min。

5.4 粉碎机。

5.5 涡旋振荡器。

5.6 恒温水浴振荡摇床。

5.7 固相萃取装置。

5.8 天平:感量0.01 g;感量0.000 01 g。

6 采样和试样的制备

按GB/T 14699.1的规定抽取有代表性的样品,用四分法缩减取样,按照GB/T 20195的规定制备样品,粉碎过0.45 mm孔径筛,混合均匀,备用。

7 分析步骤

7.1 提取

称取配合饲料5 g,浓缩饲料、添加剂预混合饲料及精料补充料2 g(精确至0.01 g)样品于50 mL离心管中,准确加入20 mL盐酸甲醇提取液(4.4),涡旋混合30 s,超声提取30 min,然后于8 000 r/min离心5 min,上清液备用。

7.2 净化

固相萃取小柱依次用3 mL甲醇、3 mL水活化。取适量或全部上清液过柱,用3 mL水和3 mL甲醇淋洗,抽干,用氨水甲醇溶液(4.5)3 mL洗脱,收集洗脱液,速度控制在约1滴/s,用氮吹仪在50℃条件下吹干,用1.0 mL样品稀释液(4.6)溶解,过0.22 μm滤膜,上机测定。如果检测含量超出线性范围(1 μg/L~100 μg/L),应适当减少称样量重新处理或减少过固相萃取小柱的溶液量,将上机溶液所含药物的浓度稀释至线性范围内上样。

7.3 空白基质曲线的制备

选取与待测饲料样品类型相近、混合均匀程度较高的空白饲料,称取6份,每份2 g(精确至0.001 g),于50 mL离心管中,按7.1和7.2步骤处理,在净化、吹干后的残渣中,分别添加适量的混合标准品工作液,配置成不同浓度(1 μg/L~100 μg/L)的基质添加标准曲线或双平行单点标准溶液,供液相色谱-串联质谱测定,进行定量。也可利用待检测样品,添加适量的混合标准品工作液,配置成相应浓度(1 μg/L~100 μg/L)的基质添加标准溶液,按7.1和7.2步骤处理、通过扣除待测样品检测值进行定量。

7.4 参考液相色谱条件

色谱柱:C_{18}柱,柱长150 mm,内径4.6 mm,粒径2.1 μm(或其他效果等同的C_{18}柱)。

柱温:30℃。

进样量:10 μL。

流动相及参考梯度洗脱程序见表1。

表 1　流动相及参考梯度洗脱程序

时间,min	流速,mL/min	0.1%甲酸溶液,%	乙腈,%	曲线
0	0.3	95	5	6
1.0	0.3	95	5	6
2.0	0.3	80	20	6
6.0	0.3	70	30	6
7.0	0.3	10	90	6
8.0	0.3	10	90	6
9.1	0.3	95	5	6
10	0.3	95	5	6

7.5　参考质谱条件

离子源:电喷雾离子源。

扫描方式:正离子模式。

检测方式:多反应监测。

脱溶剂气、锥孔气、碰撞气均为高纯氮气及其他合适气体,使用前应调节各气体流量以使质谱灵敏度达到检测要求。

毛细管电压、锥孔电压、碰撞能量等电压值应优化至最佳灵敏度。

定性离子对、定量离子对及对应的锥孔电压和碰撞能量见表2。

表 2　22 种 β-受体激动剂的定性离子对、定量离子对及锥孔电压、碰撞能量的参考值

被测物名称	定性离子对,m/z	定量离子对,m/z	锥孔电压,V	碰撞能量,eV
氯丙那林	213.9＞153.9	213.9＞153.9	26	32
	213.9＞90.9			16
西马特罗	220.1＞202.1	220.1＞202.1	23	16
	220.1＞160.0			10
特布他林	226.0＞152.0	226.0＞152.0	25	20
	226.0＞170.0			20
妥布特罗	228.0＞154.0	228.0＞154.0	26	20
	228.0＞172.0			20
西布特罗	234.0＞160.0	234.0＞216.0	25	15
	234.0＞216.0			9
沙丁胺醇	240.0＞148.0	240.0＞148.0	25	20
	240.0＞222.0			10
齐帕特罗	262.2＞185.0	262.2＞185.0	24	24
	262.2＞244.0			13
克仑普罗	263.1＞203.1	263.1＞203.1	22	18
	263.1＞245.2			11
克仑特罗	277.0＞203.0	277.0＞203.0	25	20
	277.0＞259.0			10
利托君	288.0＞150.0	288.0＞150.0	19	20
	288.0＞121.2			20
喷布特罗	292.2＞236.2	292.2＞236.2	22	20
	292.2＞209.2			15
异克舒令	302.0＞150.0	302.0＞150.0	22	20
	302.0＞107.0			20
莱克多巴胺	302.2＞163.9	302.2＞163.9	20	16
	302.2＞284.2			12

表 2（续）

被测物名称	定性离子对,m/z	定量离子对,m/z	锥孔电压,V	碰撞能量,eV
马布特罗	310.9＞236.9	310.9＞236.9	30	24
	310.9＞216.9			16
克伦塞罗	319.1＞202.9	319.1＞202.9	22	20
	319.1＞301.1			13
马喷特罗	325.2＞237.0	325.2＞237.0	19	15
	325.2＞307.1			15
拉贝特罗	329.0＞207.0	329.0＞207.0	25	17
	329.0＞311.0			13
福莫特罗	345.0＞149.0	345.0＞149.0	22	30
	345.0＞120.9			20
苯乙醇胺A	345.1＞150.0	345.1＞150.0	22	20
	345.1＞327.2			15
溴布特罗	367.0＞293.0	367.0＞293.0	20	18
	367.0＞349.0			12
班布特罗	368.0＞294.0	368.0＞294.0	30	25
	368.0＞71.9			18
沙美特罗	416.2＞380.3	416.2＞380.3	19	18
	416.2＞398.3			15

7.6 定性测定

每种被测组分选择1个母离子,2个以上子离子,在相同试验条件下,样品中待测物质的保留时间与标准溶液中对应的保留时间偏差在±0.5之内,且样品谱图中各组分定性离子的相对丰度与浓度接近的标准溶液中对应的定性离子的相对丰度进行比较,若偏差不超过表3规定的范围,则可判定为样品中存在对应的待测物。

表 3 定性确证时相对离子丰度的最大允许误差

单位为百分率

相对离子丰度	＞50	20～50(含)	10～20(含)	≤10
允许的最大偏差	±30	±30	±30	±30

7.7 定量测定

在仪器最佳工作条件下,取试样溶液和标准溶液分别进样,以标准溶液中被测组分峰面积为纵坐标,被测组分浓度为横坐标,用标准系列进行单点或多点校准。采用基质添加校正、外标法定量。样品溶液中待测物的响应值均应在仪器测定的线性范围内。上述色谱和质谱条件下,克仑特罗等22种β-受体激动剂标准溶液的液相色谱-串联质谱离子流色谱图参见附录A。

8 计算

试样中待测β-受体激动剂的质量分数 X_i 以毫克每千克(mg/kg)表示,按式(1)计算。

$$X_i = \frac{P_i \times V_1 \times c_i \times V_3 \times 1000}{P_{\vec{k}} \times m \times V_2 \times 1000} \quad\cdots\cdots\cdots\cdots (1)$$

式中:

P_i——试样溶液中待测β-受体激动剂的峰面积值;

V_1——试样提取液体积,单位为毫升(mL);

c_i——待测β-受体激动剂标准溶液浓度,单位为微克每毫升(μg/mL);

V_3——上机前定容体积,单位为毫升(mL);

$P_{标}$——标准溶液峰面积平均值；

m ——试样质量，单位为克(g)；

V_2——净化时分取溶液的体积，单位为毫升(mL)。

测定结果用平行测定的算术平均值表示，结果保留 3 位有效数字。

9 重复性

在重复性条件下，获得的 2 次独立测定结果与其算术平均值的绝对差值不大于这 2 个值算术平均值的 20%。

附　录　A

（资料性附录）

22 种 β-受体激动剂标准溶液的液相色谱-串联质谱离子流色谱图

22 种 β-受体激动剂标准溶液的液相色谱-串联质谱离子流色谱图见图 A.1。

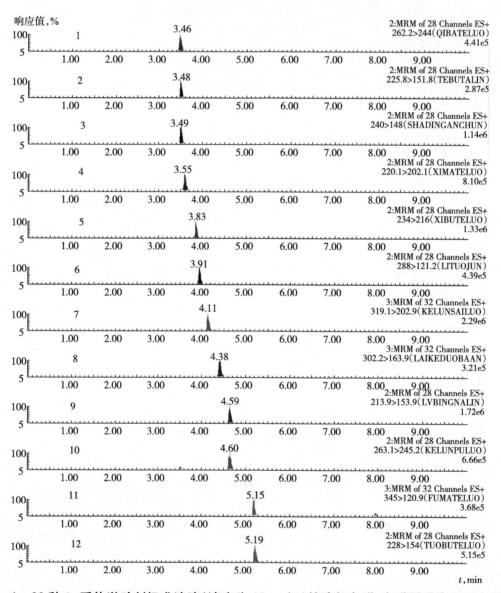

图 A.1　22 种 β-受体激动剂标准溶液（浓度为 10 μg/L）的液相色谱-串联质谱离子流色谱图

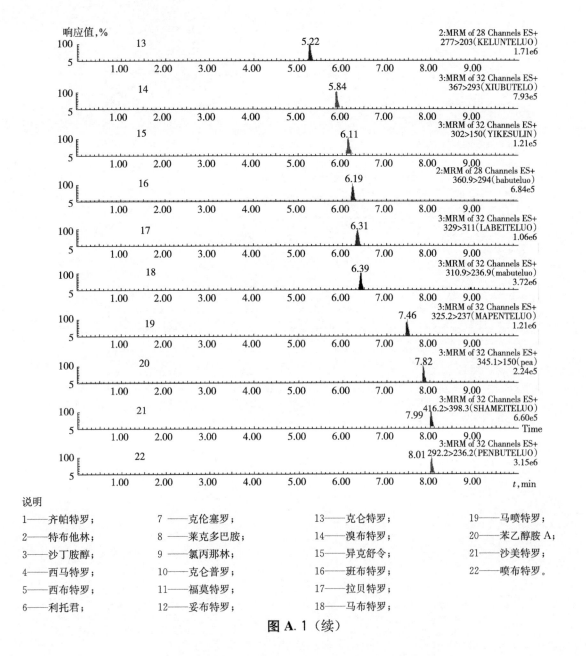

说明

1——齐帕特罗;　　　7——克伦塞罗;　　　13——克仑特罗;　　　19——马喷特罗;

2——特布他林;　　　8——莱克多巴胺;　　14——溴布特罗;　　　20——苯乙醇胺 A;

3——沙丁胺醇;　　　9——氯丙那林;　　　15——异克舒令;　　　21——沙美特罗;

4——西马特罗;　　　10——克仑普罗;　　　16——班布特罗;　　　22——喷布特罗。

5——西布特罗;　　　11——福莫特罗;　　　17——拉贝特罗;

6——利托君;　　　　12——妥布特罗;　　　18——马布特罗;

图 A.1（续）

ICS 65.120
B 46

中华人民共和国农业行业标准

NY/T 3146—2017

动物尿液中22种β-受体激动剂的测定 液相色谱-串联质谱法

Determination of 22 β-agonists in animal urines—
Liquid chromatography–tandem mass spectrometry(LC–MS/MS)

2017-12-22 发布

2018-06-01 实施

中华人民共和国农业部 发布

前　言

本标准按照 GB/T 1.1—2009 给出的规则起草。

本标准由农业部畜牧业司提出。

本标准由全国饲料工业标准化技术委员会(SAC/TC 76)归口。

本标准起草单位:中国农业科学院农业质量标准与检测技术研究所[国家饲料质量监督检验中心(北京)]。

本标准主要起草人:王培龙、索德成、范理、王瑞国、李阳、张维、宋荣、张苏、苏晓鸥、李宏、周炜、冯三令、耿士伟、黄士新。

动物尿液中22种β-受体激动剂的测定 液相色谱-串联质谱法

1 范围

本标准规定了动物尿液中22种β-受体激动剂含量测定的液相色谱-串联质谱方法。

本标准适用于猪尿液、牛尿液和羊尿液中克仑特罗（Clenbuterol）、沙丁胺醇（Salbutamol）、莱克多巴胺（Ractopamine）、齐帕特罗（Zilpaterol）、氯丙那林（Clorprenaline）、特布他林（Terbutaline）、西马特罗（Cimaterol）、西布特罗（Cimbuterol）、马布特罗（Mabuterol）、溴布特罗（Brombuterol）、班布特罗（Bambuterol）、克仑普罗（Clenproperol）、妥布特罗（Tulobuterol）、利托君（Ritodrine）、沙美特罗（Salmeterol）、喷布特罗（Penbuterol）、马喷特罗（Mapenterol）、福莫特罗（Formoterol）、苯乙醇胺 A（Phenylethanolamine A）、异克舒令（Isoxsuprine）、克伦塞罗（Clencyclohexerol）、拉贝特罗（Labetalol）22种β-受体激动剂的测定。

本标准方法检出限为 0.1 µg/L，定量限为 0.2 µg/L。

2 规范性引用文件

下列文件对于本文件的应用是必不可少的。凡是注日期的引用文件，仅注日期的版本适用于本文件。凡是不注日期的引用文件，其最新版本（包括所有的修改单）适用于本文件。

GB/T 6682 分析实验室用水规格和试验方法

3 原理

尿液样品经酶解处理后，用混合型阳离子固相萃取柱净化、吹干、稀释液溶解，液相色谱-串联质谱仪检测，内标法定量。

4 试剂和材料

除非另有说明，本方法所用试剂均为分析纯试剂，实验室用水符合 GB/T 6682 中一级水的规定。

4.1 甲醇：色谱纯。

4.2 甲酸：色谱级。

4.3 乙腈：色谱纯。

4.4 试样稀释液：取甲酸（4.2）0.1 mL，乙腈 10 mL，与 90 mL 水混匀。

4.5 氨水甲醇溶液：取 5 mL 氨水与 95 mL 甲醇混合。

4.6 高氯酸溶液：取 30 mL 高氯酸与 70 mL 水混合。

4.7 0.2 mol/L 乙酸铵提取液（pH＝5.2）：取乙酸铵 15.4 g，用水溶解并稀释至 1 000 mL，用冰乙酸调 pH 至 5.2。

4.8 氢氧化钠溶液：称取氢氧化钠 10 g，溶于 100 mL 水中。

4.9 β-葡萄糖苷酸酶/芳基硫酸酯酶，活性≥85 000 U/mL。

4.10 β-受体激动剂对照品（克仑特罗、沙丁胺醇、莱克多巴胺、齐帕特罗、氯丙那林、特布他林、西马特罗、西布特罗、马布特罗、溴布特罗、班布特罗、克仑普罗、妥布特罗、利托君、沙美特罗、喷布特罗、马喷特罗、福莫特罗、苯乙醇胺 A、异克舒令、克伦塞罗、拉贝特罗）、β-受体激动剂内标对照品（氯丙那林-D7、西马特罗-D7、西布特罗-D9、沙丁胺醇-D3、马布特罗-D9、克仑普罗-D7、莱克多巴胺-D3、克仑特罗-D9、苯乙醇胺 A-D3、沙美特罗-D3）：纯度≥97％。

4.11 β-受体激动剂标准储备液:精密称取各种β-受体激动剂对照品至棕色容量瓶中,用甲醇(4.1)配成浓度各为 1 mg/mL 的标准储备液,2℃~8℃冷藏保存,有效期 12 个月。

4.12 β-受体激动剂标准工作液:分别吸取各种β-受体激动剂标准储备液(4.10),用 0.2%甲酸水溶液(4.3)稀释成浓度为 1 μg/mL 的标准工作液。2℃~8℃冷藏保存,有效期 3 个月。

4.13 β-受体激动剂内标储备液:精密称取各种β-受体激动剂内标对照品至棕色容量瓶中,用甲醇(4.1)配成浓度各为 1 mg/mL 的标准储备液,2℃~8℃冷藏保存,有效期 12 个月。

4.14 β-受体激动剂内标工作液:分别吸取各种β-受体激动剂内标储备液,用 0.2%甲酸水溶液(4.3)稀释成浓度为 1 μg/mL 的标准工作液。2℃~8℃冷藏保存,有效期 3 个月。

4.15 氮气:纯度 99.9%。

4.16 固相萃取小柱:混合型阳离子交换柱(3 mL,60 mg),或其他性能类似的小柱。

4.17 滤膜:0.22 μm,有机系。

5 仪器和设备

5.1 液相色谱串联质谱仪:配有电喷雾电离源。

5.2 氮吹仪或旋转蒸发仪。

5.3 离心机:转速不低于 8 000 r/min。

5.4 涡旋振荡器。

5.5 恒温水浴摇床。

5.6 固相萃取装置。

5.7 天平:感量 0.000 01 g。

6 试样的保存

样品应置于-18℃保存,测试有效期不超过 3 个月,分析前放置至室温,如有浑浊,离心后取上清液备用。

7 分析步骤

7.1 酶解

精确吸取试样 10 mL 于 50 mL 离心管中,用高氯酸溶液(4.6)或氢氧化钠溶液(4.8)调节试样 pH 至 5~7 之间。准确加入 10 mL 乙酸铵溶液(4.7)、50 μL β-葡萄糖苷酸酶/芳基硫酸酯酶和 10 μL 内标工作液(4.14)。涡旋混合 30 s,于 37℃振荡水解过夜(应大于 16 h),加入 1.0 mL 高氯酸溶液(4.6),涡旋混合 30 s,然后于 8 000 r/min 离心 5 min,上清液备用。

7.2 净化

固相萃取小柱依次用 3 mL 甲醇、3 mL 水活化。取适量或全部上清液过柱,用 3 mL 水和 3 mL 甲醇淋洗,抽干,用 3 mL 氨水甲醇溶液(4.5)洗脱,收集洗脱液。洗脱液用氮吹仪在 50℃条件下吹干,用 1.0 mL 样品稀释液(4.4)溶解,过 0.22 μm 滤膜。如检测含量超出线性范围(1.0 μg/L~100 μg/L),应适当减少过固相萃取小柱的溶液量,将上机溶液所含药物的浓度稀释至线性范围(1.0 μg/L~100 μg/L)内上样。

7.3 参考液相色谱条件

色谱柱:C18柱,柱长 150 mm,内径 3.0 mm,粒径 1.7 μm(或其他效果等同的 C18柱)。

柱温:30℃。

进样量:10 μL。

流动相及参考梯度洗脱程序见表1。

表1 流动相及参考梯度洗脱程序

时间,min	流速,mL/min	0.1%甲酸溶液,%	乙腈,%
0	0.3	95	5
1.0	0.3	95	5
2.0	0.3	80	20
6.0	0.3	70	30
7.0	0.3	10	90
8.0	0.3	10	90
9.1	0.3	95	5
10	0.3	95	5

7.4 参考质谱条件

离子源:电喷雾离子源。

扫描方式:正离子模式。

检测方式:多反应监测。

脱溶剂气、锥孔气、碰撞气均为高纯氮气及其他合适气体,使用前应调节各气体流量以使质谱灵敏度达到检测要求。

毛细管电压、锥孔电压、碰撞能量等电压值应优化至最佳灵敏度。

定性离子对、定量离子对及对应的锥孔电压和碰撞能量见表2。

表2 22种β-受体激动剂及内标的定性离子对、定量离子对及锥孔电压、碰撞能量的参考值

被测物名称	定性离子对,m/z	定量离子对,m/z	锥孔电压,V	碰撞能量,eV
氯丙那林	213.9>153.9	213.9>153.9	26	32
	213.9>90.9			16
西马特罗	220.1>202.1	220.1>202.1	23	16
	220.1>160.0			10
特布他林	226.0>152.0	226.0>152.0	25	20
	226.0>170.0			20
妥布特罗	228.0>154.0	228.0>154.0	26	20
	228.0>172.0			20
西布特罗	234.0>160.0	234.0>216.0	25	15
	234.0>216.0			9
沙丁胺醇	240.0>148.0	240.0>148.0	25	20
	240.0>222.0			10
齐帕特罗	262.2>185.0	262.2>185.0	24	24
	262.2>244.0			13
克仑普罗	263.1>203.1	263.1>203.1	22	18
	263.1>245.2			11
克仑特罗	277.0>203.0	277.0>203.0	25	20
	277.0>259.0			10
利托君	288.0>150.0	288.0>150	19	20
	288.0>121.2			20
喷布特罗	292.2>236.2	292.2>236.2	22	20
	292.2>209.2			15
异克舒令	302.0>150.0	302.0>150	22	20
	302.0>107.0			20
莱克多巴胺	302.2>163.9	302.2>163.9	20	16
	302.2>284.2			12

表 2（续）

被测物名称	定性离子对, m/z	定量离子对, m/z	锥孔电压, V	碰撞能量, eV
马布特罗	310.9＞236.9	310.9＞236.9	30	24
	310.9＞216.9			16
克伦塞罗	319.1＞202.9	319.1＞202.9	22	20
	319.1＞301.1			13
马喷特罗	325.2＞237.0	325.2＞237.0	19	15
	325.2＞307.1			15
拉贝特罗	329.0＞207.0	329.0＞207.0	25	17
	329.0＞311.0			13
福莫特罗	345.0＞149.0	345.0＞149.0	22	30
	345.0＞120.9			20
苯乙醇胺 A	345.1＞150.0	345.1＞150.0	22	20
	345.1＞327.2			15
溴布特罗	367.0＞293.0	367.0＞293.0	20	18
	367.0＞349.0			12
班布特罗	368.0＞294.0	368.0＞294.0	30	25
	368.0＞71.9			18
沙美特罗	416.2＞380.3	416.2＞380.3	19	18
	416.2＞398.3			15
氯丙那林-D7	220.7＞155.0	220.7＞155.0	18	18
西马特罗-D7	226.8＞161.1	226.8＞161.1	14	18
西布特罗-D9	243.0＞161.3	243.0＞161.3	6	16
沙丁胺醇-D3	243.0＞151.1	243.0＞151.1	22	18
马布特罗-D9	320.0＞238.2	320.0＞238.2	14	12
克仑普罗-D7	270.0＞252.2	270.0＞252.2	22	17
莱克多巴胺-D3	305.3＞167.1	305.3＞167.1	24	16
克仑特罗-D9	286.2＞204.0	286.2＞204.0	12	16
苯乙醇胺 A-D3	348.2＞153.2	348.2＞153.2	20	22
沙美特罗-D3	419.2＞401.2	419.2＞401.2	20	16

7.5 定性测定

每种被测组分选择 1 个母离子，2 个及以上子离子，在相同试验条件下，样品中待测物质的保留时间与混合对照品工作液中对应的保留时间偏差在±0.3 之内，且样品谱图中各组分定性离子的相对丰度与浓度接近的对照品工作液中对应的定性离子的相对丰度进行比较，若偏差不超过表 3 规定的范围，则可判定为样品中存在对应的待测物。

表 3　定性确证时相对离子丰度的最大允许误差

单位为百分率

相对离子丰度	＞50	20～50(含)	10～20(含)	≤10
允许的最大偏差	±30	±30	±30	±30

7.6 定量测定

在仪器最佳工作条件下，取试样溶液和标准溶液分别进样，以标准溶液中被测组分峰面积与对应内标峰面积比值为纵坐标，被测组分浓度为横坐标，进行单点或多点校准。样品溶液中待测物的响应值与对应内标响应值的比值均应在仪器测定的线性范围内。以沙丁胺醇-D3 为内标物计算沙丁胺醇、特布他林含量，以氯丙那林-D7 为内标物计算氯丙那林含量，以西马特罗-D7 为内标物计算西马特罗含量，以西布特罗-D9 为内标物计算西布特罗、利托君含量，以马布特罗-D9 为内标物计算马布特罗、马喷特罗、溴布特罗含量，以克仑普罗-D7 为内标物计算克仑普罗、齐帕特罗含量，以莱克多巴胺-D3 为内标物计算莱克多巴胺、异克舒令含量,以克仑特罗-D9 为内标物计算克仑特罗、克伦塞罗、班布特罗、妥布特罗含量,以苯乙醇胺 A-D3 为内标物计算苯乙醇胺 A、拉贝特罗、福莫特罗含量,以沙美特罗-D3 为内标物计算沙美特罗、喷布特罗含量。或根据激动剂保留特性和相关回收率结果,选取适合的内标计算β-受体激动剂含量。在上述色谱和质谱条件下,克仑特罗等 22 种β-受体激动剂标准溶液的液相色谱-串联质谱离子流色谱图参见附录 A。

7.7 回收率

本标准方法的回收率范围为 60%～110%。

8 计算

试样中待测β-受体激动剂的浓度 X_i 以微克每升(μg/L)表示,按式(1)计算。

$$X_i = \frac{P_i \times V_1 \times c_i \times V_3 \times P_{ist} \times c_{sis}}{P_{st} \times V \times V_2 \times P_{is} \times c_{is} \times 1000} \quad\text{……………………………………(1)}$$

式中:

P_i ——试样溶液中待测β-受体激动剂的峰面积值;

V_1 ——试样提取液体积,单位为毫升(mL);

c_i ——待测β-激动剂标准溶液浓度,单位为微克每升(μg/L);

V_3 ——上机前定容体积,单位为毫升(mL);

P_{ist} ——待测β-受体激动剂内标的峰面积值;

c_{sis} ——样品溶液中β-受体激动剂内标溶液浓度,单位为微克每升(μg/L);

P_{st} ——标准溶液峰面积平均值;

V ——试样体积,单位为毫升(mL);

V_2 ——净化时分取溶液的体积,单位为毫升(mL);

P_{is} ——试样溶液中β-受体激动剂内标的峰面积值;

c_{is} ——标准溶液中β-受体激动剂内标溶液浓度,单位为微克每升(μg/L)。

测定结果用平行测定算术平均值表示,结果保留 3 位有效数字。

9 重复性

在重复性条件下,获得的 2 次独立测定结果与其算术平均值的绝对差值不大于这 2 个值算术平均值的 20%。

附　录　A

（资料性附录）

22 种 β-受体激动剂标准溶液的液相色谱-串联质谱离子流色谱图

22 种 β-受体激动剂标准溶液的液相色谱-串联质谱离子流色谱图见图 A.1。

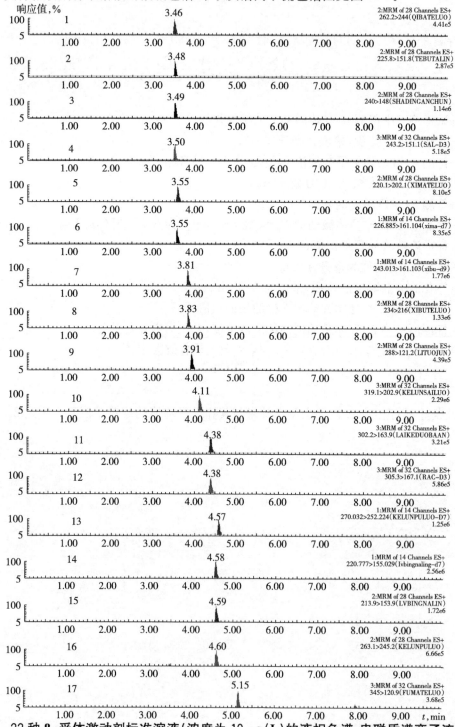

图 A.1　22 种 β-受体激动剂标准溶液（浓度为 10 μg/L）的液相色谱-串联质谱离子流色谱图

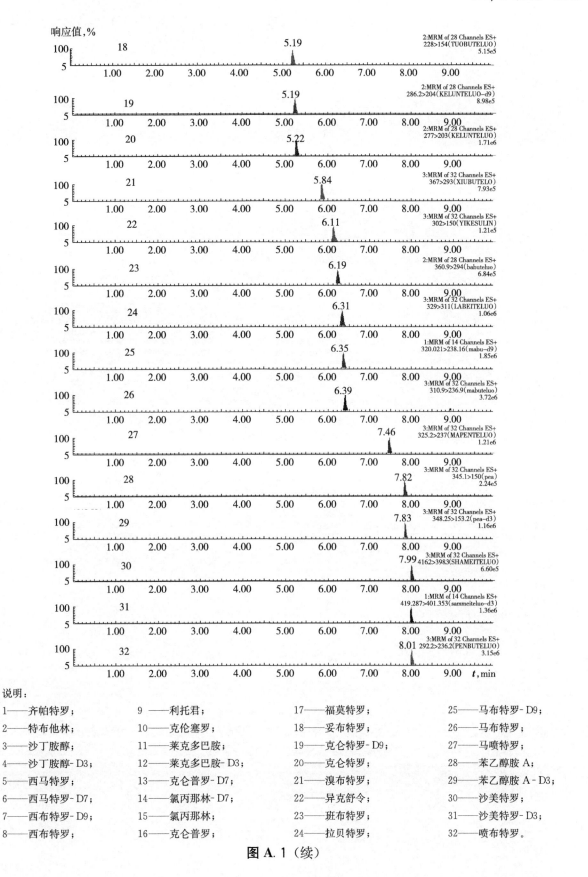

图 A.1（续）

说明：

1——齐帕特罗；
2——特布他林；
3——沙丁胺醇；
4——沙丁胺醇- D3；
5——西马特罗；
6——西马特罗- D7；
7——西布特罗- D9；
8——西布特罗；

9 ——利托君；
10——克伦塞罗；
11——莱克多巴胺；
12——莱克多巴胺- D3；
13——克仑普罗- D7；
14——氯丙那林- D7；
15——氯丙那林；
16——克仑普罗；

17——福莫特罗；
18——妥布特罗；
19——克仑特罗- D9；
20——克仑特罗；
21——溴布特罗；
22——异克舒令；
23——班布特罗；
24——拉贝特罗；

25——马布特罗- D9；
26——马布特罗；
27——马喷特罗；
28——苯乙醇胺 A；
29——苯乙醇胺 A - D3；
30——沙美特罗；
31——沙美特罗- D3；
32——喷布特罗。

ICS 65.120
B 46

中华人民共和国农业行业标准

NY/T 3147—2017

饲料中肾上腺素和异丙肾上腺素的测定
液相色谱-串联质谱法

Determination of epinephrine and isoprinosine in feeds—
Liquid chromatography–tandem mass spectrometry(LC–MS/MS)

2017-12-22 发布

2018-06-01 实施

中华人民共和国农业部 发布

前　言

本标准按照 GB/T 1.1—2009 给出的规则起草。

本标准由农业部畜牧业司提出。

本标准由全国饲料工业标准化技术委员会(SAC/TC 76)归口。

本标准起草单位:中国农业科学院农业质量标准与检测技术研究所[国家饲料质量监督检验中心(北京)]。

本标准主要起草人:索德成、魏书林、王培龙、李阳、王瑞国、苏晓鸥、樊霞、李宏、周炜、冯三令。

饲料中肾上腺素和异丙肾上腺素的测定 液相色谱-串联质谱法

1 范围

本标准规定了饲料中肾上腺素（epinephrine）和异丙肾上腺素（isoprinosine）含量测定的液相色谱-串联质谱法。

本标准适用于配合饲料、浓缩饲料、添加剂预混合饲料及精料补充料中肾上腺素和异丙肾上腺素的测定。

肾上腺素检出限为 10 μg/kg，定量限为 20 μg/kg；异丙肾上腺素检出限为 5 μg/kg，定量限为 10 μg/kg。

2 规范性引用文件

下列文件对于本文件的应用是必不可少的。凡是注日期的引用文件，仅注日期的版本适用于本文件。凡是不注日期的引用文件，其最新版本（包括所有的修改单）适用于本文件。

GB/T 6682 分析实验室用水规格和试验方法

GB/T 14699.1 饲料 采样

GB/T 20195 动物饲料 试样的制备

3 原理

试样经提取液提取后，用混合型阳离子固相萃取柱净化、吹干、稀释溶解，液相色谱-串联质谱仪检测，内标法定量。

4 试剂与材料

除非另有说明，本方法所用试剂均为分析纯试剂，实验室用水符合 GB/T 6682 中一级水的规定。

4.1 甲醇：色谱纯。

4.2 甲酸：色谱级。

4.3 七氟丁酸：色谱级。

4.4 肾上腺素、异丙肾上腺素、肾上腺素-D6 对照品：纯度≥98%。

4.5 试样提取液：称取 1.90 g 焦亚硫酸钠溶液、1.86 g 乙二胺四乙酸二钠加入 950 mL 水，加 50 mL 乙腈混合均匀。

4.6 3.0 mmol/L 七氟丁酸溶液：准确吸取七氟丁酸 0.40 mL，加水 1 000 mL，混匀。

4.7 试样稀释液：取乙腈 10 mL，加 3.0 mmol/L 七氟丁酸溶液（4.6）100 mL，混匀。

4.8 肾上腺素和异丙肾上腺素标准储备液：分别精密称取肾上腺素和异丙肾上腺素对照品（精确至 0.000 01 g）至棕色容量瓶中，用甲醇（4.1）配成浓度各为 1 mg/mL 的标准储备液，2℃～8℃冷藏保存，有效期 6 个月。

4.9 肾上腺素和异丙肾上腺素标准工作液：分别吸取肾上腺素和异丙肾上腺素标准储备液（4.8），用试样稀释液（4.7）稀释成浓度为 1 μg/mL 的标准工作液，2℃～8℃冷藏保存，有效期 1 个月。

4.10 肾上腺素-D6 同位素内标储备溶液：分别精密称取肾上腺素-D6 对照品（精确至 0.000 01 g）至棕色容量瓶中，用甲醇（4.1）配成浓度各为 1 mg/mL 的标准储备液，2℃～8℃冷藏保存，有效期 6 个月。

4.11 肾上腺素-D6 同位素内标工作液：临用前配制，将肾上腺素-D6 同位素内标储备溶液（4.10）用甲醇(4.1)稀释至 1 μg/mL。

4.12 氨水甲醇溶液:取 5 mL 氨水与 95 mL 甲醇混合。

4.13 氮气:纯度 99.9%。

4.14 固相萃取小柱:混合型阳离子交换柱(3 mL,60 mg),或其他性能相当的小柱。

4.15 滤膜:0.22 μm,有机系。

5 仪器和设备

5.1 液相色谱-串联质谱仪:配有电喷雾电离源。

5.2 离心机:转速不低于 8 000 r/min。

5.3 氮吹仪。

5.4 涡旋振荡器。

5.5 粉碎机。

5.6 恒温水浴振荡摇床。

5.7 固相萃取装置。

5.8 天平:感量 0.01 g;感量 0.000 01 g。

6 采样和试样的制备

按 GB/T 14699.1 的规定抽取有代表性的样品,用四分法缩减取样,按照 GB/T 20195 的规定制备试样,粉碎过 0.45 mm 孔径筛,混合均匀,装入磨口瓶中备用。

7 分析步骤

7.1 提取

称取配合饲料 5 g,浓缩饲料、添加剂预混合饲料及精料补充料 2 g(精确至 0.01 g)于 50 mL 离心管中,准确加入 20 μL 肾上腺素-D6 同位素内标工作液(4.11)、20 mL 试样提取液(4.5),涡旋混合 30 s,超声提取 30 min,8 000 r/min 离心 5 min,上清液备用。

7.2 净化

固相萃取小柱依次用 3 mL 甲醇、3 mL 水活化。取适量或全部上清液过柱,依次用 3 mL 水和 2 mL 甲醇淋洗,抽干,用 3 mL 氨水甲醇溶液(4.12)洗脱,收集洗脱液,速度控制在约 1 滴/s,用氮吹仪在 30℃条件下氮气吹干,用 1.0 mL 试样稀释液(4.7)溶解,过 0.22 μm 滤膜。如果检测含量超出线性范围 (1 μg/L~100 μg/L),适当减少称样量重新处理或减少过固相萃取小柱的溶液量,将上机溶液所含药物的浓度稀释至线性范围内上样。

7.3 液相色谱参考条件

色谱柱:C_{18}柱,柱长 150 mm,内径 4.6 mm,粒径 2.1 μm(或其他效果等同的 C_{18}柱)。

柱温:30℃。

进样量:10 μL。

流动相及参考梯度洗脱程序见表1。

表1 流动相及参考梯度洗脱程序

时间,min	流速,mL/min	3.0 mmol/L 七氟丁酸溶液,%	乙腈,%
0	0.3	98	2
1	0.3	98	2
5.0	0.3	70	30

表1（续）

时间,min	流速,mL/min	3.0 mmol/L七氟丁酸溶液,%	乙腈,%
6.0	0.3	70	30
6.1	0.3	98	2
8.0	0.3	98	2
注:七氟丁酸对检测负离子有抑制作用,如需检测其他药物,应用适量的50%甲醇和水溶液冲洗色谱和质谱。			

7.4 质谱参考条件

离子源:电喷雾离子源。

扫描方式:正离子模式。

检测方式:多反应监测。

脱溶剂气、锥孔气、碰撞气均为高纯氮气及其他合适气体,使用前应调节各气体流量以使质谱灵敏度达到检测要求。

毛细管电压、碰撞能量等电压值应优化至最佳灵敏度。

定性离子对、定量离子对及对应碰撞能量见表2。

表2　肾上腺素和异丙肾上腺素的定性离子对、定量离子对、碰撞能量的参考值

被测物名称	定性离子对,m/z	定量离子对,m/z	碰撞能量,eV
肾上腺素	184.1＞166.2	184.1＞166.2	20
	184.1＞130.3		25
异丙肾上腺素	212.2＞152.2	212.2＞152.2	20
	212.2＞194.1		25
肾上腺素-D6	190.2＞172.0	190.2＞172.0	20

7.5 定性测定

每种被测组分选择1个母离子,2个以上子离子,在相同试验条件下,样品中待测物质的保留时间与混合标准工作液中对应的保留时间偏差在±0.5之内,且样品谱图中各组分定性离子的相对丰度与浓度接近的标准工作液中对应的定性离子的相对丰度进行比较,若偏差不超过表3规定的范围,则可判定为样品中存在对应的待测物。

表3　定性确证时相对离子丰度的最大允许误差

单位为百分率

相对离子丰度	＞50	20～50(含)	10～20(含)	≤10
允许的最大偏差	±20	±25	±30	±50

7.6 定量测定

在仪器最佳工作条件下,取试样溶液和标准溶液分别进样,以标准溶液中被测组分峰面积和其内标峰面积的比值为纵坐标,被测组分浓度和内标浓度的比值为横坐标,用标准系列进行单点或多点校准,采用内标法定量,以肾上腺素-D6为内标物计算肾上腺素、异丙肾上腺素含量。试样溶液中待测物的响应值均应在仪器测定的线性范围(1 μg/L～100 μg/L)内,在上述色谱和质谱条件下,肾上腺素和异丙肾上腺素标准溶液的液相色谱-串联质谱离子流色谱图参见附录A。

8　计算

试样中肾上腺素和异丙肾上腺素的质量分数 X_i 以毫克每千克(mg/kg)表示,按式(1)计算。

$$X_i = \frac{P_i \times V_1 \times c_i \times V_3 \times P_{ist} \times c_{sis} \times 1000}{P_{st} \times m \times V_2 \times P_{is} \times c_{is} \times 1000} \quad\cdots\cdots\cdots\cdots\cdots\cdots\cdots (1)$$

式中:

P_i ——试样溶液中肾上腺素和异丙肾上腺素的峰面积值；

V_1 ——试样提取液体积，单位为毫升(mL)；

c_i ——肾上腺素和异丙肾上腺素标准溶液浓度，单位为微克每毫升(μg/mL)；

V_3 ——上机前定容体积，单位为毫升(mL)；

P_{ist} ——肾上腺素内标的峰面积值；

c_{sis} ——样品溶液中肾上腺素内标溶液浓度，单位为微克每毫升(μg/mL)；

P_{st} ——标准溶液峰面积平均值；

m ——试样质量，单位为克(g)；

V_2 ——净化时分取溶液的体积，单位为毫升(mL)；

P_{is} ——试样溶液中肾上腺素内标的峰面积值；

c_{is} ——标准溶液中肾上腺素内标溶液浓度，单位为微克每毫升(μg/mL)。

测定结果用平行测定的算术平均值表示，结果保留 3 位有效数字。

9 重复性

在重复性条件下，获得的 2 次独立测定结果与其算术平均值的绝对差值不大于这 2 个值的算术平均值的 20%。

附 录 A
（资料性附录）
肾上腺素和异丙肾上腺素标准溶液的液相色谱-串联质谱离子流色谱图

肾上腺素和异丙肾上腺素标准溶液的液相色谱-串联质谱离子流色谱图见图 A.1。

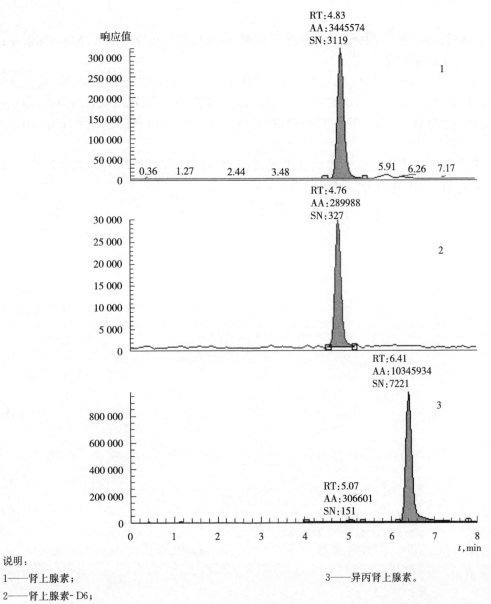

说明：
1——肾上腺素；   3——异丙肾上腺素。
2——肾上腺素-D6；

图 A.1　肾上腺素和异丙肾上腺素标准溶液(浓度为 100 μg/L)的液相色谱-串联质谱离子流色谱图

附录

中华人民共和国农业部公告
第 2540 号

一、《禽结核病诊断技术》等 87 项标准业经专家审定通过,现批准发布为中华人民共和国农业行业标准,自 2017 年 10 月 1 日起实施。

二、马氏珠母贝(SC/T 2071—2014)标准"1 范围"部分第一句修改为"本标准给出了马氏珠母贝[又称合浦珠母贝,Pinctata fucata martensii(Dunker,1872)]主要形态构造特征、生长与繁殖、细胞遗传学特征、检测方法和判定规则。";"3.1 学名"部分修改为"马氏珠母贝[又称合浦珠母贝,Pinctata fucata martensii(Dunker,1872)]。"

三、《无公害农产品 生产质量安全控制技术规范第 13 部分:养殖水产品》(NY/T 2798.13—2015)第 3.1.1b)款中的"一类"修改为"二类以上"。

特此公告。

附件:《禽结核病诊断技术》等 87 项农业行业标准目录

农业部
2017 年 6 月 12 日

附件：

《禽结核病诊断技术》等 87 项农业行业标准目录

序号	标准号	标准名称	代替标准号
1	NY/T 3072—2017	禽结核病诊断技术	
2	NY/T 551—2017	鸡产蛋下降综合征诊断技术	NY/T 551—2002
3	NY/T 536—2017	鸡伤寒和鸡白痢诊断技术	NY/T 536—2002
4	NY/T 3073—2017	家畜魏氏梭菌病诊断技术	
5	NY/T 1186—2017	猪支原体肺炎诊断技术	NY/T 1186—2006
6	NY/T 539—2017	副结核病诊断技术	NY/T 539—2002
7	NY/T 567—2017	兔出血性败血症诊断技术	NY/T 567—2002
8	NY/T 3074—2017	牛流行热诊断技术	
9	NY/T 1471—2017	牛毛滴虫病诊断技术	NY/T 1471—2007
10	NY/T 3075—2017	畜禽养殖场消毒技术	
11	NY/T 3076—2017	外来入侵植物监测技术规程　大藻	
12	NY/T 3077—2017	少花蒺藜草综合防治技术规范	
13	NY/T 3078—2017	隐性核雄性不育两系杂交棉制种技术规程	
14	NY/T 3079—2017	质核互作雄性不育三系杂交棉制种技术规程	
15	NY/T 3080—2017	大白菜抗黑腐病鉴定技术规程	
16	NY/T 3081—2017	番茄抗番茄黄化曲叶病毒鉴定技术规程	
17	NY/T 3082—2017	水果、蔬菜及其制品中叶绿素含量的测定　分光光度法	
18	NY/T 3083—2017	农用微生物浓缩制剂	
19	NY/T 3084—2017	西北内陆棉区机采棉生产技术规程	
20	NY/T 3085—2017	化学农药　意大利蜜蜂幼虫毒性试验准则	
21	NY/T 3086—2017	长江流域薯区甘薯生产技术规程	
22	NY/T 3087—2017	化学农药　家蚕慢性毒性试验准则	
23	NY/T 3088—2017	化学农药　天敌(瓢虫)急性接触毒性试验准则	
24	NY/T 3089—2017	化学农药　青鳉一代繁殖延长试验准则	
25	NY/T 3090—2017	化学农药　浮萍生长抑制试验准则	
26	NY/T 3091—2017	化学农药　蚯蚓繁殖试验准则	
27	NY/T 3092—2017	化学农药　蜜蜂影响半田间试验准则	
28	NY/T 1464.63—2017	农药田间药效试验准则　第 63 部分:杀虫剂防治枸杞刺皮瘿螨	
29	NY/T 1464.64—2017	农药田间药效试验准则　第 64 部分:杀菌剂防治五加科植物黑斑病	
30	NY/T 1464.65—2017	农药田间药效试验准则　第 65 部分:杀菌剂防治茭白锈病	
31	NY/T 1464.66—2017	农药田间药效试验准则　第 66 部分:除草剂防治谷子田杂草	
32	NY/T 1464.67—2017	农药田间药效试验准则　第 67 部分:植物生长调节剂保鲜水果	
33	NY/T 1859.9—2017	农药抗性风险评估　第 9 部分:蚜虫对新烟碱类杀虫剂抗性风险评估	
34	NY/T 1859.10—2017	农药抗性风险评估　第 10 部分:专性寄生病原真菌对杀菌剂抗性风险评估	
35	NY/T 1859.11—2017	农药抗性风险评估　第 11 部分:植物病原细菌对杀菌剂抗性风险评估	

附 录

(续)

序号	标准号	标准名称	代替标准号
36	NY/T 1859.12—2017	农药抗性风险评估 第12部分:小麦田杂草对除草剂抗性风险评估	
37	NY/T 3093.1—2017	昆虫化学信息物质产品田间药效试验准则 第1部分:昆虫性信息素诱杀农业害虫	
38	NY/T 3093.2—2017	昆虫化学信息物质产品田间药效试验准则 第2部分:昆虫性迷向素防治农业害虫	
39	NY/T 3093.3—2017	昆虫化学信息物质产品田间药效试验准则 第3部分:昆虫性迷向素防治梨小食心虫	
40	NY/T 3094—2017	植物源性农产品中农药残留储藏稳定性试验准则	
41	NY/T 3095—2017	加工农产品中农药残留试验准则	
42	NY/T 3096—2017	农作物中农药代谢试验准则	
43	NY/T 3097—2017	北方水稻集中育秧设施建设标准	
44	NY/T 844—2017	绿色食品 温带水果	NY/T 844—2010
45	NY/T 1323—2017	绿色食品 固体饮料	NY/T 1323—2007
46	NY/T 420—2017	绿色食品 花生及制品	NY/T 420—2009
47	NY/T 751—2017	绿色食品 食用植物油	NY/T 751—2011
48	NY/T 1509—2017	绿色食品 芝麻及其制品	NY/T 1509—2007
49	NY/T 431—2017	绿色食品 果(蔬)酱	NY/T 431—2009
50	NY/T 1508—2017	绿色食品 果酒	NY/T 1508—2007
51	NY/T 1885—2017	绿色食品 米酒	NY/T 1885—2010
52	NY/T 897—2017	绿色食品 黄酒	NY/T 897—2004
53	NY/T 1329—2017	绿色食品 海水贝	NY/T 1329—2007
54	NY/T 1889—2017	绿色食品 烘炒食品	NY/T 1889—2010
55	NY/T 1513—2017	绿色食品 畜禽可食用副产品	NY/T 1513—2007
56	NY/T 1042—2017	绿色食品 坚果	NY/T 1042—2014
57	NY/T 5341—2017	无公害农产品 认定认证现场检查规范	NY/T 5341—2006
58	NY/T 5339—2017	无公害农产品 畜禽防疫准则	NY/T 5339—2006
59	NY/T 3098—2017	加工用桃	
60	NY/T 3099—2017	桂圆加工技术规范	
61	NY/T 3100—2017	马铃薯主食产品 分类和术语	
62	NY/T 83—2017	米质测定方法	NY/T 83—1988
63	NY/T 3101—2017	肉制品中红曲色素的测定 高效液相色谱法	
64	NY/T 3102—2017	枇杷储藏技术规范	
65	NY/T 3103—2017	加工用葡萄	
66	NY/T 3104—2017	仁果类水果(苹果和梨)采后预冷技术规范	
67	SC/T 2070—2017	大泷六线鱼	
68	SC/T 2074—2017	刺参繁育与养殖技术规范	
69	SC/T 2075—2017	中国对虾繁育技术规范	
70	SC/T 2076—2017	钝吻黄盖鲽 亲鱼和苗种	
71	SC/T 2077—2017	漠斑牙鲆	
72	SC/T 3112—2017	冻梭子蟹	SC/T 3112—1996

（续）

序号	标准号	标准名称	代替标准号
73	SC/T 3208—2017	鱿鱼干、墨鱼干	SC/T 3208—2001
74	SC/T 5021—2017	聚乙烯网片　经编型	SC/T 5021—2002
75	SC/T 5022—2017	超高分子量聚乙烯网片　经编型	
76	SC/T 4066—2017	渔用聚酰胺经编网片通用技术要求	
77	SC/T 4067—2017	浮式金属框架网箱通用技术要求	
78	SC/T 7223.1—2017	黏孢子虫病诊断规程　第1部分:洪湖碘泡虫	
79	SC/T 7223.2—2017	黏孢子虫病诊断规程　第2部分:吴李碘泡虫	
80	SC/T 7223.3—2017	黏孢子虫病诊断规程　第3部分:武汉单极虫	
81	SC/T 7223.4—2017	黏孢子虫病诊断规程　第1部分:几陶单极虫	
82	SC/T 7224—2017	鲤春病毒血症病毒逆转录环介导等温扩增(RT-LAMP)检测方法	
83	SC/T 7225—2017	草鱼呼肠孤病毒逆转录环介导等温扩增(RT-LAMP)检测方法	
84	SC/T 7226—2017	鲑甲病毒感染诊断规程	
85	SC/T 8141—2017	木质渔船捻缝技术要求及检验方法	
86	SC/T 8146—2017	渔船集鱼灯镇流器安全技术要求	
87	SC/T 5062—2017	金龙鱼	

附　录

中华人民共和国农业部公告
第 2545 号

《海洋牧场分类》标准业经专家审定通过,现批准发布为中华人民共和国水产行业标准,标准号
SC/T 9111—2017,自 2017 年 9 月 1 日起实施。
特此公告。

农业部

2017 年 6 月 22 日

中华人民共和国农业部公告
第 2589 号

　　《植物油料含油量测定　近红外光谱法》等 20 项标准业经专家审定通过,现批准发布为中华人民共和国农业行业标准,自 2018 年 1 月 1 日起实施。
　　特此公告。

　　附件:《植物油料含油量测定　近红外光谱法》等 20 项农业行业标准目录

农业部
2017 年 9 月 30 日

附件：

《植物油料含油量测定　近红外光谱法》等20项农业行业标准目录

序号	标准号	标准名称	代替标准号
1	NY/T 3105—2017	植物油料含油量测定　近红外光谱法	
2	NY/T 3106—2017	花生黄曲霉毒素检测抽样技术规程	
3	NY/T 3107—2017	玉米中黄曲霉素预防和减控技术规程	
4	NY/T 3108—2017	小麦中玉米赤霉烯酮类毒素预防和减控技术规程	
5	NY/T 3109—2017	植物油脂中辣椒素的测定　免疫分析法	
6	NY/T 3110—2017	植物油料中全谱脂肪酸的测定　气相色谱-质谱法	
7	NY/T 3111—2017	植物油中甾醇含量的测定　气相色谱-质谱法	
8	NY/T 3112—2017	植物油中异黄酮的测定　液相色谱-串联质谱法	
9	NY/T 3113—2017	植物油中香草酸等6种多酚的测定　液相色谱-串联质谱法	
10	NY/T 3114.1—2017	大豆抗病虫性鉴定技术规范　第1部分:大豆抗花叶病毒病鉴定技术规范	
11	NY/T 3114.2—2017	大豆抗病虫性鉴定技术规范　第2部分:大豆抗灰斑病鉴定技术规范	
12	NY/T 3114.3—2017	大豆抗病虫性鉴定技术规范　第3部分:大豆抗霜霉病鉴定技术规范	
13	NY/T 3107.4—2017	大豆抗病虫性鉴定技术规范　第4部分:大豆抗细菌性斑点病鉴定技术规范	
14	NY/T 3114.5—2017	大豆抗病虫性鉴定技术规范　第5部分:大豆抗大豆蚜鉴定技术规范	
15	NY/T 3114.6—2017	大豆抗病虫性鉴定技术规范　第6部分:大豆抗食心虫鉴定技术规范	
16	NY/T 3115—2017	富硒大蒜	
17	NY/T 3116—2017	富硒马铃薯	
18	NY/T 3117—2017	杏鲍菇工厂化生产技术规程	
19	SC/T 1135.1—2017	稻渔综合种养技术规范　第1部分:通则	
20	SC/T 8151—2017	渔业船舶建造开工技术条件及要求	

中华人民共和国农业部公告
第 2622 号

《农业机械出厂合格证　拖拉机和联合收割(获)机》等 87 项标准业经专家审定通过,现批准发布为中华人民共和国农业行业标准,自 2018 年 6 月 1 日起实施。

特此公告。

附件:《农业机械出厂合格证　拖拉机和联合收割(获)机》等 87 项农业行业标准目录

农业部

2017 年 12 月 22 日

附件：

《农业机械出厂合格证　拖拉机和联合收割(获)机》等87项农业行业标准目录

序号	标准号	标准名称	代替标准号
1	NY/T 3118—2017	农业机械出厂合格证　拖拉机和联合收割(获)机	
2	NY/T 3119—2017	畜禽粪便固液分离机　质量评价技术规范	
3	NY/T 365—2017	窝眼滚筒式种子分选机　质量评价技术规范	NY/T 365—1999
4	NY/T 369—2017	种子初清机　质量评价技术规范	NY/T 369—1999
5	NY/T 371—2017	种子用计量包装机　质量评价技术规范	NY/T 371—1999
6	NY/T 645—2017	玉米收获机质量　评价技术规范	NY/T 645—2002
7	NY/T 649—2017	养鸡机械设备安装技术要求	NY/T 649—2002
8	NY/T 3120—2017	插秧机　安全操作规程	
9	NY/T 3121—2017	青贮饲料包膜机　质量评价技术规范	
10	NY/T 3122—2017	水生物检疫检验员	
11	NY/T 3123—2017	饲料加工工	
12	NY/T 3124—2017	兽用原料药制造工	
13	NY/T 3125—2017	农村环境保护工	
14	NY/T 3126—2017	休闲农业服务员	
15	NY/T 3127—2017	农作物植保员	
16	NY/T 3128—2017	农村土地承包仲裁员	
17	NY/T 3129—2017	棉隆土壤消毒技术规程	
18	NY/T 3130—2017	生乳中L-羟脯氨酸的测定	
19	NY/T 3131—2017	豆科牧草种子生产技术规程红豆草	
20	NY/T 3132—2017	绍兴鸭	
21	NY/T 3133—2017	饲用灌木微贮技术规程	
22	NY/T 3134—2017	萨福克羊种羊	
23	NY/T 3135—2017	饲料原料　干啤酒糟	
24	NY/T 3136—2017	饲用调味剂中香兰素、乙基香兰素、肉桂醛、桃醛、乙酸异戊酯、γ-壬内酯、肉桂酸甲酯、大茴香脑的测定　气相色谱法	
25	NY/T 3137—2017	饲料中香芹酚和百里香酚的测定　气相色谱法	
26	NY/T 3138—2017	饲料中艾司唑仑的测定　高效液相色谱法	
27	NY/T 3139—2017	饲料中左旋咪唑的测定　高效液相色谱法	
28	NY/T 3140—2017	饲料中苯乙醇胺A的测定　高效液相色谱法	
29	NY/T 3141—2017	饲料中2,6-二甲基-3,5-二乙酯基-1,4-二氢吡啶的测定　液相色谱-串联质谱法	
30	NY/T 915—2017	饲料原料　水解羽毛粉	NY/T 915—2004
31	NY/T 3142—2017	饲料中溴吡斯的明的测定　液相色谱-串联质谱法	
32	NY/T 3143—2017	鱼粉中脲醛聚合物快速检测方法	
33	NY/T 3144—2017	饲料原料　血液制品中18种β-受体激动剂的测定　液相色谱-串联质谱法	
34	NY/T 3145—2017	饲料中22种β-受体激动剂的测定　液相色谱-串联质谱法	

（续）

序号	标准号	标准名称	代替标准号
35	NY/T 3146—2017	动物尿液中22种β-受体激动剂的测定　液相色谱-串联质谱法	
36	NY/T 3147—2017	饲料中肾上腺素和异丙肾上腺素的测定　液相色谱-串联质谱法	
37	NY/T 3148—2017	农药室外模拟水生态系统(中宇宙)试验准则	
38	NY/T 3149—2017	化学农药　旱田田间消散试验准则	
39	NY/T 2882.8—2017	农药登记　环境风险评估指南　第8部分:土壤生物	
40	NY/T 3150—2017	农药登记　环境降解动力学评估及计算指南	
41	NY/T 3151—2017	农药登记　土壤和水中化学农药分析方法建立和验证指南	
42	NY/T 3152.1—2017	微生物农药　环境风险评价试验准则　第1部分:鸟类毒性试验	
43	NY/T 3152.2—2017	微生物农药　环境风险评价试验准则　第2部分:蜜蜂毒性试验	
44	NY/T 3152.3—2017	微生物农药　环境风险评价试验准则　第3部分:家蚕毒性试验	
45	NY/T 3152.4—2017	微生物农药　环境风险评价试验准则　第4部分:鱼类毒性试验	
46	NY/T 3152.5—2017	微生物农药　环境风险评价试验准则　第5部分:溞类毒性试验	
47	NY/T 3152.6—2017	微生物农药　环境风险评价试验准则　第6部分:藻类生长影响试验	
48	NY/T 3153—2017	农药施用人员健康风险评估指南	
49	NY/T 3154.1—2017	卫生杀虫剂健康风险评估指南　第1部分:蚊香类产品	NY/T 2875—2015
50	NY/T 3154.2—2017	卫生杀虫剂健康风险评估指南　第2部分:气雾剂	
51	NY/T 3154.3—2017	卫生杀虫剂健康风险评估指南　第3部分:驱避剂	
52	NY/T 3155—2017	蜜柑大实蝇监测规范	
53	NY/T 3156—2017	玉米茎腐病防治技术规程	
54	NY/T 3157—2017	水稻细菌性条斑病监测规范	
55	NY/T 3158—2017	二点委夜蛾测报技术规范	
56	NY/T 1611—2017	玉米螟测报技术规范	NY/T 1611—2008
57	NY/T 3159—2017	水稻白背飞虱抗药性监测技术规程	
58	NY/T 3160—2017	黄淮海地区麦后花生免耕覆秸精播技术规程	
59	NY/T 3161—2017	有机肥料中砷、镉、铬、铅、汞、铜、锰、镍、锌、锶、钴的测定　微波消解-电感耦合等离子体质谱法	
60	NY/T 3162—2017	肥料中黄腐酸的测定　容量滴定法	
61	NY/T 3163—2017	稻米中可溶性葡萄糖、果糖、蔗糖、棉籽糖和麦芽糖的测定　离子色谱法	
62	NY/T 3164—2017	黑米花色苷的测定　高效液相色谱法	
63	NY/T 3165—2017	红(黄)麻水溶物、果胶、半纤维素和粗纤维的测定　滤袋法	

附 录

（续）

序号	标准号	标准名称	代替标准号
64	NY/T 3166—2017	家蚕质型多角体病毒检测实 时荧光定量 PCR 法	
65	NY/T 3167—2017	有机肥中磺胺类药物含量的测定　液相色谱-串联质谱法	
66	NY/T 3168—2017	茶叶良好农业规范	
67	NY/T 3169—2017	杏病虫害防治技术规程	
68	NY/T 3170—2017	香菇中香菇素含量的测定　气相色谱-质谱联用法	
69	NY/T 1189—2017	柑橘储藏	NY/T 1189—2006
70	NY/T 1747—2017	甜菜栽培技术规程	NY/T 1747—2009
71	NY/T 3171—2017	甜菜包衣种子	
72	NY/T 3172—2017	甘蔗种苗脱毒技术规范	
73	NY/T 3173—2017	茶叶中 9,10-蒽醌含量测定　气相色谱-串联质谱法	
74	NY/T 3174—2017	水溶肥料　海藻酸含量的测定	
75	NY/T 3175—2017	水溶肥料　壳聚糖含量的测定	
76	NY/T 3176—2017	稻米镉控制　田间生产技术规范	
77	NY/T 1109—2017	微生物肥料生物安全通用技术准则	NY 1109—2006
78	SC/T 3301—2017	速食海带	SC/T 3301—1989
79	SC/T 3212—2017	盐渍海带	SC/T 3212—2000
80	SC/T 3114—2017	冻鳌虾	SC/T 3114—2002
81	SC/T 3050—2017	干海参加工技术规范	
82	SC/T 5106—2017	观赏鱼养殖场条件　小型热带鱼	
83	SC/T 5107—2017	观赏鱼养殖场条件　大型热带淡水鱼	
84	SC/T 5706—2017	金鱼分级　珍珠鳞类	
85	SC/T 5707—2017	锦鲤分级　白底三色类	
86	SC/T 5708—2017	锦鲤分级　墨底三色类	
87	SC/T 7227—2017	传染性造血器官坏死病毒逆转录环介导等温扩增（RT-LAMP）检测方法	

中华人民共和国农业部公告
第 2630 号

根据《中华人民共和国农业转基因生物安全管理条例》规定,《农业转基因生物安全管理术语》等 16 项标准业经专家审定通过,现批准发布为中华人民共和国国家标准,自 2018 年 6 月 1 日起实施。

特此公告。

附件:《农业转基因生物安全管理术语》等 16 项国家标准目录

农业部

2017 年 12 月 25 日

附　录

《农业转基因生物安全管理术语》等 16 项国家标准目录

序号	标准号	标准名称	代替标准号
1	农业部 2630 号公告—1—2017	农业转基因生物安全管理术语	
2	农业部 2630 号公告—2—2017	转基因植物及其产品成分检测　耐除草剂油菜 73496 及其衍生品种定性 PCR 方法	
3	农业部 2630 号公告—3—2017	转基因植物及其产品成分检测　抗虫水稻 T1c‐19 及其衍生品种定性 PCR 方法	
4	农业部 2630 号公告—4—2017	转基因植物及其产品成分检测　抗虫玉米 5307 及其衍生品种定性 PCR 方法	
5	农业部 2630 号公告—5—2017	转基因植物及其产品成分检测　耐除草剂大豆 DAS‐68416‐4 及其衍生品种定性 PCR 方法	
6	农业部 2630 号公告—6—2017	转基因植物及其产品成分检测　耐除草剂玉米 MON87427 及其衍生品种定性 PCR 方法	
7	农业部 2630 号公告—7—2017	转基因植物及其产品成分检测　抗虫耐除草剂玉米 4114 及其衍生品种定性 PCR 方法	
8	农业部 2630 号公告—8—2017	转基因植物及其产品成分检测　抗虫棉花 COT102 及其衍生品种定性 PCR 方法	
9	农业部 2630 号公告—9—2017	转基因植物及其产品成分检测　抗虫耐除草剂玉米 C0030.3.5 及其衍生品种定性 PCR 方法	
10	农业部 2630 号公告—10—2017	转基因植物及其产品成分检测　耐除草剂玉米 C0010.3.7 及其衍生品种定性 PCR 方法	
11	农业部 2630 号公告—11—2017	转基因植物及其产品成分检测　耐除草剂玉米 VCO‐1981‐5 及其衍生品种定性 PCR 方法	
12	农业部 2630 号公告—12—2017	转基因植物及其产品成分检测　外源蛋白质检测试纸评价方法	
13	农业部 2630 号公告—13—2017	转基因植物及其产品成分检测　质粒 DNA 标准物质定值技术规范	
14	农业部 2630 号公告—14—2017	转基因动物及其产品成分检测　人溶菌酶基因 (hLYZ)定性 PCR 方法	
15	农业部 2630 号公告—15—2017	转基因植物及其产品成分检测　耐除草剂大豆 SHZD32‐1 及其衍生品种定性 PCR 方法	
16	农业部 2630 号公告—16—2017	转基因生物及其产品食用安全检测　外源蛋白质与毒性蛋白质和抗营养因子的氨基酸序列相似性生物信息学分析方法	

图书在版编目（CIP）数据

中国农业行业标准汇编 . 2019. 畜牧兽医分册 / 农
业标准出版分社编 . —北京：中国农业出版社，
2019.1
（中国农业标准经典收藏系列）
ISBN 978 - 7 - 109 - 24895 - 3

Ⅰ. ①中… Ⅱ. ①农… Ⅲ. ①农业－行业标准－汇编
－中国②畜牧业－行业标准－汇编－中国③兽医学－行业
标准－汇编－中国 Ⅳ. ①S - 65

中国版本图书馆 CIP 数据核字（2018）第 256813 号

中国农业出版社出版
（北京市朝阳区麦子店街 18 号楼）
（邮政编码 100125）
责任编辑 刘 伟 杨晓改

北京中石油彩色印刷有限责任公司印刷 新华书店北京发行所发行
2019 年 1 月第 1 版 2019 年 1 月北京第 1 次印刷

开本：880mm×1230mm 1/16 印张：20.5
字数：680 千字
定价：200.00 元
（凡本版图书出现印刷、装订错误，请向出版社发行部调换）